引黄济青调水工程地下水生态环境演变规律及其影响关键技术研究

赵洪丽 崔子腾 马吉刚 窦智 陈舟 等◎著

河海大学出版社
·南京·

图书在版编目(CIP)数据

引黄济青调水工程地下水生态环境演变规律及其影响关键技术研究 / 赵洪丽等著. -- 南京：河海大学出版社，2023.4
ISBN 978-7-5630-8224-7

Ⅰ. ①引… Ⅱ. ①赵… Ⅲ. ①调水工程－地下水－生态环境－研究－山东 Ⅳ. ①X143

中国国家版本馆CIP数据核字(2023)第072804号

书　　名	引黄济青调水工程地下水生态环境演变规律及其影响关键技术研究
书　　号	ISBN 978-7-5630-8224-7
责任编辑	曾雪梅
特约校对	孙　婷
封面设计	徐娟娟
出版发行	河海大学出版社
地　　址	南京市西康路1号(邮编：210098)
网　　址	http://www.hhup.cm
电　　话	(025)83737852(总编室)
	(025)83722833(营销部)
经　　销	江苏省新华发行集团有限公司
排　　版	南京布克文化发展有限公司
印　　刷	广东虎彩云印刷有限公司
开　　本	787毫米×1092毫米　1/16
印　　张	13
字　　数	270千字
版　　次	2023年4月第1版
印　　次	2023年4月第1次印刷
定　　价	78.00元

前言 Preface

山东省引黄济青工程是国务院批准建设的大型跨流域调水工程。引黄济青工程自1989年11月通水至今，已经30余年，为青岛的城市供水提供了保障，极大促进了青岛市的经济发展，同时缓解了地下水开采导致的河道断流、地下水位下降及海水入侵等问题，有显著的减灾、生态效益。工程运行30年来，不仅大大缓解了青岛的用水危机，也带来了巨大的社会及生态效益。引黄济青工程全长290 km，采用明渠输水，沿途地理和社会环境复杂，分布建筑物450余座，有沉沙池、自然河道等复杂生态条件，沿线有36条河流交叉；为节省投资，降低工程造价，引黄济青工程利用了原有的小清河分洪道36.8 km、吴沟河5.6 km；有的渠段地下水生态环境演变非常复杂，地下水呈现咸化或卤化趋势，输水河沿线农业用地分布广泛，施用的化肥可能通过农田地表径流、农田排水和地下渗漏进入水体，形成面源污染；途经自然河道时，地表水与地下水发生相互耦合作用。以上这些均对引黄济青工程沿程地下水生态环境演变具有重要影响。

依托山东省调水工程运行维护中心科研项目，本书研究通过在引黄济青沿程沿线布设典型地表水、地下水监测点，搭建现场尺度的渠道与地下水水质/水量交换试验平台，遥感解译工程实施以来的土地、地表水等信息，研究调水沿程地表水和地下水耦合作用机制，以及调水工程沿程对地下水环境、气候及农作物单因素影响规律，揭示调水工程沿程地下水水量水质历史演变过程及趋势，提出适合地区地下水生态环境调控研究的技术方法与措施，建立引黄济青调水工程地下水生态环境评价体系，从而为引黄济青工程沿程地下水资源可持续利用和生态治理提供科学依据，为引黄济青调水工程地下水生态环境评价提供创新和科学的操作方法。

全书共分为八章，主要研究内容和取得的成果如下：

第1章绪论，论述研究的背景和意义，以及引黄济青工程相关研究成果和进展；

第2章研究区概况，分析了工程沿线的地质、地貌、植被等情况；

第3章现场试验与数据分析，介绍了现场尺度试验平台的搭建和水位、水质数据的监测与分析；

第 4 章关键生态因子历史演变规律及环境评价模型研究，建立了引黄济青调水工程地下水生态环境评价体系，提出了生态环境调控技术方法与措施；

第 5 章典型区段地表水与地下水水化学特征分析及模拟研究，建立了引黄济青研究区段干渠的水动力模型和水质模型，分析地下水和地表水水位动态；

第 6 章典型区段面源污染迁移与调水水质响应规律研究，建立了典型区段干渠-地下水耦合数值模型，研究引调水对面源污染的水质响应规律；

第 7 章典型海水入侵区域地下水对调水水质影响实验与数值模拟研究，搭建典型海水入侵区段地下水和地表水水量与水质（盐度）耦合模型，探寻了不同引水调度情况下海水入侵区域地下水环境响应规律；

第 8 章结论与建议，总结并提出相关建议。

在本书编写过程中，赵洪丽、崔子腾、马吉刚和王锦国负责全书提纲拟定，崔子腾和窦智负责全书的统稿，陈舟负责最后编审。具体编写人员及编写分工为：第一章由赵洪丽、马吉刚编写，第二章由崔子腾和窦智编写，第三章由陈舟和崔子腾编写，第四章由汤宇婷、窦智和崔子腾编写，第五章由宋雨浓和窦智编写，第六章由胡正阳、陈舟和崔子腾编写，第七章由盛圆、陈舟和赵洪丽编写，第八章由赵洪丽和马吉刚编写。

由于研究仍需要深入，且限于作者的水平和其他客观原因，书中难免会存在不足和纰漏，敬请读者批评指正。

作　者
2023 年 1 月

目录 Contents

1 绪论 ·· 1
  1.1 研究背景与必要性 ·· 1
    1.1.1 研究背景与意义 ·· 1
    1.1.2 研究必要性 ··· 2
  1.2 研究内容与技术路线 ··· 2
    1.2.1 研究目标 ··· 2
    1.2.2 研究内容 ··· 3
    1.2.3 研究方法 ··· 3
    1.2.4 技术路线 ··· 3
  1.3 国内外研究现状 ·· 4
    1.3.1 调水工程水生态环境研究进展与现状 ··································· 4
    1.3.2 调水工程地表-地下水水化学特征分析及模拟研究进展与现状
         ··· 12
    1.3.3 调水工程区面源污染迁移与调水水质响应规律研究进展与现状
         ··· 14
    1.3.4 海水入侵区域地下水对调水水质影响实验与数值模拟研究进展
         与现状 ·· 16

2 研究区概况 ·· 18
  2.1 引黄济青工程概况 ·· 18
  2.2 区域地质概况 ··· 20
    2.2.1 水文及气象 ·· 20
    2.2.2 植被与土壤 ·· 21
    2.2.3 地质构造 ·· 21
    2.2.4 地形地貌 ·· 22

2.2.5 地层岩性 ·· 22
　2.3 水文地质概况 ·· 24
　　　2.3.1 地下水类型与含水岩组的划分以及空间分布 ·· 24
　　　2.3.2 区域地下水补给、径流、排泄条件 ·· 24
　　　2.3.3 地表水系概况 ··· 25
　　　2.3.4 地下咸水分布 ··· 25
　　　2.3.5 干渠水质概况 ··· 25
　　　2.3.6 主要水文地质问题 ·· 26

3 现场试验与数据分析 ·· 27
　3.1 宋庄泵站试验场地概况 ·· 27
　　　3.1.1 试验区概况 ·· 27
　　　3.1.2 试验区地质概况 ··· 27
　3.2 试验场地搭建与布置 ·· 29
　　　3.2.1 试验场地采样与检测 ··· 32
　　　3.2.2 试验场地水质评价与分析 ··· 34

4 关键生态因子历史演变规律及环境评价模型研究 ·· 44
　4.1 评价指标体系的构建及数据处理 ·· 44
　　　4.1.1 评价指标选取原则 ·· 45
　　　4.1.2 评价指标体系建立 ·· 46
　　　4.1.3 评价指标的量化方法 ··· 48
　　　4.1.4 研究区建立和数据来源 ·· 50
　　　4.1.5 小结 ··· 52
　4.2 遥感监测的关键生态因子历史演变规律研究 ·· 53
　　　4.2.1 土地利用/覆盖 ·· 53
　　　4.2.2 植被指数及覆盖度 ·· 58
　　　4.2.3 地表温度 ··· 65
　　　4.2.4 土壤干湿度 ·· 71
　　　4.2.5 小结 ··· 74
　4.3 生态环境评价模型的构建及运用 ·· 75
　　　4.3.1 评价指标权重的确定 ··· 75
　　　4.3.2 生态环境评价模型的构建 ··· 80
　　　4.3.3 调水工程沿线生态环境质量评价 ·· 81
　　　4.3.4 调水工程沿线生态保护建议 ·· 83

  4.4 本章小结与建议 ··· 83
    4.4.1 小结 ··· 83
    4.4.2 建议 ··· 84

5 典型区段地表水与地下水水化学特征分析及模拟研究 ······························ 86
  5.1 干渠典型区段水体水化学的时空变化特征 ································· 86
    5.1.1 地表水水化学特征的变化 ··· 87
    5.1.2 地下水水化学特征的变化 ··· 93
    5.1.3 地表水和地下水的水化学特征变化归因 ························· 98
  5.2 地下水环境数值模拟的分析 ··· 100
    5.2.1 三维地下水流模型参数的获取 ····································· 101
    5.2.2 三维地下水流数值模型的建立 ····································· 108
    5.2.3 污染物运移预测结果分析 ··· 113
    5.2.4 模拟预测结果影响分析 ·· 120
  5.3 引黄济青干渠典型区段水生态环境评价 ·································· 121
    5.3.1 地表水和地下水水质相关性分析 ································· 121
    5.3.2 研究区地表水和地下水的水质综合评价 ······················· 125

6 典型区段面源污染迁移与调水水质响应规律研究 ··································· 132
  6.1 基于地下水溶质运移模型水质演变趋势研究 ··························· 132
    6.1.1 概念模型 ·· 132
    6.1.2 数学模型 ·· 136
    6.1.3 网格划分与水流模型计算 ··· 137
    6.1.4 地下水溶质运移模型计算 ··· 140
    6.1.5 水质演变趋势预测及其结果分析 ································· 142
  6.2 基于水动力水质模型的水质响应研究 ······································ 146
    6.2.1 模拟软件简介 ·· 146
    6.2.2 数学模型及计算方法 ·· 147
    6.2.3 一维水流模型的建立 ·· 148
    6.2.4 干渠水流模型率定与验证 ··· 151
    6.2.5 水质模型的建立 ·· 153
    6.2.6 模型参数的率定与验证 ··· 154
    6.2.7 水质模拟应用 ·· 155

7 典型海水入侵区域地下水对调水水质影响实验与数值模拟研究 ……… 158
7.1 典型海水入侵区域渠道水-地下水水质影响实验研究 ……… 158
7.1.1 实验场地的选择 ……… 158
7.1.2 实验场地建立 ……… 160
7.1.3 实验场地地下水位监测 ……… 162
7.1.4 实验场地地下水水质分析 ……… 163
7.1.5 渗透参数获取试验 ……… 172
7.2 典型海水入侵区域渠道水-地下水水质影响数值模拟研究 ……… 175
7.2.1 求解方法以及数学模型 ……… 175
7.2.2 三维地质结构模型 ……… 176
7.2.3 水文地质概念模型 ……… 176
7.2.4 渠道水-地下水数值模型 ……… 180
7.3 渠道水-地下水典型溶质运移规律研究 ……… 183
7.3.1 溶质运移数学模型 ……… 183
7.3.2 溶质运移数值模型 ……… 184
7.3.3 模拟结果与分析 ……… 185
7.3.4 渠道衬砌情况的影响 ……… 188

8 结论与建议 ……… 192
8.1 结论 ……… 192
8.2 主要建议 ……… 192

主要参考文献 ……… 193

1 绪 论

1.1 研究背景与必要性

1.1.1 研究背景与意义

山东省引黄济青工程是国务院批准建设的大型跨流域调水工程。引黄济青工程自1989年11月通水至今,已经30余年,为青岛的城市供水提供了保障,极大促进了青岛市的经济发展,同时缓解了地下水过度开采导致的河道断流、地下水位下降以及海水入侵等问题,有显著的减灾、生态效益。工程运行30年来,不仅大大缓解了青岛的用水危机,也带来了巨大的社会及生态效益。本研究在资料收集、现场试验、测试、室内试验和模型模拟的基础上,以影响引黄济青工程沿程地下水环境的诸因子历史演变规律分析为切入点,以地下水动态、水质分析为辅线,以正确评价引黄济青工程的水生态效益为目标,预测地下水系统未来不同情境演变趋势,为引黄济青工程沿程地下水资源可持续利用和生态治理提供科学依据,为引黄济青调水工程地下水生态环境评价提供创新和便捷的操作方法。

引调水工程在缓解缺水地区水资源短缺、优化水资源配置方面有着不可替代的重要作用。其建设和运行过程,将对生态环境造成正反两方面的影响。其中,对地下水生态的正效益主要有:增补地下水,抬升沿线地下水位,增加土壤湿度,形成有益于植物生长的良好生境;减轻地下水体污染,改善受水区地下水体的水质,增大受水区水体的水环境容量。对地下水生态的负效益为:输水过程中渠道渗漏,可能引起局部周边土壤的次生盐碱化、沼泽化;入海河流河口可能会形成咸水倒灌地下水等现象。如:引滦入津调水工程引发滦河三角洲地区地下水位改变、盐水入侵、土地盐碱化以及三角洲海岸侵蚀岸线后退等一系列生态环境问题。巴基斯坦的西水东调工程中有3条灌溉渠,系自流引水,其水位平均高出两岸1 m,由于渗漏,每年输水渠线有45亿 m^3 水流入地下,使地下水位不断抬升,并造成了两岸数百米宽地带沼泽化;同时由于排水不畅,该区域水量进出极不平衡,导致土地渍涝、盐碱化、肥力遭破坏和粮食减产,每年影响2.4万 hm^2 耕地。

目前针对引调水项目对于地下水环境的研究主要集中在计算和评价调水工程造成的区域地下水开采量的减少对于地下水资源恢复的影响方面,如南水北调引水项目的开展对于北京和石家庄地下水环境的预测分析。对应调水项目的输水区及受水区生态影响评价的工作主要针对陆生、水生和地表水环境展开。除了传统的调查、分析和计算方法,一些新的技术方法(在线监测、遥感等)也被用于引调水项目环境监测和调查中,如焦璀玲[1]等利用遥感技术进行了南水北调东线一期工程的济平干渠工程两侧各1km区域内开工期、建设期、生态修复期和现状期的土地利用变化分析、植被变化分析等工作。

综上所述,现有工作已利用新设备、新技术和新方法针对引调水项目实施前后的环境生态调查、分析及评价进行了大量的工作。但是,针对引调水项目的输水区和受水区的地下水-地表水耦合作用机制,地下水生态环境调控技术方法及地下水生态环境评价体系建立等方面尚缺乏系统的研究。

1.1.2 研究必要性

引黄济青工程全长290 km,采用明渠输水,沿途地理和社会环境复杂,分布建筑物450余座,有沉沙池、自然河道等复杂生态条件,沿线有36条河流交叉;为节省投资,降低工程造价,引黄济青利用原有的小清河分洪道36.8 km、吴沟河5.6 km;有的渠段地下水生态环态演变非常复杂,地下水呈现咸化或卤化趋势,输水河沿线农业用地分布广泛,施用的化肥可能通过农田地表径流、农田排水和地下渗漏进入水体,形成面源污染;途经自然河道时,地表水与地下水发生相互耦合作用。以上这些均对引黄济青工程沿程地下水生态环境演变具有重要影响。

本研究将通过在引黄济青沿程沿线布设典型地表水、地下水监测点,搭建现场尺度的渠道与地下水水质/水量交换试验平台,遥感解译工程实施以来的土地、地表水等信息,研究调水沿程地表水和地下水耦合作用机制,以及调水工程沿程对地下水环境、气候及农作物单因素影响规律,揭示调水工程沿程地下水水量水质历史演变过程及趋势,提出适合研究地区地下水生态环境调控的技术方法与措施,建立引黄济青调水工程地下水生态环境评价体系,从而为引黄济青工程沿程地下水资源可持续利用和生态治理提供科学依据,为引黄济青调水工程地下水生态环境评价提供创新和科学的操作方法。

1.2 研究内容与技术路线

1.2.1 研究目标

本研究目标是:

(1) 明确引黄济青调水工程影响下的地下水水量水质历史演变过程；

(2) 阐明引黄济青调水工程对地下水生态环境的效益、地下水环境、气候及农作物的响应机制；

(3) 提出适合研究地区地下水生态环境调控的技术方法与措施；

(4) 建立引黄济青调水工程地下水生态环境评价体系。

1.2.2 研究内容

1. 引黄济青调水工程关键生态因子历史演变规律及环境评价模型研究

(1) 揭示引黄济青调水工程对地下水环境、气候及农作物单因素影响；

(2) 建立引黄济青调水工程地下水生态环境评价体系，提出适合研究地区地下水生态环境调控技术方法与措施。

2. 引黄济青调水工程典型区段地表水-地下水耦合作用及模型研究

(1) 利用 MIKE 11 软件建立引黄济青研究区段干渠的水动力模型和水质模型；

(2) 利用 FEFLOW 软件建立研究区地下水流模型；

(3) 基于 FEFLOW 和 MIKE 11 耦合模型，分析地下水-地表水水位动态变化，总结水质演变规律。

3. 引黄济青调水工程典型区段农业面源污染迁移与调水水质响应规律研究

(1) 利用 MIKE 11 与 FEFLOW 软件创建耦合文件，建立典型区段干渠-地下水耦合数值模型；

(2) 模拟并预测典型区段农业面源污染迁移转化过程，研究引调水对面源污染的水质响应规律。

4. 引黄济青调水工程典型海水入侵区域引调水对地下水环境影响研究

(1) 利用 GMS 软件建立调水工程典型海水入侵区段地下水-地表水水量与水质(盐度)耦合模型；

(2) 探寻不同引水调度情况下，海水入侵区域地下水环境响应规律。

1.2.3 研究方法

本研究将通过资料整理与分析、现场踏勘与钻探、遥感解译与分析、现场水文地质参数试验、地下水及地表水质取样与监测、地表水-地下水环境耦合数值模拟、生态环境分析与评价，以及综合分析等多种方法和手段，完成研究内容并实现既定研究目标。

1.2.4 技术路线

本研究采用多方法结合的手段，明确引黄济青调水工程影响下的地下水水量水质历史演变过程,建立引黄济青调水工程地下水生态环境评价体系,提出适合研究地区地下水生态环境调控的技术方法与措施(见图 1-1),具体如下。

1. 确定研究框架。根据确定的研究目标和框架,以现场实测和历史资料分析为基础,确定研究总体框架及大纲。
2. 在资料收集、多源遥感信息解译技术等基础上:
- 搭建典型引水区段地表水和地下水相互关系现场试验场;
- 开展关键生态因子历史演变规律及环境评价模型研究;
- 开展典型区段地表水-地下水耦合作用及模型研究;
- 开展典型区段农业面源污染迁移与调水水质响应规律研究;
- 开展典型海水入侵区域引调水对地下水环境的影响研究。

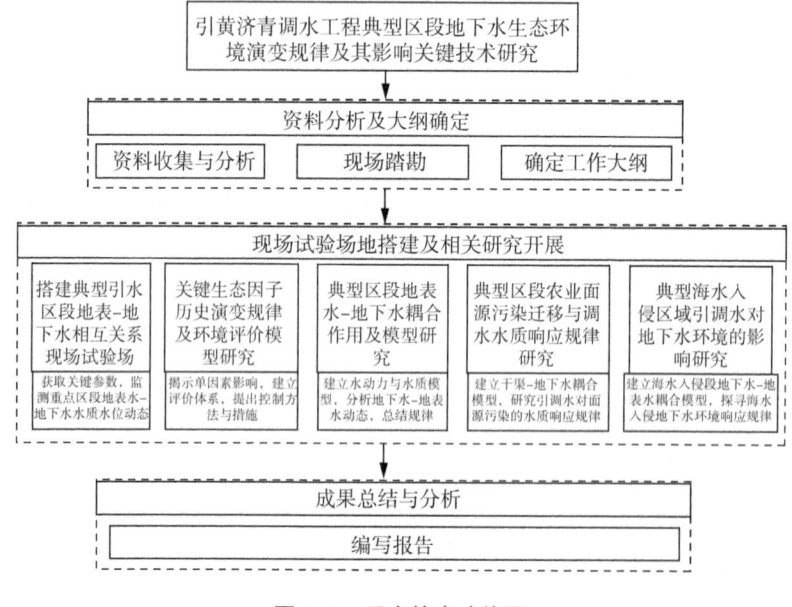

图 1-1 研究技术路线图

1.3 国内外研究现状

1.3.1 调水工程水生态环境研究进展与现状

1. 国内外调水工程建设概况

水资源与河川径流量的时空分布不均衡,是全世界普遍存在的问题。调水工程是优化资源配置、解决区域缺水问题的重大战略措施。因此,跨流域调水工程的开展和大型水库泵站的修建成为更多国家用来解决水资源不均问题的途径。早在公元前两千多年，古埃及人就已经开始了对调水工程的运用，通过从尼罗河输送水源解决沿线的灌溉和航运问题，不仅优化了沿程地区的生态环境，还带动了经济贸易的发展。全球跨流域调水工程的快速发展开始于20世纪40年代，继而在20世纪40—80年代进入建设高峰期。据调查显示，目前世界上共建成350余项规模不一的跨流域输水工程，年总输水量超过5 000亿 m^3，比得上长江年均径流量的50%。其中最为著名的工程包括美国的中央河谷工程、加拿大魁北克省詹姆斯湾格兰德调水工程、德国巴伐利亚州调水工程、西班牙塔霍河-塞古拉河工程等。

我国内陆水资源分布不均，因此很早就开始投入引调水工程的建设。据史料记载，最早的工程可以追溯到公元前486年，我国先辈们修建的第一个调水工程——邗沟，引长江水入淮河，开跨流域调水工程的先河。而后在此基础上，又相继修建了灵渠、大运河、都江堰等引调水工程。据近年来的不完全统计，中华人民共和国成立以来我国已建、在建、拟建不同规模的调水工程达400余项，已建成工程约占一半，在建工程占30%，拟建工程占20%。其中，规模较大、影响较深、研究较多的跨流域调水工程包括南水北调东线工程、南水北调中线工程、引滦入津工程、辽宁省东水西调工程、引江济淮工程、引大济湟工程、引黄济青工程等。

2. 调水工程水生态环境研究进展

跨流域调水对周边生态的影响，本质上是通过影响地下水生态环境及水文地质条件进而对生物、土壤、气候乃至整个生态产生影响。因此，对水生态环境质量及生态因子演变的研究，有利于分析工程对生态环境的影响，更有助于各方面生态环境问题的对症治理。

针对大型引调水工程展开沿线水生态环境的研究，是综合了水文、生态、地质等多学科的课题，也是水利研究方面近些年才探讨起来的跨学科话题。正是基于跨流域调水对社会发展的重要性及其为周边水生态环境带来的一系列问题，世界各国都积极展开了跨流域调水沿程水生态环境保护和治理、水生态平衡、水生态发展等方向的研究工作。早在20世纪80年代，苏联就将系列数学模型应用于水资源区域分配中，展开了沿线水质、水量、水循环、生态等因素的研究。美国在北水南调工程中采用了分区治理的方式，对加利福尼亚州不同蓄水水库、水渠、用水区等进行区域综合水生态环境评估，进而对水生态环境评估模型开展研究。其他国家也陆续针对大型调水工程水生态环境展开了研究，为了更高效地对生态环境中的变化进行实时观测，在工程沿线布置了水生态环境监测网络系统。与此同时，不少国外学者也积极投入了调水工程水生态环境问题的研究。Ibáñez 和 Prat 展开了对盐碱度、生物物种、沉积物的探究，以西班牙国家水电计划为研究对象，分析跨流域调水对引水点下游生态环境的影响，并考虑了水质和河流流量变化的作用[2]。Khadka 和 Khanal 通过对尼泊尔迈拉目齐河（Melamchi River）流域生态环境的监测和研究，开展了工程流域的环境影响评价并提出了相应的管理措施[3]。Prichard

和 Scott 研究了美国诺加利斯的跨流域调水工程对水生态环境中含水层和水安全的影响[4]。Stephen 等[5]采用空间微模拟模型,对调水工程水环境良好生态状况的价值进行了评估,讨论了其经济、社会、生态的可持续性。

随着南水北调等一系列调水工程的建成与使用,国内跨流域调水工程水生态环境研究的队伍也逐渐壮大。近年来,国内学者的研究集中在水环境监测与评估、水质水量模型、水生态补偿等方面。郑建根等[6]针对浙江省河网生态调水开展了河网水环境安全识别与评估、水量水质调控数学模型、水量水质调控方案研究等方面的关键技术研究,分析了水环境污染、水环境安全、水生态评估、水质水量监测等一系列问题,为调水工程水生态环境研究提供了丰富的技术支持和理论指导。徐鑫等[7]在水质、生物、生态补偿等综合技术模型的基础上,构建了调水工程水源区水生态评价体系,结合现场勘测及环境评价方法,多角度探究辽西北供水工程对水源区水生态环境的影响,并以此作为水源区水生态保护和治理基础。郭红建等[8]以生态调水为背景开展了水体富营养化系列研究,构建了一类营养-浮游植物的 Fillipov 动力学模型,结合理论分析和数值模拟,探讨其水文生态应用和意义。曹圣洁等[9]以南水北调中线工程汉江下游为例,建立了多种驱动模型,对工程运行前后水环境生态系统特征进行甄别,探索了致使水生态退化的驱动因子,如流量、藻类密度等。何振芳等[10]利用多源遥感数据及实测水质数据等对南水北调调蓄湖泊水质进行了研究,构建了水体叶绿素 a、悬浮颗粒物与水体光学特性之间的关系的反演模型,揭示了二者的时空演变规律及其主要驱动力。

3. 调水工程水生态环境研究中遥感技术的应用

遥感技术作为调水工程水生态环境研究中的技术手段之一,具有多空间性、多时间性、高效性等特点。该项技术不仅能够对调水工程水生态环境进行有效的实时监测,为研究和决策提供强大的数据支撑,还便于开展长期动态监测工作,实时监测大面积的水环境质量变化,快速、准确地反映生态质量现状并对未来发展趋势做出判断,弥补地面点位监测的不足。

目前,国内外不少学者对遥感技术在调水工程中的应用作了深入的研究。包洪福等[11]通过整理和分析南水北调中线工程丹江口水源地的研究资料,基于遥感技术手段对区域内水生态环境中的动植物变化规律进行了研究,进而探究其水生态环境的生物多样性,更好地保护了库区的生态。Yang 等[12]使用无人机技术结合遥感数据对跨流域调水南水北调工程地下水位上升引起的生物量改变和缓冲带宽度进行了安全评估。焦璀玲等[1]利用遥感技术在南水北调东线一期工程济平干渠工程两侧各 1 km 区域内开展了开工期、建设期、生态修复期和现状期的土地利用变化分析、植被变化分析等工作,探究了流域生态环境质量现状和动态变化情况。李浩[13]以南水北调中线水源区为研究区域,在深入分析水源区水土资源和生态环境状况的基础上,综合遥感(Remote Sensing,简称 RS)和地理信息系统(Geographic Information Systems,简称 GIS)技术处理不同时间序列的专题制图仪影像(Thematic Mapper,简称 TM)和数字高程数据(Digital Elevation Model,简称 DEM),综合演变模型和评价因子对该区域水生态脆弱性进行评价分析并提出针对性建议。Tao 等[14]同样结合了 GIS 和 RS 技术,以生态系统服务价值法为手段,对江苏东部干线水源地的生态系统服务价值进行了计算并对该地的生态补偿情况展开了进一步研究。Qu 等[15]借助遥感技术,建立了生态水文模型,用以模拟南水北调工程密云水库水环境中氮排放的时空变化,估算南水北调工程对密云河岸流域集水区土壤除氮的影响,进一步探究降低水质氮污染风险的措施。朱长明等[16]从地表水、地下水、地表植被覆盖等多角度出发,结合地下水位实时观测数据和多源遥感长时间序列数据,对塔里木河下游生态输水前后区域水环境变化和生态响应进行监测和分析,结果表明:输水工程对于该地区水生态环境起到了正向作用,打破了工程运行前持续恶化的局面。该研究为后期的保护及治理工作奠定了基础,也为其他地区水生态环境的研究提供了研究方法和方向。

由此可见,遥感技术凭借其获取信息速度快、成本低、动态性强的优点,在调水工程水生态环境研究中发挥的作用越来越大,且适用领域也越来越广。两者结合将给水文生态环境监测和评价方面的研究带来更多可能性和更大发展。

4. 水文生态关键因子历史演变规律方法研究进展

(1) 土地利用/覆盖变化

土地利用、土地覆盖变化是两个共通的概念,都是随着遥感技术的不断发展而出现的名词,前者偏向于社会性质,后者更偏向于自然性质。在实际运用过程中,研究者们通常将其统称为土地利用/覆盖分类体系,其主要是基于对土地表面特征的反映间接代表土地的生物和非生物特性。因此,研究土地利用/覆盖分类具有生态、社会经济效益。

"土地利用/覆盖变化"这个概念最早是在 1995 年由国际地圈-生物圈计划和全球环境变化人文因素计划联合提出的,用以探究土地结构变化和生物活动之间的关联驱动性[17]。关于土地利用/覆盖的研究一直以来都是环境研究的热点,其分类方法经历了早期印刷格式的手工标注,基于 DN 值(Digital Number)的数学分组方法,利用模式识别技术等变化。现代分类方法主要通过人工智能算法在计算机自动化程序上实现。目前基于计算机和遥感技术最常用的方法有监督分类法和非监督分类法,区别于早期的纯目视解译技术,减少了个人主观性。其中,非监督分类法是基于图像的光谱特征等分布规律直接对图像进行分类,虽受人为因素影响较少,但存在"同质异谱""同谱异质"等影响分类精度的现象,对于大面积复杂地区且精度要求较高的分类并不适用,只能应用于图像中分类已知、特征明确、分类精度要求不高的情况。监督分类法则是人工和计算机结合的分类方式,需要在分类前根据先验知识标注样本。许多专家和学者在对两种分类方法进行综合对比后,认为对于中高精度大面积土地覆盖分类制图而言,监督学习方法是优于非监督分类方法的。除此之外,由于遥感影像的复杂性,分类的结果易受到各方面因素的影响而产生失真。最为理想的解决办法是在监督分类方法的基础上,以高分辨影像为参照标准,再对分类后的混淆部分进行人工目视解译,这样得到的土地利用/覆盖分类结果才会更加精确。

(2) 植被

植被的光合作用和呼吸作用间接维持着生态圈的能量平衡,同时也决定了其在生态、水文能量循环中不可估量的地位。正因如此,在水文生态环境的探索中,植被指数、植被覆盖度等相关方面的应用和研究也越来越多。

① 植被指数

植被指数是常用的一种直观反映地表植被生长状况的度量方式,它具有简单、有效等优点,因而在全球乃至地方性的环境、土地、植被等方面研究中应用最广。现阶段已经被定义的植被指数共有40多种,其中最早出现的是1969年Jordan[18]提出的比值植被指数(RVI),Pearson等[19]将其运用到植被覆盖度的研究分析中。RVI指数的原理是通过对红光波段和近红外光波段比值的计算,得到其反射率的差异性,但不足之处在于忽略了大气、土壤等影响,极易受到干扰,因此只适用于植被覆盖浓密的情况。很快Rouse等[20]学者针对RVI指数进行了非线性的归一化处理,得到一种新的植被指数概念,即归一化差值植被指数(Normalized Difference Vegetation Index, NDVI)。NDVI指数的计算值位于-1到1之间,其中云、水、雪等为负值,裸土值近似于零。由于该指数能减小大部分仪器定标、地形地貌、云层阴影等不利因素带来的干扰,在克服红光波段反射率特别小的问题的同时,也更能起到响应植被的作用,因此在现阶段已经提出的植被指数中,是最常使用的一种。但它也存在一定的缺点,如高生物量区饱和、大气影响校正不彻底、受土壤背景干扰等。紧接着Wiegand和Richardson等[21]于1997年正式引出了垂直植被指数(Perpendicular Vegetation Index, PVI)的概念,其受土壤亮度的影响较小,适用于植被覆盖度较高的地区。深入考虑土壤对植被指数的影响,Huete[22]综合PVI和NDVI指数,在前人的基础上对NDVI指数进行了修正,得到土壤调整植被指数(Soil-Adjusted Vegetation Index, SAVI),能很好地削弱土壤等背景信息的影响,增加植被信号值,但在植被稀疏区提取效果弱,得出的植被指数结果偏低。为了进一步减弱土壤因子的影响,后续研究者在SAVI的基础上提出了转换型土壤调整植被指数(Transformed-Soil-Adjusted Vegetation Index, TSAVI)和修改型土壤调整植被指数(Modified Soil-Adjusted Vegetation Index, MSAVI)等,加强了对土壤背景的干扰。同样,针对大气对植被指数的影响,研究者们也进行了深入探究,1992年,Kaufman等[23]在NDVI的基础上又提出了大气阻抗植被指数(Atmospherically Resistant Vegetation Index, ARVI),其原理是利用光谱受大气气溶胶影响呈波段的特性进行植被度量,结果与 NDVI 指数相比,该指数对大气的敏感度下降了约 3/4 倍。不仅如此,基于植被特性、高光谱等其他因素的研究也有很大发展,后人们相继提出了全球环境监测植被指数(Global Environment Monitoring Index,GEMI)、增强植被指数(Enhanced Vegetation Index,EVI)、生理反射植被指数(Physiological Reflection Index,PRI)等。

② 植被覆盖度

植被覆盖度(Fractional Vegetation Cover,FVC)是指植被在地面的垂直投影面积占统计区总面积的百分比,用来描述植被在地表的覆盖占比情况,在水文生态的研究中同样具有重要意义,且通常会和植被指数结合,共同反映植被的生长情况。

传统的获取植被覆盖度的地表实测法有目估法、点测法、空间定量计法等,其缺点是基于点的传统数据很难对具有时空变化特征的植被覆盖度进行时间和空间上的动态监测。遥感技术的时空性正好解决了这一问题,因此,遥感技术开始作为常用的手段被广泛运用到植被覆盖度的监测中去。常用的方法有:回归模型法、混合像元分解法、机器学习法。

回归模型法又名经验模型法,其方法原理是利用影像数据的波段对植被指数及覆盖度进行运算和回归,再将以此构建的经验模型运用到广义区域。运行过程中发现植被指数和覆盖度存在着密切的线性或非线性的相关度,故也将该方法分为线性和非线性两种模型法。这种回归法的缺点是不具备普遍性,小区域可实行,但模型的大面积推广较为困难。

混合像元分解法的实质是将像元区分为植被覆盖和非植被覆盖两种构成且各自占比不同,由此把植被覆盖面积与像元总面积的比值定义为植被覆盖度大小。实际研究中最常使用的是线性像元二分法,假设像元由植被和土壤背景组成,NDVI 最大值为植被,最小值为土壤,通过线性关系求得植被覆盖度。该方法简单易操作且适用广泛,但也有其不足:计算精度受区域植被指数极值影响,计算结果稍显粗糙。

机器学习法主要分为人工神经网络法、决策树法、支持向量机法等。其优点是省略了对样本进行假设的步骤,该学习法的运行结果在样本具备典型性和模型学习充分的前提下最为理想。但是机器学习法的难题在于对训练样本的选择,调查数据是否适合作为研究对象才是问题的关键。

(3) 地表温度

地表温度是反映地面气温的重要参数,它是地表与大气之间作用与循环的结果。地表温度与地表水蒸发、植被作物生长、土壤干湿度等生态因子都密切相关,在水文生态环境的监测中扮演着重要的角色。

传统的地温测量方式是借助温度计进行度量,其缺点在于只能测得固定观测点的地表温度值，不仅耗时耗力，还很难进行大面积区域测量。卫星影像的发展带动了遥感技术在地表温度观测中的应用，其优点在于具备多波段、多时相、多效能、多空间性，因此热红外遥感技术测地表温度的方法开拓了遥感科学的重要领域。学者们基于热红外不同的研究特性，展开了多种地温反演方法的探究，其中最为常见的有：单通道算法、劈窗算法和多通道算法。

单通道算法大多适用于包含单个热红外波段的遥感卫星传感器，其原理是借助热红外单通道对地表温度进行反演，对应的卫星传感器有 Landsat TM/ETM、CBERS/IRMSS 等。常用的单通道算法有大气校正法、单窗算法、普适性单通道算法。

劈窗算法又称分裂窗算法，其本质是基于同一大气窗口中相邻两个红外通道面，利用其不同的线性组合来解决大气影响的问题，进而对地温进行反演。该方法最早可以追溯到海上温度的应用，后逐渐用于陆地。劈窗算法发展较成熟，多应用于 TIRS(Thermal Infrared Remote Sensor)、MODIS(Moderate-resolution Imaging Spectroradiometer)、AVHRR(Advanced Very High Resolution Radiometer) 等多种数据类型，但徐涵秋等也提出，用劈窗算法估算的 Landsat 8 的温度有一定误差，猜测可能与定标参数不稳定有关，并推荐使用单通道算法。

多通道算法，顾名思义就是利用多个热红外通道数据对地温进行反演，实际研究中常用的多通道算法有昼夜法、温度发射率分离法、灰体发射率法。

(4) 土壤干湿度

土壤中的水分关系着土壤的质量和植被的生长，联动着地表水和地下水的循环作用，是水文生态系统中监测土壤干湿程度的重要指标，因此它在生态环境中的价值不容忽视。传统测量土壤水分的方法有烘土法、时域反射法(TDR)、土壤温度计法等，虽然精度高、深度大，但消耗人力财力的同时实时性差无法进行短时间内的大面积测量。相比之下，遥感提供了一种周期性、大范围覆盖、多时相的对地探测手段，更适合作为土壤中水分监测的技术支撑。

自20世纪60年代起，遥感技术与土壤干湿度的结合已获得一定的科研进展。按遥感测量原理分类，土壤水分反演方法有光学遥感反演法、微波遥感反演法和多传感器联合反演法三大类。其中光学遥感反演又分为可见光-近红外法和热红外法，可见光-近红外法包括反射率法、植被指数法等，热红外法包括温度-植被指数法、热惯量法等。微波遥感反演分为被动微波遥感法和主动微波遥感法。而多传感器联合反演法则是基于上述各方法的组合，弥补单一方法的不足，从而达到更大优势。本研究采用的就是热红外法中的温度-植被指数法，植被生长离不开土壤和温度，因此将植被指数与温度结合，为地表水分的获取提供依据，进而反演土壤水分含量。

5. 水文生态环境评价方法的研究进展

水文生态环境影响评价的研究是基于大型水利工程的开展而逐渐发展起来

的。国外在20世纪60年代就开始了生态环境评价的讨论,自20世纪80年代以来,得益于遥感技术、计算机技术及水利工程的发展,越来越多的研究者投入流域生态环境评价的研究。如 Quigley 等[24]以哥伦比亚河流域为研究区,展开了环境质量系列评价;Matete 等[25]针对调水工程的水资源开采展开研究,结合环境学和经济学理论,构建生态经济核算矩阵,以南非及莱索托等地为研究区,探究其地域性生态经济影响力,为跨流域工程对周边生态及经济的影响提供了理论成果。

我国在生态评价方面的探索对象多以城市群和地形区域为主,主要的地形区域包括河流流域、平原、盆地等,但基于调水工程的沿程水文生态环境评价的研究相对较少。现阶段,常用的评价方法有矩阵法、综合评价指数法、模糊综合评价法和 BP(Back Propagation)神经网络法等。

（1）矩阵法

矩阵法是通过将研究对象和因子列在一个表里,来识别他们之间的关系。该方法的特点是简明扼要、易于表达且不需要测定大量的参数。但矩阵法多是基于多学科专家的共同经验完成的,主观性较大。

（2）综合评价指数法

综合评价指数法是基于生态系统的多因子、多层次性,综合分析每个要素对区域环境的影响并定量化。该方法灵活全面、过程直观、结论明确,一般用于生态环境多因子综合质量评价和生态系统功能评价等,不仅如此,在《地下水质量标准》中也建议采用其作为综合评价的手段。因此,该法也是目前水文生态环境评价最常用的方式。如陆建忠等从"状态-压力-响应"指标系统框架出发,在综合指数法的基础上对生态指标进行赋权,结合体系及指标权重综合评价鄱阳湖水资源的安全性。

（3）模糊评价法

模糊评价法的源头要追溯到20世纪60年代,美国专家 L. A. Zadeh[26]首次提出了以理论为基础的模糊数学概念。目前,该方法已广泛应用于生态环境评价。它不仅可实现定性和定量之间的有效结合,更克服了传统方法结果单一的缺陷。由于环境质量同时具备精确与模糊性及确定与不确定性,因此该方法在环境质量研究中很适用。应用较多的模糊评价法有模糊综合评价法、模糊距离评价法、模糊合成运算评价法等。但也因其过程烦琐,实用性不强。

（4）BP 神经网络法

BP 人工神经网络的诞生源于 Rumelhart 科学小组[27]提出的以 BP 算法为基础的神经网络模型法。该法具有较好的自学性、泛化能力和非线性逼近能力,不需要描述方程就能学习和贮存大量模式,因此在生态环境质量评价中的应用也很多。如盛夏等[28]以汾河为例,将传统的评价方法与 BP 神经网络法建立的水质评价模型进行了对比,分析其优势和不足。

1.3.2 调水工程地表-地下水水化学特征分析及模拟研究进展与现状

水化学的主要研究内容包括对水化学的成分进行分类、在自然条件和人为活动影响下的水化学成分的形成过程研究、水质综合评价、水质具体分析、水质监测、水质变化及预测等。自1950年起,中国开始了对水化学的研究,一开始以水质监测研究为主,随后增加了水化学类型图等,进一步完善了全国范围内的水化学基础研究资料。

随着研究的深入、水化学资料的不断丰富,水化学的影响因素成为研究的主要方向。水化学的影响因素可分为理化基本参数和离子。其中,理化基本参数包括电导率、溶解氧、pH和温度等。何雪琴等[29]学者利用数理统计分析等方法对大汶河流域部分区段的地下水水化学特征及主要离子进行探讨,得出Na^+、Ca^{2+}等离子的变化源于碳酸盐矿物(如白云石和方解石)的溶解、硫酸盐矿物(如石膏)的溶解等水岩反应。易雅宁等[30]学者对三门峡库区湿地水的化学特征和影响因素进行分析,研究表明pH值在某区段内变小,在湿地处出现最大差值,这是由于湿地的净化作用使水体pH值有所下降。同时,受硅酸盐岩风化作用和蒸发盐岩溶解的影响,该研究区的水化学特征呈现一定的特点。在蓄水期内,湿地水的化学特征受城市生活污水排放的影响较为显著。张旺等[31]学者对黄河中下游丰水期水化学特征进行分析研究,得出各个因素对水化学组成的贡献率。其中,蒸发盐岩的溶解作用和碳酸盐岩的风化作用是主要的影响因素,二者的贡献率分别约为46.55%和35.90%。TDS、Ca^{2+}的质量浓度从上游到下游不断增加,就是受到了下游碳酸盐岩风化作用的影响。原雅琼等[32]为了研究洪水过程中的水化学变化特征,对某断面的水化学特征进行监测,分析出水体中水化学离子的主要来源是碳酸盐岩的风化作用,也受到硅酸盐岩的风化作用、降雨和人类活动的影响。张荣等[33]学者在对岩溶地下水的水化学特征进行讨论时,以安顺市某河流流域岩溶地下水为例,分析得出地下水的化学成分受多种因素的影响,如岩层矿物的风化溶滤作用、白云岩的溶解作用等,各种农业活动和工况活动也会对水化学特征产生影响。在对城市公园内景观用水进行水化学分析时,邵毓等[34]学者发现研究河段总离子浓度呈波状变化,来自可溶性岩石的岩溶和风化产物的Na^+和Ca^{2+}较多,NH_4^+和K^+变异系数较大,说明受人类活动的影响较大;在农村污水排放区,地表水接受河流两岸的地下水补给,而地下水的电导率较高、Cl^-质量浓度较高,这就导致该区域的总离子浓度最高,水污染最严重。任娟等[35]学者对山区中的旅游景区岩溶地下水进行研究时,选取亚高山旅游景区的水体作为研究对象,分析水化学动态变化的影响因素,由此得出如下结论:化粪池对污染物的调节作用有正面影响,从而导致K^+、Na^+、PO_4^{3-}的质量浓度降低;餐饮排污未经处理直接排入地下,会导致流域出口水房泉中Cl^-和NO_3^-的浓度翻倍增长,使水质恶化;污水加剧碳酸盐岩的溶蚀,会导

致地下水中 HCO_3^-、Ca^{2+}、Mg^{2+} 浓度上升。尹子悦等[36]对青岛市大沽河流域地下水进行水化学分析时发现,造成 NO_3^- 含量增高的主要原因是农业活动中氮肥的过度使用、粪便及生活污水等人为来源的输入。

近年来,由于人类活动对地表水水体的污染和地下水的不合理开发,人类面临着水资源危机,水资源与人类生产的矛盾亟待解决。随着经济社会的发展和人民生活水平的提高,人们越来越重视环境与生态保护。在这样的大背景下,水环境监测工作也得到了相应的发展。水质监测是保证环境质量检测准确性的前提。地表水与地下水之间的相互作用已成为研究的主要内容。在对地表水与地下水的交互作用进行研究的过程中,国内外学者运用了不同的手段和方法,广大学者运用各种分析方法研究地表水与地下水之间的交互规律。黄元等[37]学者利用3S技术对地表水和地下水进行空间叠加和趋势曲线拟合,从各个方向分析出地表水和地下水的变化趋势特征。王紫燕等[38]研究发现,地下水和地表水的水力交互可以缓解地下水对岩层的侵蚀。李刚等[39]通过系统部署水位和水温监测系统,对地表水与地下水的垂向交换进行量化研究,采用温度示踪法得出相关结论,研究结果可以为湿地的补水方案做理论和支撑,并为生态环境保护措施提供强大的数据支撑。郭鹏哲等[40]根据涡河玄武水文站近几十年来的地表水位数据和地下水位数据,运用Mann-Kendall趋势检验法以及小波分析法对地表水与地下水的相互转化关系进行了深度研究,揭示了地表水与地下水关系的变化趋势。

随着数值模拟走入研究方法的大门,单独对地表水或地下水进行数值模拟,不能从整体上连接地表水与地下水并进而研究它们的关系,因此地表水-地下水耦合模型的构建成为主要研究主题。杨广[41]运用地下水软件构建了地表水-地下水耦合模型,并对这个模型做了深入研究,对大湾区的水循环过程、地表水和地下水之间的关系、陆地和海洋之间的交互作用规律有了更清晰的认知。范伟等[42]结合湿地水文特性,整合不同尺度的数据信息、耦合交互过程的不同机制,实现交互作用过程中的地表水-地下水耦合,并在此基础上对水量-水质进行联合模拟。鉴于传统的概念性水文模型具有局限性,李艳平等[43]为了验证模型精度,结合连续日入库的径流资料,选择分布式水文模型进行模拟与预测,对该流域的日入库径流过程进行地表水和地下水的分析,并充分考虑了不同径流成分之间的水力联系。陈冬琴[44]采用SWMM软件构建了地表水-地下水的耦合模型,模拟结果证明:海绵城市可以使地表水的水质得到明显改善,使地下水得到较大的补给。高维春等[45]采用QUAL2K软件建立了地表水与地下水联合运用的耦合模型,对溪泉湖水源地的水质情况进行模拟,预测了水源地下水环境的动态变化和地表水与地下水之间的关系。以往的数学模拟模型存在缺陷,即不能综合考虑到地表水和地下水在水质方面和水量方面的相互联系,张将伟等[46]为了解决这一不足,把河谷地区作为假想例的原型,运用HydroGeoSphere软件,根据双重节点耦合法对地表水-地下水耦合模型进行研究,并对未来120天内水流的变化情况、总氮的变化特征、研究区地表水水体和地下水水体的补排关系加以预测。

在数值模拟的基础上,为了对研究区内的某些点位进行追踪,以便更精确地分析其变化规律,广大学者采用同位素示踪法探究地表水与地下水之间的关系。杨智[47]为了研究地表水和地下水的交互关系,运用水力学法和温度研究法对补浪河子流域进行了定性分析;采用水化学和同位素法对降水时地下水和地表水的相互作用进行研究。郝帅等[48]分析了地表水和地下水中稳定同位素的组成特征和分布规律,以探讨不同水体间的补给关系。余斌等[49]对研究区的地表水和地下水水样进行采集和分析,运用同位素法研究水体的水化学特征,查明了流域地表水与地下水的转化关系。王广昊等[50]对地表水及地下水水体的水化学特征进行分析,运用氢氧同位素追踪其在空间上的分布规律和变化趋势,定性、定量地表征了区内地表水和地下水之间的变化。

1.3.3 调水工程区面源污染迁移与调水水质响应规律研究进展与现状

相对于点源污染来说,面源污染呈现面状分布,它是指固体或者可溶解的污染物,如泥沙、微生物、有机物等,通过大气降水产生的径流进入水体,给水体造成富营养化等负面效应[51],或是指地表的各种污染物(如城市生活垃圾,农业生产生活中的农药、化肥,重金属和大气悬浮物质,以及其他有毒、有害物质)随着地表径流或者通过土壤、地下水系统淋滤、循环进入地表水形成的污染[52]。面源污染具有污染产生的随机性、分布范围的广泛性、迁移转化的复杂性、污染负荷的时空差异性、运移途径及污染物种类的不确定性等特点。

目前,面源污染是引起水资源污染的主要源头之一。19世纪60年代,面源污染开始被逐渐重视起来。1976年,美国颁发了首个关于农业面源污染治理措施的规定[53]。19世纪80年代,由于五大湖发生比较严重的富营养化危机,美国对面源污染进行了大量的研究,并得出面源污染是水环境恶化的主要原因[54]。爱荷华州立大学的Tim等研究得出,美国60%的水体污染来自面源污染[55]。然而,面源污染也是欧洲西方国家水体污染的主要来源。据相关统计,在奥地利北部河流中,面源污染产生的氨氮量远大于点源产生的氨氮量。Kronvang等采用统计学方法研究发现,在丹麦的270条河流中,94%的氮负荷以及52%的磷负荷来自面源污染[56]。荷兰水体污染中总氮来自面源污染的比例达到60%,总磷来自面源污染的比例在40%~50%之间[57]。该现象在其他西方国家也普遍存在[58]。在芬兰和瑞典,水体污染中的氮和磷主要来自面源污染,芬兰面源污染引起的氮负荷和磷负荷占负荷总量的50%以上,瑞典面源污染的情况更加严重,面源污染产生的氮贡献量在60%以上[59]。

与国外面源污染相比,国内面源污染研究相对较晚。20世纪80年代后,我国开始着手调查湖泊富营养化的问题,随即开展面源污染的研究。面源污染最开始主要研究城市面源污染,之后农村面源污染研究工作在全国开展。2000年,相关机构对我国131个湖泊营养程度进行评价,评价结果显示,61个湖泊为富营养化,占总数的51.2%;54个湖泊为中度营养化,占总数的41.2%。在131个湖泊中,城市湖泊、大型淡水湖污染严重,富营养化较为严重的超过总数的75%,尤其是在长江中下游区域。由于人类生产生活中污染排放愈加频繁,面源污染造成的问题愈发严重。以巢湖、滇池以及太湖为例,在巢湖水体污染中,69.5%的总氮来自面源污染,51.7%的总磷来自面源污染[60];而在滇池外海中,53%的总氮负荷来自面源污染,42%的总磷负荷源于面源污染[61]。原环保部的调查研究表明,工业废水对长江三峡库区以及"三湖"的影响不大,其产生的总氮和总磷占水体污染总量的10%以上,农村面源污染和生活污水是导致湖泊及水库富营养化的主要原因[62]。面源污染也不仅仅存在于地表水体中,其对地下水的污染也逐渐加剧。据相关调查表明,我国超过50%的地下水资源受到不同程度的污染。随着科学技术的发展,面源污染的研究手段也逐渐丰富起来。目前,基于GIS的3S技术是研究面源污染的重要手段,在机理研究和风险评估中发挥着重要作用。

已有众多学者针对调水工程水环境生态进行了研究,构建水生态监测模型、运用水生态监测方法、水生态修复方法等对水环境生态做进一步分析。

汪定盼[63]对南水北调东线工程江苏段进行研究,对该工程进行生态补偿的相关分析,从生态系统服务价值和排污权两个角度构建了生态补偿标准核算模型,得出结论:生态补偿可以促进调水工程的良好运行和生态的可持续发展。武仪辰[64]以引黄济青调水工程干线为研究对象,根据一个调水周期内的断面水质监测数据,选取主要影响因子,根据内梅罗综合污染指数法、综合水质标识指数法、主成分分析法和水质综合污染指数法对水质进行评价。陈盟[65]在研究在线自动监测系统时发现,和传统实验室检测手段相比,系统监测的效果更为优越。黄伟[66]在研究水资源的时空分布时,以滇中引水工程为例,从水环境容量、生态流量两个角度考虑,得到污染排放量大幅增加的结果,其中,受水区受到的影响最大,所以在进行污染治理时,可以着重考虑受水区的治理。宋冰[67]为了对河流生态水质指标进行分析,研究工程对其影响,结合矩阵范数的思想,利用水质实测资料,建立水质进步度模型,得出调水前后水质改善情况。扶磊[68]根据FVCOM模型的FABM框架动态耦合PCLAKE生态模型,建立水动力和水质模型,研究调水工程对水质的影响情况。高国军[69]选取了一些常规的水质参数,根据实测数据分析了各项指标在不同输水方式水体中的时空变化规律,并建立了水质变化模型进行研究。吴承林[70]根据水质监测资料进行对比分析,利用Langmuir吸附等温模型研究多孔介质材料对水质的吸附能力。郭庆园[71]在对水质迁移转化规律进行研究分析时,选取南水北调工程京石段作为研究对象,保证了调水水质的安全性。刘云华等[72]学者对统计数据分析总结后,建立了三套动态数学模型,分别对不同污水处理率下不同引调水水源的环境需水量进行计算,根据计算结果对污水处理率目标进行合理的确定。唐迎洲[73]为了进行水质模拟,选用 WASP5 系统作为模拟的基本工具,通过其自带的 DYNHYD 5 水动力模型构建水动力和水质模型,模拟引调水工程中不同工况下的水质变化特征。

1.3.4 海水入侵区域地下水对调水水质影响实验与数值模拟研究进展与现状

海水入侵是指在沿海地带,由于人为因素对地下水开发过度,当地的地下水位大幅降低,咸水和淡水之间的水动力平衡关系被打破,进而导致咸淡水边界向大陆方向移动的现象[74]。海水入侵不仅会造成滨海地区地下淡水资源的可开采利用量严重萎缩,并且还会使土地盐渍化,造成当地农作物减产。由于海水入侵,滨海地区地下水咸化,导致供水能力降低、人畜用水困难,而长期饮用咸水会使疾病发病率增加[75]。

海水入侵是一个普遍存在的全球性问题。近代以来,国外学者就开始了对海水入侵问题的研究。早在 19 世纪末,荷兰学者 Gyben 和德国学者 Herzberg 分别独立提出通过潜水位对咸淡水界面位置进行定量计算的解析公式,也即 Gyben-Herzberg 公式,这标志着海水入侵的静力学研究阶段的开始。在 Gyben-Herzberg 公式提出后,学者对其进行不断补充和完善,并且开始考虑淡水向海水的渗流作用,以及淡水向海水的径流排泄作用。将它和达西定律和水连续原理结合,就能够得出在不同的海水入侵宽度(海水入侵距离)情况下,含水层的单宽排泄入海量[76]。在处理实际问题的过程中,学者们发现应用描述可混溶流体的对流-弥散方程,可以增强有效性。早期的水文学者[77],在分别考察了荷兰、以色列、加拿大等国家海水入侵区域咸淡水混合带的特征后,给出海水入侵过程中,咸淡水界面的抛物线形态的假说,并且发展出许多海水入侵的解析解和数值模型,推动了对海水入侵研究的进程。

海水入侵的数学模型,根据咸淡水的混合特征可分成两类:一是把淡水和咸水视为互不混溶的两类流体,在二者之间产生了突变界面,也就是所谓突变界面模型;二是把淡水和咸水作为互相混溶的两类流体,两者之间是逐渐过渡的,即过渡界面模型。Gyben-Herzberg 公式,是假定咸淡水不混溶,并从静力学的视角,推导出咸淡水界面位置的计算方法。Bear[78]推导出稳定界面与移动界面的近似解,解决了抽水井在咸淡水界面上部抽水引起的升锥问题。Shamir 和 Dagan[79]则运用垂向整合方法,构建了海水入侵的一维模型,进一步发展了在突变界面假设下,咸淡水交界面的相关研究。

但是在实际情形中,咸淡水是可以相互混溶的液体,因此二者之间具有一种过渡界面,尤其当咸淡水过渡带较宽时,突变模型将不再适用。Henry[80]基于咸淡水混溶的假设,首先求取了与海岸线正交的垂直截面上盐类含量的解析解,被作为过渡带数学模型的基础。Voss[81]则根据有限差分法,构建了二维的SUTRA模型,并对饱和-非饱和带中变密度区的流速运动、溶质运移以及热能传递问题等作出了模拟解释,开创了对变密度过渡区模型进行数值模拟的先河。

海水入侵在大部分沿海地区广泛分布,学者对其进行了不断的研究,并且取得了非常多的研究成果。Bhagat等[82]通过采集地下水样,测定与整合地下水位动态、电导率及海表温度,对咸淡水界面的位置进行了物理验证,作为制定沿岸咸淡水混合过程详细调查框架的初步依据。Miao等[83]引用机器学习的理论,解决了三维变密度海水入侵数值仿真模型输入输出之间复杂的非线性映射问题,提高了拟合精度,并通过该数值模型提出合理的地下水开采利用方案。Tanjung和Syahreza等[84]通过采集地下水样,测定其电导率和溶解性总固体的含量,并使用地理信息系统(GIS)技术研究了当地海水入侵的空间分布情况,为研究区内海水入侵问题的治理提出了建议与措施。

国外对海水入侵现象的研究起步较早,发展也比较成熟,并且采用了一些新技术(如地理信息系统、机器学习等),取得了较好的效果。相较于国外对于海水入侵问题的研究,国内的研究起步较晚,20世纪80年代,国内才出现相关的研究,并且主要集中在数值模拟方面,但是仍然取得了大量的成果,已经接近世界顶尖水平。

南京大学的薛禹群等[85]为深入研究山东省龙口近海含水层中咸水入侵的过程,在研究区内开展水文观测,建立了我国国内最早研究海水入侵与咸淡水界面移动规律的三维数值模型。随后,中国地质大学的李国敏等[86]运用人工弥散加权法,构建了广西北海涠洲岛的全岛三维有限元模型,对研究区的海水入侵进行了动态模拟研究,为开采地下淡水透镜体和控制海水入侵提供了依据。武雅洁等[87]利用OpenGeoSys软件,成功构建了咸水入侵区域斜坡海滩潜水含水层的二维剖面数值模拟,并研究了潜水含水层在潮汐变化情形下对海水入侵规律产生的影响。王佳琪等[88]综合考虑地表水-地下水对海水入侵的协同控制作用,建立了海水入侵模拟及预测模型VFT3D,发现地球化学过程对阳离子的运移产生明显影响,引起过渡带中离子组分质量浓度发生变化,对海水入侵的过程以及特征产生较大影响。吕盼盼等[89]利用SEAWAT-2000程序,比较分析了在不同的补给井位置、补给水井流量、截渗墙的位置和贯穿深度等各种情境下,咸淡水界面的运移发展及其变化规律,为研究区内海水入侵的防治提出相应的措施。陈德培等[90]开展了物理砂箱实验,利用高密度电阻比图像技术,从四维时移电阻比图像视角解析了地下水开采所诱发的海水入侵特点,并发现被海水侵入区域呈现明显的低阻楔形体,同时测量了除咸淡水界面外的电阻率值,通过等值面解析海水入侵的动态变化特性。

2 研究区概况

2.1 引黄济青工程概况

山东省位于我国东部沿海地区,由内陆与半岛组成。内陆部分南接江苏、安徽两省,西邻河南,北与河北接壤,东部半岛位于黄海和渤海之间。地势、降雨等多方面因素导致了山东省水资源总量不足、分布不均的基本省情,并且山东省作为我国人口大省,省内人均水资源占有量处于全国较低水平,属于缺水严重地区,同时山东的淡水资源分配也十分不均,这两个问题都已成为制约山东经济社会发展的主要瓶颈之一。

目前,山东省的供水主要来源于地下水、当地地表水、跨流域调水及其他水源,根据《2021 年山东省水资源公报》,2021 年全省跨流域调水 62.83 亿 m^3,占地表水供水量的 48.8%,其中黄河水 57.53 亿 m^3,南水北调水 5.30 亿 m^3。

引黄济青调水工程是一项建设在山东半岛东部,将黄河水通过明渠引调至青岛的规模较大的跨流域、长距离调水工程。该工程是"七五"期间,山东省重点的民生工程项目之一。引黄济青调水工程有效地解决了青岛区域水资源严重短缺的问题,优化了山东省的水资源配置,为青岛市的经济社会发展提供了稳定可靠的生活、工业用水保障,同时还为沿线城市提供了农业灌溉用水,在抗旱保收和抗洪排涝中做出了重大贡献。引黄济青工程自建成通水后至今已经运行 30 余年,向山东省青岛市以及其他沿线城市累计引调水量高达 62.48 亿 m^3,青岛作为最大的受水城市,累计受水量高达 46.82 亿 m^3;引黄济青工程为青岛市带来了上千亿元的工业产值,同时也为沿线的农业带来直接效益,保证并且推进了青岛市及沿线其他城市的经济发展。引黄济青工程还增补了沿线的地下水量,降低了地下水污染,改善了工程沿线过度开采地下水导致的环境问题,如海水入侵、咸水倒灌及地下水位下降等。引黄济青工程是一项造福了山东半岛东部的重要工程,是齐鲁大地上不可或缺的黄金之渠,为青岛市及工程沿线的其他城市创造了巨大的经济、社会、生态效益。

引黄济青工程输水路线全长290 km，具体线路如图2-1所示。引黄济青工程自黄河下游博兴县打渔张闸处截取黄河水，利用明渠输水，向东南方向延伸，经过宋庄泵站、王耨泵站、亭口泵站、棘洪滩泵站四级泵站提水后，到达棘洪滩水库进行调蓄，最后利用管道向青岛市内供水。该工程于1986年4月15日开工兴建，1989年11月25日正式通水。核定工程总投资9.62亿元，渠首设计引水流量45 m³/s，在保证率95%的情况下，设计向青岛市供水30万 m³/d。

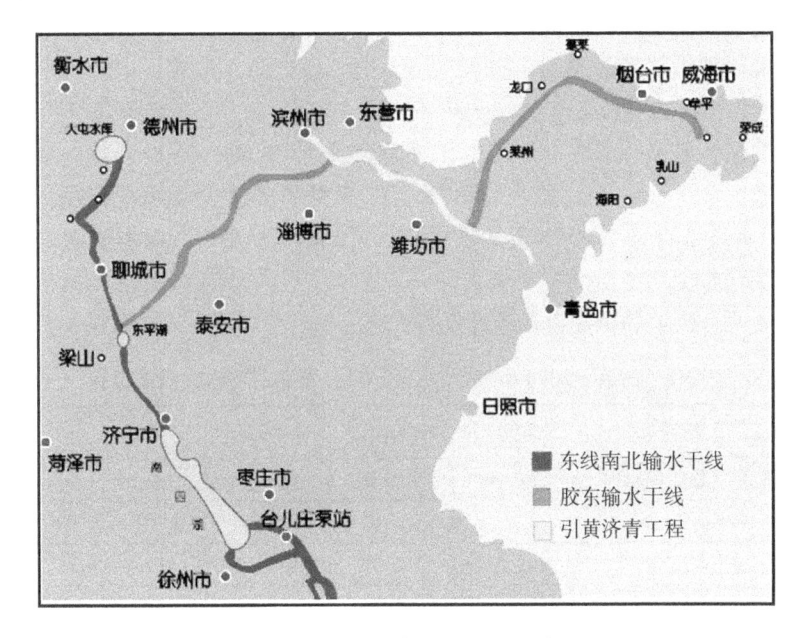

图2-1 引黄济青工程线路示意图

综上，工程改变了原先缺水的青岛市的面貌，使得青岛的工农业可以自由发展，居民的生活水平也得到提升。原先排长龙打水和工厂因缺水而停工的现象再也不存在了，引黄济青工程受到了青岛社会的广泛赞誉，被誉为"黄金之渠"。山东省引黄济青工程是国务院批准建设的大型跨流域调水工程，自1989年11月通水至今，已经30余年，为青岛的城市供水提供了保障，极大促进了青岛市的经济发展，同时缓解了开采地下水而导致的河道断流、地下水位下降以及海水入侵等问题，有显著的减灾、生态效益，不仅大大缓解了青岛的用水危机，也带来了巨大的社会及生态效益。

2.2 区域地质概况

2.2.1 水文及气象

引黄济青调水工程纵贯山东半岛中部,所流经的地区属于中温带季风气候,主要表现为夏季高温,但降雨多集中于夏季,冬季严寒,雨雪稀少,四季交替明显。引黄济青输水干渠沿线的区域常年平均温度位于12~12.6 ℃之间,全年最低气温出现在一月份,为1~4 ℃,最高气温出现在七月,为25~27 ℃,半岛内每年日平均气温高于0 ℃的天数有280~300天。年平均降水量在600~900 mm左右,年平均蒸发量超过1 500 mm,而且蒸发量在年度内的变动也很大,如夏季蒸发量很大,可达到常年总蒸发量的50%,而冬天蒸发量较小,仅有15%左右。在引黄济青工程沿线区域,降雨为汛期河川径流的主要来源,6—9月径流量占全年总量的85%~90%。工程沿线2011—2020年的相关资料统计见表2-1。

表2-1　2011—2020年滨州、东营、潍坊、青岛四市水文气象资料

地区	指标	2011	2012	2013	2014	2015
滨州	年降雨量(mm)	632.96	572.57	649.03	463.78	621.81
	年平均气温(℃)	13.34	13.40	13.67	14.68	14.35
	年蒸发量(mm)	545.24	591.79	639.48	487.82	500.73
东营	年降雨量(mm)	579.83	568.65	652.24	396.56	569.95
	年平均气温(℃)	13.02	13.08	13.30	14.42	14.08
	年蒸发量(mm)	514.58	593.28	639.10	492.80	474.45
潍坊	年降雨量(mm)	752.76	579.76	591.25	568.63	480.15
	年平均气温(℃)	13.34	13.32	13.75	14.51	14.31
	年蒸发量(mm)	571.06	582.77	608.58	531.50	436.88
青岛	年降雨量(mm)	699.45	572.45	652.54	544.81	495.67
	年平均气温(℃)	12.49	12.53	12.98	13.83	13.63
	年蒸发量(mm)	552.77	559.54	642.76	474.76	452.86
地区	指标	2016	2017	2018	2019	2020
滨州	年降雨量(mm)	632.08	510.49	698.47	511.80	792.50
	年平均气温(℃)	14.58	14.92	14.45	14.82	14.93
	年蒸发量(mm)	610.91	524.20	592.64	457.26	613.25

续表

地区	指标	2016	2017	2018	2019	2020
东营	年降雨量(mm)	564.55	494.24	645.31	445.38	782.68
	年平均气温(℃)	14.27	14.64	14.12	14.51	14.66
	年蒸发量(mm)	576.95	533.47	573.82	476.03	540.16
潍坊	年降雨量(mm)	530.03	662.10	769.26	523.14	1242.05
	年平均气温(℃)	14.50	14.85	14.31	14.81	14.92
	年蒸发量(mm)	506.13	648.31	663.14	481.9	741.49
青岛	年降雨量(mm)	508.41	665.84	734.17	457.08	1170.63
	年平均气温(℃)	13.79	14.06	13.48	14.08	14.21
	年蒸发量(mm)	528.98	608.35	649.65	444.80	717.65

2.2.2 植被与土壤

工程沿线地区多为丘陵地貌,气候温和湿润,水源充足,因而以盛产中国北方地区传统水果而闻名。暖温带落叶阔叶林为主要天然植被,多数以栎类为主。半岛内存在部分针叶树如日本赤松。此外,半岛内的植物区系中还有苦木、山胡椒等亚热带成分和蒙古栎、辽东栎、赤杨等东北区系成分。20世纪初,日本落叶松、黑松等品种也逐渐被引入半岛。

棕色森林土为半岛内典型地带性土壤,通常分布于缓坡地带和具有良好排水条件的平地处,大多被用于粮食和果树的种植,等到土质逐渐发育成熟再进行耕作。棕壤是存在于暖温带湿润和半湿润地区落叶阔叶林下,因较强的淋溶和黏化作用而发育形成的一种成土母质,为酸性岩或极性岩的一类,多分布于山地丘陵和山前缓坡地带,也是半岛内青岛市区的主要土壤类型。青岛市内土地面积约为700万亩[①],棕壤占土壤面积的一半,主要用于种植花生、甘薯等农作物。

2.2.3 地质构造

引黄济青输水干渠自滨州至青岛市共流经三个大地构造单元,分别为华北坳陷的东缘、沂沭断裂带、鲁东隆起,其中华北坳陷和鲁东隆起以沂沭断裂带为界。研究区地质构造以断裂构造为主,主要为北北东向的沂沭断裂带,总体走向17°左右,有四条主干断裂,自西向东依次为鄌郚—葛沟断裂、沂水—汤头断裂、安丘—莒县断裂、昌邑—大店断裂。沂沭断裂带在工作区内为隐伏断裂,其上被第四系覆盖。断裂带内部褶皱少见,但发育韧性剪切构造、推覆构造。主干断裂常被东西、北西、北东向断裂错断,在平面上呈折线状,输水干渠在侯镇-昌邑段横跨沂沭断裂

---

① 1亩约等于666.7 m²。

带,宽度约为 50 km。在断裂带的两侧,地质构造及地形地貌等方面具有很大的差异。引黄济青工程区域地质构造示意见图 2-2。

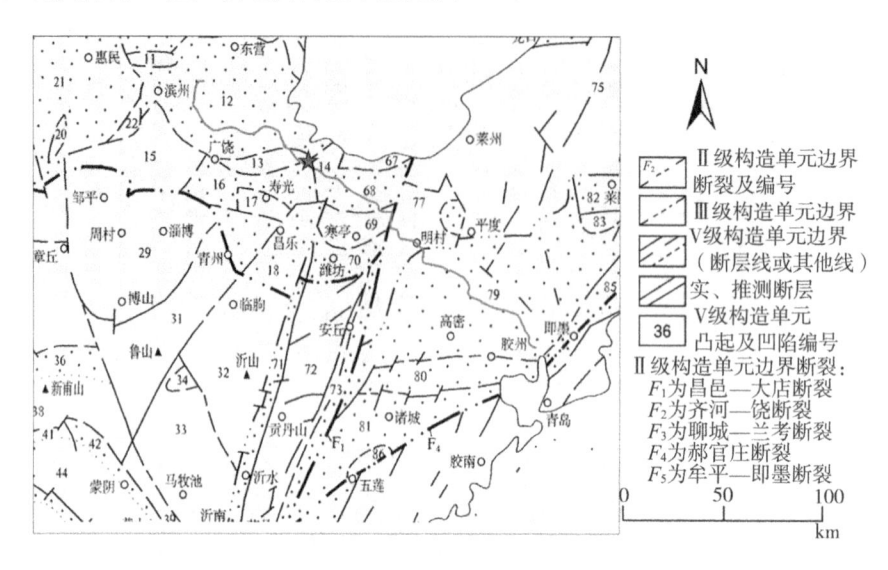

图 2-2　研究区区域构造示意图

2.2.4　地形地貌

引黄济青调水工程输水干渠及其沿线地区地势开阔平坦,一般为平原地区,少量分布剥蚀残丘地形。引黄济青输水干渠沿线高程一般在 3~13.4 m 之间,整体呈东北—西南走向,自渠首打渔张引水闸至棘洪滩调蓄水库,所经过地貌单元依次为黄河冲积平原、山前冲积平原及滨海平原、胶莱断陷盆地准平原,并且其成因一般为冲积、洪积及海积,或者是海相陆相交替沉积,工程沿线地面呈波浪式缓慢起伏,地形极为简单,详见图 2-3。

2.2.5　地层岩性

引黄济青调水工程沿线的地壳结构为基岩和盖层双层结构,基岩隐伏于盖层之下,盖层覆盖于基底之上。

(1) 基岩:本工程输水干渠沿线基岩层可以分为元古界基岩、中生界基岩和新生界基岩。其中,元古界基岩的岩性主要为粗粒片麻状花岗岩、云母变粒岩、片岩、石英岩;中生界基岩的岩性主要为泥质粉砂岩、砂岩、玄武岩、凝灰岩、泥岩;新生界基岩的岩性主要为泥岩。

(2) 第四系盖层:第四系地层在工程沿线广泛分布,按照成因可以分为上更新统冲洪积堆积层(Q_3^{al+pl})、全新统冲积堆积层(Q_4^{al})、全新统冲洪积堆积(Q_4^{al+pl})、

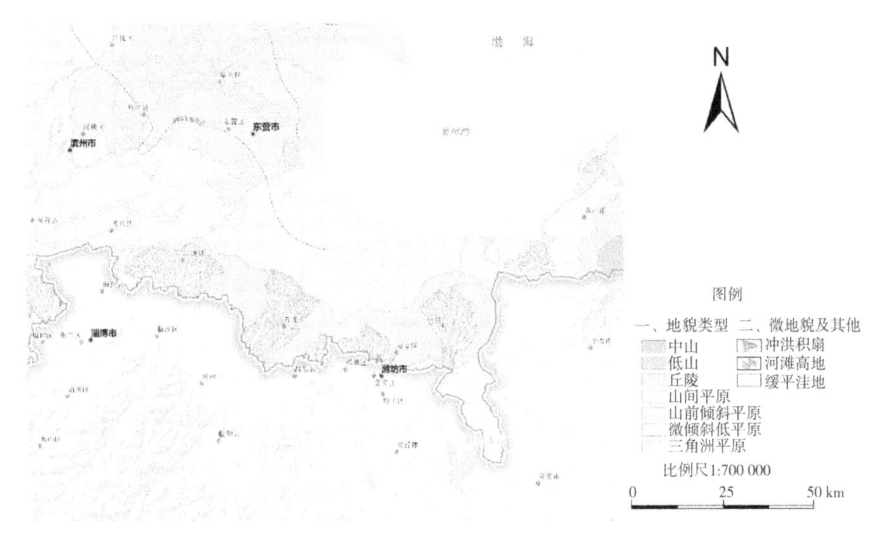

图 2-3　环渤海地区地貌图

图片来源：《中国重要经济区和城市群地质环境图集·环渤海经济区》。

全新统海积堆积层（Q_4^m）、全新统冲海积堆积层（Q_4^{al+m}）、全新统沼泽堆积（Q_4^h）、全新统冲沼泽堆积（Q_4^{al+h}）、全新统冲湖积堆积（Q_4^l）、第四系残积堆积层（Q_4^{el}）。第四系盖层的岩性主要为壤土、沙壤土、粉土、粉砂、砾质粗砂、淤泥质壤土、淤泥质黏土等。

在引黄济青工程设计与施工初期，根据地层岩性、地层结构以及地层沉积成因，可以将引黄济青调水工程的输水干渠沿线地区分为 7 段沉积相。

第Ⅰ段剖面为黄泛平原沉积相，西起博兴北部的赤李村，东至广饶北部的大桓台，全长 35 km。地层岩性主要为粉质黏土、黏质粉砂、粉砂。

第Ⅱ段剖面为巨定湖沉积相，西起大桓台以西 2 km，向东南至小中疃，全长 42 km。地层岩性主要为粉质黏土、黏质粉砂、粉砂。

第Ⅲ段剖面为弥河冲积相，西起小中疃，东至肖家营，全长 28 km。地层岩性主要为黏质粉砂、粉质黏土、粉砂。

第Ⅳ段剖面为大湾口潟湖相，西起肖家营以西，东至博乐埠，全长 28 km。地层岩性主要是粉砂和黏质粉砂，其次是粉质黏土和黏土。

第Ⅴ段剖面为丘隆区沉积相，该剖面位于昌邑南 5 km，全长 47 km。根据剖面岩性和地层结构，可分为西部山前堆积相、中部潍河冲积相和东部河间洼地沉积相。①潍河以西山前堆积相：该段剖面西起博乐埠，东至基岩隆起区域，全长 17 km，地形西低东高，地层岩性主要为黏质粉砂、粉质黏土、粉砂、黏土质含砾粗砂；②潍河冲积相剖面：该段剖面主要有河床沉积相、潍河西岸沉积相、潍河东岸沉积相；③潍河至胶莱河间沉积相：该段剖面全长 20 km，剖面岩性呈似层状分布，主要为黏质粉砂、粉质黏土、下粗上细的古河道沉积层。

第Ⅵ段剖面为高平湖沉积相，西起胶莱河，东至后双丘村，全长45 km。地层岩性主要为粉质黏土、黏质粉砂、含砾粗砂。

第Ⅶ段剖面西起后双丘村，东至桥西头村，全长30 km。地层岩性主要为粉质黏土、黏质粉砂、砂质黏土、含砾粗砂。

2.3 水文地质概况

2.3.1 地下水类型与含水岩组的划分以及空间分布

引黄济青调水工程沿线地下水根据地下水埋藏条件及含水层岩性，可以大致分为四大类：上层滞水、第四系松散岩类孔隙潜水、风化带网状孔隙水和基岩裂隙水。其中，工程沿线大部分为第四系松散岩类孔隙潜水，局部渠段为第四系承压水或基岩裂隙水。

(1) 上层滞水：在人工回填的土层中，由于人工填土的充填时间不同，压实不均，渗水不均，含水层厚度有较大的差异。上层滞水的含水率受到季节性降水的影响较大，埋深一般较深，水量总体贫乏，在降雨量较大时可以达到中等水量。

(2) 第四系松散岩类孔隙潜水：广泛分布在引黄济青输水干渠沿线，含水层岩性主要为裂隙黏土、壤土、粉砂、中细砂、砾质粗砂等，地下水位高程分布在1.6～10.72 m，年变幅较大。渗透系数为0.28～12.47 m/d，属于中—强透水层。第四系承压含水层岩性为中粗砂、砾质粗砂，属强透水层。

(3) 风化带网状孔隙水：该类型的地下水主要赋存于基岩层上部的风化带孔隙裂缝中，多见于丘陵上部，主要为潜水类型，局部为微承压水。由于全风化岩和散体型强风化岩裂缝发育程度低，含水层不均匀，透水性差，赋水性较差，因此其水位较高，水量总体不多。但在沟谷等低洼处，汇水条件较好，水位较浅，水量略大。

(4) 基岩裂隙水：主要分布在昌邑市东张庄至东黄埠段，这一部分渠段途经地区地貌为青山残丘，赋存于片麻状花岗岩风化带中，透水性较弱，通常是承压水。

在野外勘探期间，工程沿线地下水埋深为0.75～4.80 m，地下水位高程为1.63～10.72 m，地下水位相差较大，年变化幅度为1～4 m。

2.3.2 区域地下水补给、径流、排泄条件

引黄济青输水干渠沿线全新统地下水埋藏深度较浅，在勘探期间为0.75～4.80 m，但是年变幅较大，约1～4 m，属于典型的气象型或气象开采型地下水，即地下水位的动态变化主要受到大气降水的影响，地下水位与降水强度呈正相关关系，或者地下水位由降水以及当地地下水开采强度所共同决定。

输水干渠沿线地下水除接受大气降水的补给以外,同时还接受渠道水和其他河流的侧渗补给,以及上游地下水的径流补给。地下水主要通过蒸发、向下游径流进行排泄。

2.3.3　地表水系概况

引黄济青输水干渠自滨州至青岛经过 30 余条主要的河流,包括小清河、潍河、白浪河、胶莱河、弥河、大沽河等,上述河流大多是由山东半岛内陆流向渤海,都是季风区雨源型的河流,河流的径流主要是来源于汛期降水,夏季径流量大,冬季径流量相应减小,6—9 月径流量约占全年总径流量的 85%～90%。

2.3.4　地下咸水分布

随着经济的快速发展,在滨海地区,人类对地下水的需求以及开发利用量日益增加,这就使得海水入侵现象日趋严峻,莱州湾地区的海水入侵现象可以分为初始阶段、急剧发展阶段和减缓阶段三个阶段。早在 2002 年,在环渤海海水入侵的调查中,研究区所在的山东省潍坊市寿光市的海水入侵区域就达 138.1 m³。环渤海地区咸淡水分界面见图 2-4。本次研究的区域为海水入侵典型区域,地下水中微咸水、咸水广泛分布,浅层地下水质情况较差。

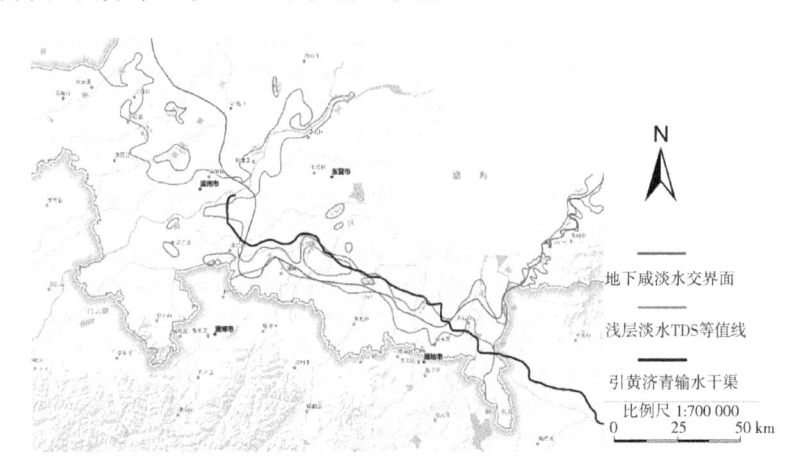

图 2-4　环渤海海水入侵咸淡水分界面
图片来源:中国地质调查局天津地质调查中心《黄河三角洲自然资源图集》。

2.3.5　干渠水质概况

引黄济青工程沿线共设置 19 个水质监测断面,水质监测断面基本分布在滨州、东营、潍坊、青岛、烟台、威海 6 个地级市境内,以方便准确监测各个渠段的水质情况。本次研究主要针对塌河分水闸和宋庄泵站两个典型监测断面,收集了两个监测断面 2019 年 1—6 月的主要污染物的浓度。水质监测资料显示,塌河分水闸和宋庄泵站两个监测断面的总氮质量浓度超标严重,水质评价主要依据《地表水环境质量标准》(GB 3838—2002),两个监测断面总氮质量浓度如图 2-5 所示。

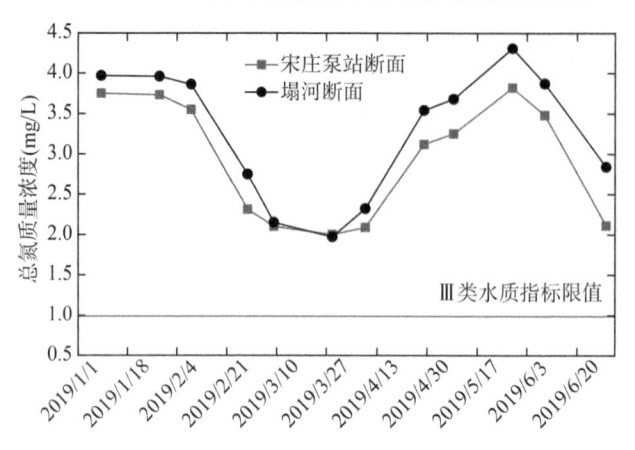

图 2-5　典型监测断面总氮质量浓度

由图 2-5 可以看出,两个监测断面的总氮质量浓度基本上达到地表水 V 级标准限值,该项指标反映的水质状况较差。塌河水质监测断面和宋庄泵站水质监测断面的污染物质量浓度曲线的变化趋势基本一致,表明干渠上游对下游的影响大,上游水质的管控十分重要。此外,也可以看出干渠具有一定的自净能力。2019 年 1—6 月塌河水质监测断面的总氮质量浓度范围为 1.5~4.5 mg/L,分别在 3 月和 5 月达到最小值和最大值,宋庄泵站水质监测断面的总氮质量浓度范围为 2.0~4.0 mg/L,在 3 月份达到最小值,5 月份达到最大值。3 月份处于调水期且流量较大,干渠水位高,干渠的污染物自净能力较强;5 月份进入农作物种植、施肥阶段,由于引黄济青工程部分采用天然河道输水,河道受到周边农田面源污染的影响,总氮质量浓度较高。

2.3.6　主要水文地质问题

引黄济青调水工程作为一项长距离跨流域的大型调水工程,输水干渠沿线的地质环境、地下水环境都极为复杂,并且经过长时间的运行,在部分水位变动较大的渠段,就会由于冻胀效应而出现衬砌破坏、输水干渠底板糙率增加的情况,造成干渠底板的防渗性能下降,削弱渠道的过流能力。另外在部分地下水位高于渠道水位的渠段,还会对衬砌混凝土板产生扬压力,造成衬砌结构的破坏。

在衬砌结构老化破坏的渠段,或者未进行衬砌的渠段,渠道中引调水就会与沿线的地下水形成水力联系,造成渠道中水量损失,并且在部分存在海水入侵现象的渠段,渠道水中盐度就会上升,影响调水水质。

3 现场试验与数据分析

3.1 宋庄泵站试验场地概况

3.1.1 试验区概况

引黄济青调水工程贯穿山东半岛东部,途经滨州、东营、潍坊、青岛四市,本次研究选择引黄济青调水工程第一级提水泵站,即宋庄泵站作为典型研究区。宋庄泵站是山东省引黄济青工程已建成的第一级提水泵站,是整个调水工程的重要节点之一,位于山东省寿光市田柳镇宋庄村西北 500 m 处,地处山东半岛中部、北邻渤海莱州湾南岸,东北方向距离渤海 32 km,属于潍河-弥河三角洲区域,长约 16.9 km,宽约 3.35 km,总面积 15.964 km^2。泵站 1987 年动工,1989 年建成通水。根据现场实地踏勘,在试验区设立地下水环境监测剖面,并且在 2021 年 7 月进行钻进,形成地下水监测井,对地下水进行水位测量以及取样检测。该试验区土地利用类型以农田、林地、草地为主,随着城镇化日益发展,裸地面积逐渐减少,建筑用地则大幅增加。相关资料显示,宋庄泵站自建成投入运行以来,累计提水 64 亿 m^3,为胶东地区经济社会发展提供安全可靠的供水支撑。

3.1.2 试验区地质概况

试验区地形平坦,主要是海陆交互相沉积的滨海地区,地面高程为 4~12 m,宋庄泵站高程为 7.5 m。该区域表层土壤为黏土、亚黏土、亚砂土、粉砂。根据地下水埋藏条件和含水层岩性,试验区内地下水主要为第四系松散岩类孔隙潜水,含水层岩性主要为裂隙黏土、壤土、粉砂、中细砂等,渗透系数为 0.28~12.47 m/d,属中等—强透水层。

3.1.2.1 气象水文

典型研究区位于山东省中部,地处中纬度带,属于暖温带大陆性季风气候。研究区内气候主要受海洋季风、纬度等因素的影响,表现为春季干旱少雨,夏季炎热多雨,秋季爽凉有旱,冬季干冷少雪,四季交替明显。寿光市的年平均气温一般为

11.4~14.2 ℃,全年最低气温出现在 1 月,多年最低气温为 -5~1 ℃,最高气温出现在七月,多年最高气温为 31.7~34.5 ℃。

位于宋庄泵站区域的典型研究区,多年平均降水量为 593.8 mm。降水主要分布在 6—9 月,占全年总降水量的 85%~90%。7 月平均降水天数最高,为 13.6 天,1 月平均降水天数最少,为 2.4 天。宋庄泵站区域多年平均蒸发量约 1 834.0 mm,一年内蒸发量主要集中在 6—9 月,约为全年蒸发总量的 45%~50%,其次为 3—5 月,占全年蒸发总量的 30%~35%。

研究区多年平均日照时数为 2 548.8 小时,日照百分率为 57%,年日照极值为 2 827.4 小时,一年中以 5 月份日照时数最多。研究区内风向以南风及偏东南风为主,春季、冬季主要为西风或西偏北风,其他时间多为南风及偏东南风,年平均风速为 2.9~3.9 m/s。

3.1.2.2 地形地貌

典型研究区位于潍坊市,向南为泰沂山地,向北为渤海莱州湾,背陆面海,地势开阔平坦,舒缓低平,自南东向北西方向逐渐变低,呈台阶状缓缓倾入莱州湾,地形坡度为 1/3 000。海岸线为东南—西北走向,呈弧形曲线状,西起支脉河口,东到胶莱河口,全长 143 km。研究区海拔高度为 1.33~10.40 m,自南向北分布有冲积洪积平原、海积低地,沿海地带为略微向海岸方向倾斜的海积平原,并且普遍发育有盐碱地。

3.1.2.3 构造与地层

典型研究区域所属大地构造为华北板块(Ⅰ级)华北坳陷山东部分(Ⅱ级)济阳断坳(Ⅲ级)东营潜陷(Ⅳ级)寿光潜凸(Ⅴ级)。地质结构以断层构造为主,大部分为北北东方向的沂沭断层破裂带,由东往西先后为昌邑—大店断层、安丘—莒县断层、宜水—汤头断层、郎部—葛沟断层。研究区位于华北坳陷的边缘,其上被第四纪沉积岩层所覆盖,断裂带内部很少见有褶皱,但发育有韧性剪切构造以及推覆构造。

3.1.2.4 地层岩性

典型研究区所属地层为华北地层区-晋冀鲁豫地层区-华北平原分区-济阳地层小区,地处华北平台上,上层覆盖第四系沉积物约 100 m,主要有浅黄-黄褐色粉土、夹砂粉土及灰褐-灰黑色粉质黏土,为海相陆相交替沉积,结构疏松,层理清晰,成层良好,分层明显。

根据水文地质监测井的钻进工作所揭露的地层情况(主要为第四系全新统 Q_4 松散堆积地层),研究区内主要有以上 4 种地层结构自上而下依次分布。

(1) 粉土:黄褐色,稍湿,松散,大部分为耕土,可见农作物根系,研究区内普遍分布。层底标高 -3.474 9~5.598 5 m,平均厚度 3.369 m。

(2) 粉质黏土:灰黄色,软塑-可塑状,研究区仅西南方向未发育,层底标高

—5.352 6～0.537 0m,平均厚度 4.636 m。

（3）粉土夹粉砂:黄褐色,饱和,稍密,研究区内由西南和东北位置向研究区中心方向尖灭,层底标高－6.137 9～－1.712 8m,平均厚度 4.124 m。

（4）淤泥质粉质黏土:灰黑色,软塑状为主,研究区内普遍分布。

3.1.2.5 水文地质概况

试验区范围内地表水体主要有引黄济青输水干渠、张僧河两条河流。引黄济青输水干渠可以宋庄泵站为界,分为上游、下游两个部分,上游干渠宽 35 m,下游干渠宽 20 m。张僧河为小清河支流,由于地面平坦,张僧河流速较为缓慢,水位明显受上游水位变化和人工控制影响,除雨季有一定的径流量外,其余时间径流量均较小。另外,在研究区内零散分布有数量较多、面积很小的池塘。

试验区内地下水含水岩组主要属于滨海海积、冲积平原咸水含水岩组,宋庄泵站范围内地下水含水层以粉砂、粉土等岩性为主,浅层地下水根据氯离子质量浓度分类,研究区内多为微咸水、咸(卤)水。在垂直方向上,从上至下水质的演变主要有淡-咸-淡和咸-淡-咸两种类型,对于同一个含水层,岩性颗粒粒径从上至下由细变粗。在水平方向上,从沿海地区向陆地方向,含水层结构数量由少逐渐变多,厚度也由薄增厚,岩性颗粒的粒径由细逐渐变粗,地下水水位埋藏深度由浅逐渐变深,渗透系数由小到大,富水性由弱逐渐变强,水质逐渐改善提升。

试验区内全新统地下水水位埋深较浅,主要接受大气降水的补给、地表水体的下渗补给以及上游地下水(即研究区南侧的地下水)的径流补给,地下水位的变化与大气降水量呈明显的正相关关系,并且地下水主要通过蒸发与径流进行排泄。另外,研究区内存在用于灌溉农田的深井,可将深层地下水提至地表随后再次下渗。地下水自南东向北西方向运动,与地形起伏方向一致。

3.2 试验场地搭建与布置

根据《地下水环境监测技术规范》(HJ/T 164—2004)和《地下水污染地质调查评价规范》(DD 2008—01)中的相关技术要求,对典型区段试验场地地下水水环境监测井点位的选定遵守以下原则:①通过开展野外实地踏勘,确定剖面线具体位置;②为方便研究干渠与地下水的水力联系,监测井应离引黄济青干渠尽可能近;③监测剖面线应与干渠大致垂直,监测井点位应由近及远进行布设,离干渠越近,井间距越小;④在典型区段试验场地内,沿剖面线系统布设地下水监测井点位,监测井点位尽可能分布于引黄济青干渠影响带,以便全面反映干渠沿线地下水水质现状。

试验区以宋庄泵站为中心,共设置东西两条剖面,每条剖面线长约 1.1 km。为全面反映干渠附近地下水水质情况,两条剖面线均最大程度垂直于干渠,每条线上布置20口地下水监测井,距离输水干渠由近及远布设,且越靠近干渠附近,井间距越小。剖面线及监测井点位见图3-1所示,现场工作如图3-2所示。

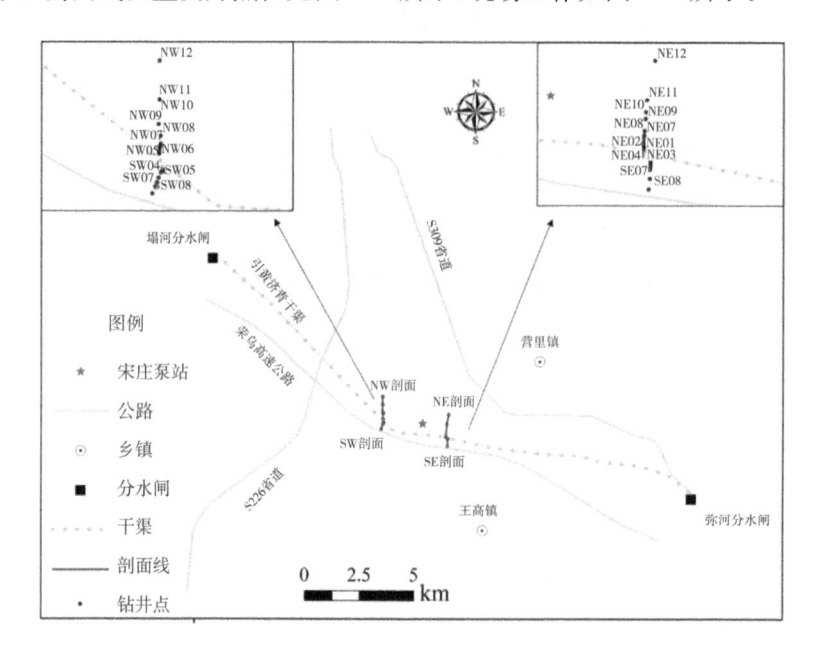

图3-1 试验区剖面线及监测井点位布置示意图

图3-2 试验区现场工作图

按照预期计划要求,每孔孔深为10 m,同时在钻进过程中开展取芯编录工作,为分析地层、建立数值模型提供参考。从西南剖面开始，直至东北剖面结束，完成 40 口水文观测孔的钻进工作。随即对 40 口水文观测孔修砌井台，并贴明地下水环境监测井标识。至此，宋庄泵站试验场地搭建基本完成（如图 3-3 所示）。

图 3-3 试验区成井示意图

3.2.1 试验场地采样与检测

3.2.1.1 水样采集与现场检测

截至2021年12月,共进行三次取样工作,共布设地下水取样点40个,地表水取样点4个。

第一次取样工作于2021年7月进行,在水文地质观测孔成孔后,共采集43组水样,其中地下水样40组(SW01-SW08、SE01-SE08、NE01-NE12、NW01-NW12),地表水样为SE02旁池塘地表水、输水干渠上下游各一组地表水样。

第二次取样工作于2021年9月进行,共采集44组水样,其中地下水样40组(SW01-SW08、SE01-SE08、NE01-NE12、NW01-NW12),地表水样为SE02旁池塘地表水、输水干渠上下游各一组地表水样,另增加泵站附近李家宋村灌溉深井水样。

第三次取样工作于2021年12月进行,共采集41组水样,其中地下水样38组(SW01-SW08、SE01-SE08、NE01-NE12、NW01-NW10,NW11、NW12因故破坏),地表水样为SE02旁池塘地表水、输水干渠上下游各一组地表水样。

调研过程中共进行了三次研究区地下水部分指标的现场检测,主要对浑浊度、pH值、总硬度(以$CaCO_3$计)、溶解性固体、硫酸盐、耗氧量、氨氮等地下水水质指标进行测量和记录。测量相关指标采用水质检测仪器,这里使用了雷磁DZB-718L便携式多参数分析仪,支持测量电位值、pH值、ORP值、离子质量浓度值和温度值。现场采样如图3-4所示,仪器使用如图3-5所示。

图3-4 现场采样与检测图

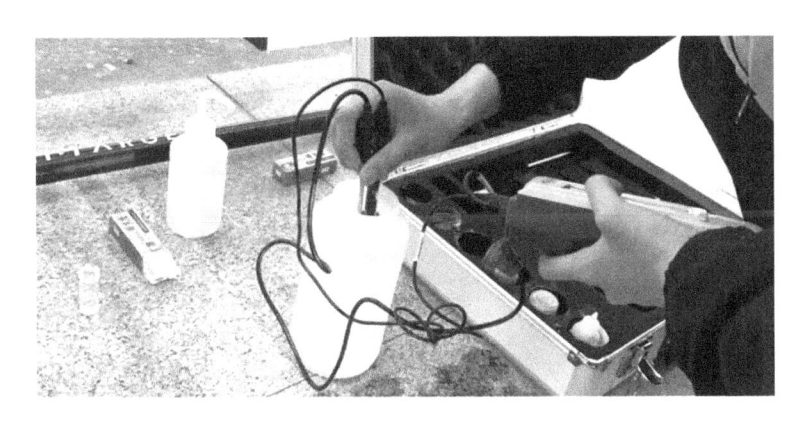

图 3-5 雷磁 DZB-718L 便携式多参数分析仪

该参数分析仪支持电极校正功能,自动识别 GB、DIN、NIST、MERCK 等多种 pH 缓冲溶液,支持标液组管理功能。允许测量多种常规的离子,仪器随机提供了多种常用的离子模式,如 H^+、Ag^+、Na^+、K^+、NH_4^+、Cl^-、F^-、NO_3^-、BF_4^-、CN^-、Cu^{2+}、Pb^{2+}、Ca^{2+},方便用户使用。

3.2.1.2 水样检测及分析方法

本次地下水监测井主要检测项目包括浑浊度、pH、TDS、总硬度、碱度、钾离子、钠离子、钙离子、镁离子、碳酸根、碳酸氢根、硫酸盐、硝酸盐氮、亚硝酸盐氮、氨氮、氯化物、氰化物、Cu、Zn、Hg、Pb、Cd、As,除去《地下水质量标准》(GB/T 14848—2017)中未明确规定限值的碱度、碳酸根、碳酸氢根、钾离子、钙离子、镁离子这些指标,其余分析项目均参与水质检测,浓度限值采用上述标准中规定限值,部分指标的检测方法见表 3-1。

表 3-1 水质指标检测方法(部分)

指标分类	检测项目(单位)	检测方法
感官性状和一般化学指标	浑浊度(NTU)	实验室浑浊仪检测法
	pH	玻璃电极法
	铁(mg/L)	电感耦合等离子体质谱法
	锰(mg/L)	原子吸收分光光度法
	氯化物(mg/L)	离子色谱仪检测
	硫酸盐(mg/L)	离子色谱仪检测
	溶解性总固体(mg/L)	电子分子天平检测
	总硬度(以 $CaCO_3$ 计,mg/L)	滴定法
	耗氧量(COD_{Mn} 法,以 O_2 计,mg/L)	酸性高锰酸钾法
	氨氮(以 N 计,mg/L)	紫外可见分光光度法

续表

指标分类	检测项目(单位)	检测方法
毒理学指标	砷(mg/L)	原子荧光光度法
	氟化物(mg/L)	离子色谱仪检测
	硝酸盐(以N计,mg/L)	紫外可见分光光度法
	亚硝酸盐(以N计,mg/L)	紫外可见分光光度法
	铅(mg/L)	电感耦合等离子体质谱法

3.2.2 试验场地水质评价与分析

3.2.2.1 水质评价方法

为明确研究区地下水的水质类别,调查分析研究区地下水的污染程度,本研究采用单因子评价法对其进行评价分析。单因子评价法是依据地下水质量标准(GB/T 14848—2017)对所有评价指标分别进行评价,将评估指标的实际测量值与相应的评价标准限值进行对比,按照《地下水质量标准》(GB/T 14848—2017),将地下水划分为Ⅰ、Ⅱ、Ⅲ、Ⅳ和Ⅴ类,并根据所有评价指标的评价结果,将最差的地下水类别作为水体的综合水质类别。

单因子评价法计算公式为:

$$G_i = \frac{C_i}{C_0} \tag{3.1}$$

式中,C_i 为单项污染因子的实测质量浓度值(mg/L),C_0 为《地下水质量标准》(GB/T 14848—2017)中Ⅲ类水质指标限值(mg/L),G_i 为第 i 项评价指标的水质类别。

3.2.2.2 水质评价结果

根据试验场地2021年7月、2021年9月及2021年12月的地下水水样检测原始数据,以《地下水质量标准》(GB/T 14848—2017)中Ⅲ类水质指标限值为标准,对地下水监测井中部分水质检测项目进行评价,评价结果及水质分级详见表3-2至表3-7。

表3-2 2021年7月水样评价结果

样品编号	浑浊度(NTU)	总硬度(mg/L)	TDS(mg/L)	硫酸盐(mg/L)	氯化物(mg/L)	氟化物(mg/L)	铁(mg/L)	锰(mg/L)	铅(mg/L)	水质评级
SW01	1.75	**330**	**468**	**197**	148	0.50	<0.05	<0.05	<0.002 5	Ⅲ
SW02	24.30	433	**2 728**	**452**	199	0.90	0.29	<0.05	0.069 6	Ⅴ
SW03	1.83	**394**	**655**	**173**	107	0.50	<0.05	<0.05	<0.002 5	Ⅲ
SW04	0.98	222	**659**	**174**	103	0.46	<0.05	<0.05	<0.002 5	Ⅲ

续表

样品编号	浑浊度(NTU)	总硬度(mg/L)	TDS(mg/L)	硫酸盐(mg/L)	氯化物(mg/L)	氟化物(mg/L)	铁(mg/L)	锰(mg/L)	铅(mg/L)	水质评级
SW05	1.66	**392**	**705**	**181**	123	0.05	<0.05	<0.05	<0.002 5	Ⅲ
SW06	**3.58**	406	**670**	175	109	0.56	0.09	<0.05	<0.002 5	Ⅳ
SW07	**5.12**	228	**1 422**	297	245	0.88	0.10	<0.05	<0.002 5	Ⅳ
SW08	5.85	**708**	1 486	**945**	197	0.57	0.10	0.18	0.084 4	Ⅴ
NW01	1.36	302	811	182	147	0.46	0.05	<0.05	**0.015 3**	Ⅳ
NW02	1.69	290	764	148	119	0.47	<0.05	<0.05	**0.010 1**	Ⅳ
NW03	1.76	296	**737**	**182**	141	0.53	<0.05	<0.05	**0.008 6**	Ⅲ
NW04	1.49	284	**771**	139	113	0.49	<0.05	<0.05	<0.002 5	Ⅲ
NW05	1.25	310	773	182	147	0.52	<0.05	**0.42**	<0.002 5	Ⅳ
NW06	**3.10**	278	792	183	143	0.50	<0.05	<0.05	0.005 8	Ⅳ
NW07	1.36	282	**695**	**180**	139	0.60	<0.05	<0.05	<0.002 5	Ⅲ
NW08	1.64	272	**701**	**189**	**158**	0.67	<0.05	<0.05	<0.002 5	Ⅲ
NW09	1.39	272	759	184	141	0.57	<0.05	<0.05	**0.013 0**	Ⅳ
NW10	2.00	288	730	187	154	0.63	**1.44**	<0.05	**0.022 5**	Ⅳ
NW11	**32.50**	268	**2 093**	423	194	0.33	0.45	<0.05	0.041 0	Ⅴ
NW12	7.91	322	**2 730**	526	194	0.73	0.54	<0.05	0.041 5	Ⅴ
SE01	**6.50**	278	899	198	181	0.83	<0.05	**0.34**	0.013 4	Ⅳ
SE02	**4.91**	598	1 708	338	51.9	0.60	0.07	<0.05	**0.033 4**	Ⅳ
SE03	**6.83**	260	906	**333**	**295**	—	0.10	**0.25**	<0.002 5	Ⅳ
SE04	**12.50**	386	1 393	251	57.2	0.41	0.27	0.17	0.035 3	Ⅴ
SE05	**11.60**	380	1 503	241	56.4	0.37	0.23	<0.05	<0.002 5	Ⅳ
SE06	**8.96**	416	1 473	235	57.2	0.63	0.20	<0.05	**0.041 0**	Ⅳ
SE07	**10.00**	396	1 402	**251**	205	0.28	0.21	0.06	<0.002 5	Ⅳ
SE08	**32.80**	362	1 482	232	56.4	0.39	0.31	0.09	0.046 3	Ⅴ
NE01	2.62	294	**813**	**197**	116	0.39	0.21	<0.05	**0.006 8**	Ⅲ
NE02	2.21	**302**	668	172	107	0.49	<0.05	<0.05	**0.006 3**	Ⅲ
NE03	1.65	310	**698**	144	107	0.51	<0.05	<0.05	**0.006 3**	Ⅲ
NE04	1.39	300	**717**	144	132	0.62	<0.05	<0.05	<0.002 5	Ⅲ
NE05	2.46	474	**1 772**	327	198	0.16	0.16	<0.05	<0.002 5	Ⅳ

续表

样品编号	浑浊度(NTU)	总硬度(mg/L)	TDS(mg/L)	硫酸盐(mg/L)	氯化物(mg/L)	氟化物(mg/L)	铁(mg/L)	锰(mg/L)	铅(mg/L)	水质评级
NE06	1.86	470	**2 258**	371	198	0.20	0.05	0.32	0.035 3	V
NE07	1.97	**310**	**695**	**179**	113	0.49	0.07	<0.05	<0.002 5	III
NE08	**11.60**	238	144	215	201	0.51	0.16	<0.05	<0.002 5	V
NE09	5.55	304	**2 314**	314	188	0.37	0.09	<0.05	0.034 8	V
NE10	6.90	300	**1 364**	234	**340**	0.17	0.09	<0.05	**0.019 6**	IV
NE11	7.87	338	1 261	**377**	333	0.15	0.12	<0.05	0.019 1	V
NE12	7.25	**812**	**2 861**	372	—	—	0.23	0.32	0.057 7	V

注：黑色加粗标记为该样品最差水质指标。

表3-3　2021年7月地下水水质分级

样品编号	最差指标及级别	样品编号	最差指标及级别
SW01	总硬度、TDS、硫酸盐（III类）	SE01	锰、铅、浑浊度（IV类）
SW02	浑浊度、TDS、硫酸盐（V类）	SE02	铅、总硬度、TDS、硫酸盐、浑浊度（IV类）
SW03	总硬度、TDS、硫酸盐（III类）	SE03	锰、硫酸盐、氯化物、浑浊度（IV类）
SW04	TDS、硫酸盐（III类）	SE04	浑浊度（V类）
SW05	总硬度、TDS、硫酸盐（III类）	SE05	浑浊度（V类）
SW06	浑浊度、TDS（IV类）	SE06	浑浊度、TDS、铅（IV类）
SW07	浑浊度、TDS（IV类）	SE07	浑浊度、TDS、硫酸盐（IV类）
SW08	硫酸盐、总硬度（V类）	SE08	浑浊度（V类）
NW01	铅（IV类）	NE01	TDS、硫酸盐、（III类）
NW02	铅（IV类）	NE02	总硬度、TDS、硫酸盐、铅（III类）
NW03	TDS、硫酸盐、铅（III类）	NE03	TDS、铅（III类）
NW04	TDS（III类）	NE04	TDS（III类）
NW05	锰（IV类）	NE05	TDS（IV类）
NW06	浑浊度（IV类）	NE06	TDS（V类）
NW07	TDS、硫酸盐（III类）	NE07	总硬度、TDS、硫酸盐（III类）
NW08	TDS、硫酸盐、氯化物（III类）	NE08	浑浊度（V类）
NW09	铅（IV类）	NE09	TDS（V类）
NW10	铁、铅（IV类）	NE10	TDS、氯化物、铅（IV类）
NW11	浑浊度、TDS、硫酸盐（V类）	NE11	硫酸盐（V类）
NW12	TDS、硫酸盐（V类）	NE12	总硬度、TDS、硫酸盐（V类）

表 3-4 2021 年 9 月水样评价结果

样品编号	浑浊度(NTU)	总硬度(mg/L)	TDS(mg/L)	硫酸盐(mg/L)	氯化物(mg/L)	氟化物(mg/L)	铁(mg/L)	锰(mg/L)	铅(mg/L)	水质评级
SW01	2.41	**862**	**3 941**	497	**1 724**	0.29	0.29	**2.64**	0.004 4	V
SW02	**14.40**	**1 648**	**4 651**	**1 212**	**4 562**	0.13	1.08	1.43	**0.166 3**	V
SW03	2.72	308	**2 891**	342	**660**	0.30	0.28	0.33	0.007 2	V
SW04	1.80	**680**	**3 382**	452	**1 124**	0.32	0.26	**4.04**	0.060 0	V
SW05	1.77	310	496	170	237	0.17	0.18	**0.28**	0.016 3	IV
SW06	2.36	340	787	154	173	0.18	**0.34**	0.32	0.009 6	IV
SW07	2.22	622	**3 553**	708	**1 326**	0.20	**2.38**	0.44	**0.111 5**	V
SW08	2.19	628	**3 721**	856	**1 165**	0.19	**2.11**	0.51	0.073 9	V
NW01	1.08	**1 590**	879	**1 042**	147	0.24	0.14	**5.42**	**0.178 0**	V
NW02	2.55	344	973	180	209	0.18	0.13	**0.28**	0.052 0	IV
NW03	1.11	**844**	**3 613**	389	**1 438**	0.19	0.22	**1.96**	0.002 5	V
NW04	5.20	296	**3 614**	176	165	0.17	0.16	0.16	0.069 6	V
NW05	**24.40**	372	**1 497**	202	**355**	0.18	0.18	0.50	0.045 8	V
NW06	0.95	292	**1 728**	157	152	0.17	0.16	0.10	**0.082 5**	IV
NW07	1.26	262	803	185	159	0.30	0.25	0.92	**0.149 6**	V
NW08	1.24	290	544	192	179	0.24	0.23	**0.81**	**0.033 0**	IV
NW09	1.39	276	**1 139**	219	237	0.20	0.11	**0.28**	0.069 1	IV
NW10	1.14	308	**3 113**	659	568	0.30	0.14	0.73	0.001 0	V
NW11	4.00	394	**3 110**	771	954	0.28	0.91	0.38	**0.110 0**	V
NW12	**14.20**	262	304	575	619	0.54	0.94	0.25	0.081 0	V
SE01	2.22	244	102	203	185	0.24	0.12	**1.28**	<0.002 5	IV
SE02	2.16	406	**1 775**	150	**654**	0.30	0.33	0.79	0.056 8	V
SE03	**7.75**	254	899	207	189	—	0.47	1.02	0.081 0	IV
SE04	3.77	372	145	212	**495**	0.15	0.67	0.66	0.021 15	V
SE05	6.87	410	**1 679**	189	**529**	0.14	0.21	0.69	0.056 8	V
SE06	3.60	450	177	177	**511**	0.24	0.42	0.72	0.031 5	V
SE07	0.92	544	**2 195**	307	**409**	0.22	0.13	1.29	**0.131 5**	V

续表

样品编号	浑浊度(NTU)	总硬度(mg/L)	TDS(mg/L)	硫酸盐(mg/L)	氯化物(mg/L)	氟化物(mg/L)	铁(mg/L)	锰(mg/L)	铅(mg/L)	水质评级
SE08	1.18	**506**	**1 678**	118	92.1	0.15	**1.45**	**0.21**	**0.012 0**	Ⅳ
NE01	1.87	342	703	181	301	0.26	0.46	0.21	**0.141 5**	Ⅴ
NE02	1.24	288	838	160	109	0.15	0.21	0.09	**0.107 2**	Ⅴ
NE03	1.15	292	605	162	114	0.17	0.18	<0.05	**0.035 8**	Ⅳ
NE04	1.41	286	664	158	138	0.18	0.18	0.14	**0.137 2**	Ⅴ
NE05	2.89	612	**2 235**	**524**	546	0.26	0.18	0.08	0.047 7	Ⅴ
NE06	6.66	572	**2 896**	**544**	748	0.28	0.72	0.36	**0.131 5**	Ⅴ
NE07	1.25	292	813	175	156	0.16	0.22	**0.18**	0.069 6	Ⅳ
NE08	1.30	474	253	363	**827**	0.29	0.62	**2.41**	0.043 9	Ⅴ
NE09	2.36	296	810	298	**906**	0.46	0.24	0.28	**0.123 4**	Ⅴ
NE10	1.21	408	165	**402**	336	0.18	0.13	0.18	0.022 5	Ⅴ
NE11	2.16	330	**3 249**	288	266	0.24	0.12	0.24	0.028 7	Ⅴ
NE12	1.46	664	1 664	**522**	**1 915**	0.46	0.24	0.29	**0.146 3**	Ⅴ

注：黑色加粗标记为该样品最差水质指标。

表3-5　2021年9月地下水水质分级

样品编号	最差指标及级别	样品编号	最差指标及级别
SW01	锰、TDS、氯化物、总硬度、硫酸盐（Ⅴ类）	NW01	总硬度、硫酸盐、铅、锰（Ⅴ类）
SW02	总硬度、TDS、浑浊度、硫酸盐、氯化物、铅（Ⅴ类）	NW02	锰、铅（Ⅳ类）
SW03	氯化物、TDS（Ⅴ类）	NW03	TDS、锰、硫酸盐、氯化物、总硬度（Ⅴ类）
SW04	总硬度、TDS、硫酸盐、氯化物、锰（Ⅴ类）	NW04	TDS（Ⅴ类）
SW05	锰、铅（Ⅳ类）	NW05	浑浊度、氯化物（Ⅴ类）
SW06	铁、锰（Ⅳ类）	NW06	TDS、铅（Ⅳ类）
SW07	TDS、铁、硫酸盐、氯化物、铅（Ⅴ类）	NW07	铅（Ⅴ类）
SW08	TDS、铁、硫酸盐、氯化物（Ⅴ类）	NW08	锰、铅（Ⅳ类）

续表

样品编号	最差指标及级别	样品编号	最差指标及级别
NW09	TDS、锰、铅（Ⅳ类）	NE01	铅（Ⅴ类）
NW10	TDS、硫酸盐、氯化物（Ⅴ类）	NE02	铅（Ⅴ类）
NW11	TDS、硫酸盐、氯化物、铅（Ⅴ类）	NE03	铅（Ⅳ类）
NW12	浑浊度、硫酸盐、氯化物（Ⅴ类）	NE04	铅（Ⅴ类）
SE01	锰（Ⅳ类）	NE05	TDS、硫酸盐、氯化物（Ⅴ类）
SE02	氯化物（Ⅴ类）	NE06	TDS、硫酸盐、氯化物、铅（Ⅴ类）
SE03	锰、铁、铅、浑浊度（Ⅳ类）	NE07	锰、铅（Ⅳ类）
SE04	氯化物（Ⅴ类）	NE08	氯化物、锰（Ⅴ类）
SE05	氯化物（Ⅴ类）	NE09	氯化物、铅（Ⅴ类）
SE06	氯化物（Ⅴ类）	NE10	硫酸盐（Ⅴ类）
SE07	TDS、铅、氯化物（Ⅴ类）	NE11	TDS（Ⅴ类）
SE08	总硬度、TDS、铁、锰、铅（Ⅳ类）	NE12	硫酸盐、氯化物、铅（Ⅴ类）

表 3-6　2021 年 12 月水样检测结果

样品编号	浑浊度(NTU)	总硬度(mg/L)	TDS(mg/L)	硫酸盐(mg/L)	氯化物(mg/L)	氟化物(mg/L)	铁(mg/L)	锰(mg/L)	铅(mg/L)	水质评级
SW01	3.67	340	**9 293**	**1 074**	436	0.33	0.30	**1.98**	**0.169**	Ⅴ
SW02	**23.40**	365	**6 260**	747	442	0.28	1.58	0.171	**0.113**	Ⅴ
SW03	4.08	394	**3 715**	400	448	0.48	0.28	0.156	0.065	Ⅴ
SW04	4.40	408	**2 308**	255	696	0.24	0.25	**4.040**	0.058	Ⅴ
SW05	7.49	378	**4 662**	286	**1 096**	0.28	0.28	0.412	**0.114**	Ⅴ
SW06	1.26	340	**2 914**	627	450	0.24	**0.33**	0.532	0.052	Ⅴ
SW07	13.00	268	**4 916**	720	436	0.33	**2.41**	0.549	0.094	Ⅴ
SW08	**24.30**	688	**4 198**	534	456	0.26	**2.19**	0.566	0.069	Ⅴ
NW01	7.96	402	**7 799**	813	441	0.33	0.15	**1.680**	0.156	Ⅴ
NW02	1.54	344	973	228	694	0.24	0.15	0.370	0.043	Ⅴ
NW03	3.76	**786**	**4 913**	340	441	0.29	0.25	0.924	**0.109**	Ⅴ
NW04	1.35	296	**3 552**	435	422	0.34	0.08	0.736	0.072	Ⅴ
NW05	1.47	268	**2 217**	309	**699**	0.08	0.08	0.352	0.046	Ⅴ
NW06	1.39	292	998	176	**295**	0.26	0.06	0.068	**0.033**	Ⅳ
NW07	1.18	282	896	185	175	0.32	0.15	**0.179**	0.009	Ⅳ
NW08	0.93	290	906	186	187	0.32	0.13	**0.207**	0.015	Ⅳ

39

续表

样品编号	浑浊度(NTU)	总硬度(mg/L)	TDS(mg/L)	硫酸盐(mg/L)	氯化物(mg/L)	氟化物(mg/L)	铁(mg/L)	锰(mg/L)	铅(mg/L)	水质评级
NW09	1.53	276	**1 166**	191	229	0.25	0.11	0.101	**0.026**	Ⅳ
NW10	1.22	308	728	**542**	**508**	0.35	0.13	0.196	0.031	Ⅴ
SE01	**10.20**	244	943	202	189	0.32	0.11	0.506	0.012	Ⅴ
SE02	7.25	406	1 695	258	**394**	0.26	0.33	0.148	0.024	Ⅴ
SE03	**13.60**	254	957	165	168	0.32	**0.47**	0.506	0.005	Ⅴ
SE04	2.38	372	**2 069**	191	586	0.25	0.57	0.114	0.033	Ⅴ
SE05	2.08	408	**2 043**	199	604	0.22	0.20	0.128	0.035	Ⅴ
SE06	1.26	448	1 749	190	**474**	0.25	0.52	0.120	0.034	Ⅴ
SE07	2.22	522	1 822	284	**442**	0.30	0.13	0.137	0.028	Ⅴ
SE08	**3.37**	520	**1 771**	64.5	75.5	0.16	**1.45**	0.062	<0.002 5	Ⅳ
NE01	**12.70**	288	918	160	169	0.15	0.45	0.122	0.014	Ⅴ
NE02	2.21	**302**	**668**	172	107	0.49	0.11	0.132	0.006 3	Ⅲ
NE03	1.22	306	**850**	156	153	0.16	0.08	0.135	0.003	Ⅲ
NE04	2.96	286	**1 059**	163	**254**	0.18	0.08	0.112	**0.013**	Ⅳ
NE05	3.77	602	**2 512**	**654**	168	0.10	0.18	0.134	0.037	Ⅴ
NE06	4.96	572	**2 714**	**664**	178	0.11	0.72	0.052	0.041	Ⅴ
NE07	2.66	292	**989**	175	187	0.16	0.11	0.072	**0.010**	Ⅲ
NE08	**10.10**	474	**2 961**	454	434	0.30	0.62	**1.230**	<0.002 5	Ⅴ
NE09	2.72	296	**3 865**	690	862	0.21	0.23	0.105	**0.015**	Ⅴ
NE10	3.96	408	1 723	**358**	**389**	0.22	0.13	0.062	0.004	Ⅴ
NE11	4.86	330	**4 100**	422	428	0.48	0.11	0.075	0.007	Ⅴ
NE12	6.08	664	**6 994**	648	366	0.48	0.23	0.148	**0.138**	Ⅴ

注:黑色加粗标记为该样品最差水质指标。

表 3-7 2021 年 12 月地下水水质分级

样品编号	最差指标及级别	样品编号	最差指标及级别
SW01	TDS、硫酸盐、氯化物、锰、铅(Ⅴ类)	SW06	TDS、硫酸盐、氯化物、铁(Ⅴ类)
SW02	浑浊度、TDS、硫酸盐、氯化物、铅(Ⅴ类)	SW07	TDS、硫酸盐、氯化物、铁(Ⅴ类)
SW03	TDS、硫酸盐、氯化物(Ⅴ类)	SW08	浑浊度、总硬度、TDS、硫酸盐、氯化物、铁(Ⅴ类)
SW04	TDS、氯化物、锰(Ⅴ类)	NW01	TDS、硫酸盐、氯化物、锰、铅(Ⅴ类)
SW05	TDS、氯化物、铅(Ⅴ类)	NW02	氯化物(Ⅴ类)

续表

样品编号	最差指标及级别	样品编号	最差指标及级别
NW03	总硬度、TDS、氯化物、铅(Ⅴ类)	SE07	氯化物(Ⅴ类)
NW04	TDS、硫酸盐、氯化物(Ⅴ类)	SE08	浑浊度、TDS、铁(Ⅳ类)
NW05	氯化物、TDS(Ⅴ类)	NE01	浑浊度(Ⅴ类)
NW06	氯化物、铅(Ⅳ类)	NE02	总硬度、TDS、硫酸盐(Ⅲ类)
NW07	锰(Ⅳ类)	NE03	TDS(Ⅲ类)
NW08	锰、铅(Ⅳ类)	NE04	TDS、氯化物、铅(Ⅴ类)
NW09	TDS、铅(Ⅳ类)	NE05	TDS、硫酸盐(Ⅴ类)
NW10	硫酸盐、氯化物(Ⅴ类)	NE06	TDS、硫酸盐(Ⅴ类)
SE01	浑浊度(Ⅴ类)	NE07	TDS、硫酸盐、氯化物、铅(Ⅲ类)
SE02	氯化物(Ⅴ类)	NE08	浑浊度、TDS、氯化物、锰(Ⅴ类)
SE03	浑浊度、铁(Ⅴ类)	NE09	TDS、硫酸盐、氯化物、铅(Ⅴ类)
SE04	TDS、氯化物(Ⅴ类)	NE10	硫酸盐、氯化物(Ⅴ类)
SE05	TDS、氯化物(Ⅴ类)	NE11	TDS、硫酸盐、氯化物(Ⅴ类)
SE06	氯化物(Ⅴ类)	NE12	总硬度、TDS、硫酸盐、氯化物、铅(Ⅴ类)

3.2.2.3 水质评价分析

根据2021年7月水样评价结果,在试验场地40个地下水样中,属Ⅲ类水的共有13个,占水样总数的32.5%;属Ⅳ类水的共有15个,占水样总数的37.5%;属Ⅴ类水的共有2个,占水样总数的30%,如图3-6所示。

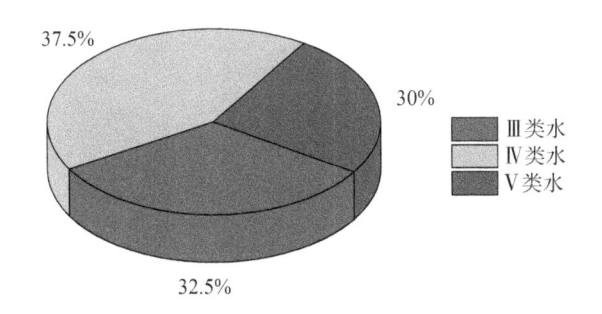

图3-6 试验场地2021年7月水质类别统计图

试验场地水质超标项主要为浑浊度、总硬度、TDS、硫酸盐、锰、铅。浑浊度超过Ⅲ类水质标准的共20口监测井,最大超标倍数达到9.9倍。总硬度超过450 mg/L的仅有5口监测井,最大超标倍数为0.8倍。TDS含量超过1 000 mg/L的共有

17口监测井,最大超标倍数为1.86倍,表明试验场地内局部地下水矿化度较高。硫酸盐含量超过250 mg/L的共有14口监测井,最大超标倍数为2.78倍。重金属锰超过0.1 mg/L的共有7口监测井,最大超标倍数为3.2倍。重金属铅超过0.01 mg/L的共有18口监测井,最大超标倍数达到7.44倍。地下水重金属超标,可能与干渠周边农作物施用化肥、农药等有关。在试验场地内,农田及蔬菜大棚分布于干渠两侧。化肥、农药通过淋滤等过程渗透到土壤中,进而污染地下水,造成重金属锰、铅超标。

根据2021年9月水样评价结果,40口地下水监测井水质评级均低于Ⅲ类水质评价标准,水质状况较差。在40个地下水样中,属Ⅳ类水的共有11个;属Ⅴ类的水共有29个,占水样总数的72.5%,如图3-7所示。

试验场地水质超标项主要为浑浊度、总硬度、TDS、硫酸盐、氯化物、铁、锰、铅。浑浊度超过Ⅲ类水质标准的共有10口监测井,最大超标倍数达到7.1倍。总硬度超过450 mg/L的共有13口监测井,最大超标倍数为2.66倍。TDS含量超过1 000 mg/L的共有21口监测井,最大超标倍数为3.65倍,表明试验场地内地下水矿化度进一步升高。硫酸盐含量超过250 mg/L的共有19口监测井,最大超标倍数为3.85倍。氯化物含量超过250 mg/L的共有24口监测井,最大超标倍数为17.25倍。重金属铁超过0.3 mg/L的共有14口监测井,最大超标倍数为6.93倍。重金属锰超过0.1 mg/L的共有36口监测井,最大超标倍数为53.2倍。重金属铅超过0.01 mg/L的共有34口监测井,最大超标倍数达到16.8倍。由于试验场地内农业用地分布较多,化肥、农药等通过淋滤等过程渗透到土壤中,进而污染地下水,造成无机污染物超标;同时,试验场地临近莱州湾,海水入侵较为严重,加重了试验场地的污染。

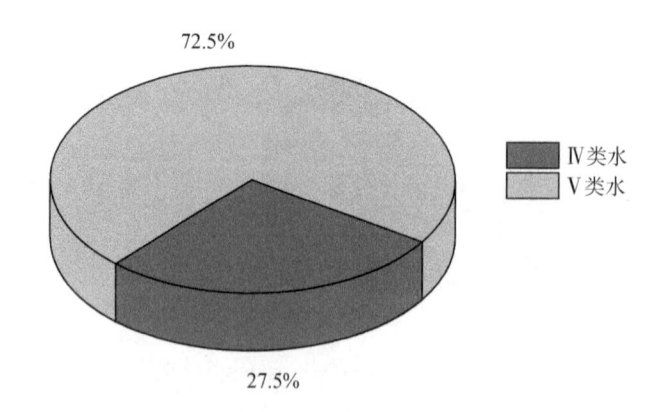

图3-7 试验场地2021年9月水质类别统计图

与2021年7月水样评价结果对比,2021年9月的40口地下水监测井水质超标项增加了氯化物、铁、总硬度、TDS、硫酸盐、锰、铅等含量均有不同程度的上升。试验场地的农田及大片蔬菜种植区处于农作物施用化肥、农药时期，大量的无机污染物通过农田灌溉等方式渗透到地下含水层中，造成无机污染物含量增加，地下水污染进一步加重。

根据2021年12月水样评价结果，试验场地水质状况仍较差。在38个地下水样中，属Ⅲ类水的共有3个，分别是NE02、NE03、NE07；属Ⅳ类水的共有6个，占水样总数的15.8%；属Ⅴ类水共有29个（如图3-8所示）。

浑浊度超过Ⅲ类水质标准的共有20口监测井，最大超标倍数达到7.1倍。总硬度超过450 mg/L的共有8口监测井，最大超标倍数为0.75倍。TDS含量超过1 000 mg/L的共有27口监测井，最大超标倍数为8.29倍。与前两次检测结果相比，试验场地内地下水矿化度较高。硫酸盐含量超过250 mg/L的共有22口监测井，最大超标倍数为3.30倍。氯化物含量超过250 mg/L的共有26口监测井，最大超标倍数为3.38倍。重金属铁超过0.3 mg/L的共有12口地下水监测井，最大超标倍数为7.03倍。重金属锰超过0.1 mg/L的共有32口地下水监测井，最大超标倍数为39.4倍。重金属铅超过0.01 mg/L的共有29口监测井，最大超标倍数达到15.9倍。

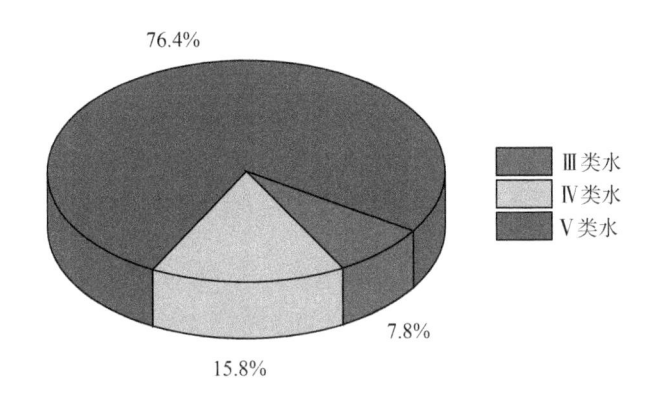

图3-8　试验场地2021年12月水质类别统计图

与2021年9月水样评价结果相比，2021年12月地下水监测井水质超标项中，总硬度、TDS、铁、锰、铅等均有不同程度的下降，可能是由于干渠处于冬季调水期，干渠水位升高，在干渠补给地下水的区段改善了周边地下水环境，缓解了地下水污染状况。

总的来说，试验场地内地下水污染较为严重，水质超标项主要为浑浊度、总硬度、TDS、硫酸盐、氯化物、重金属（锰、铅、铁）。其中，硫酸盐、氯化物、重金属（锰、铅、铁）对研究区地下水水质造成不同程度的影响。

4 关键生态因子历史演变规律及环境评价模型研究

本章针对引黄济青调水工程沿线生态展开研究,在广泛调研和收集资料的基础上,综合研究区生态现状,构建水文生态评价指标体系,引入遥感技术,对引黄济青调水工程研究区内生态影响因子的历史演变规律进行分析,结合气象、地形地貌、社会经济等数据建立适用于研究区的综合生态评价模型,并对沿程生态环境质量开展综合评价;分析引黄济青工程沿线生态的时空变化特征,揭示生态环境变迁的根源,寻求改善生态环境的途径;既为地下水水质水量演变、地下水耦合作用以及地下水环境等研究奠定基础,也为工程沿线地下水生态环境保护与规划、社会经济发展提供科学数据和决策支持。具体内容如下。

(1) 建立水文生态环境评价指标体系

在资料收集和区域考察的基础上,综合研究区具体地形地貌、水文气象、社会经济条件,梳理适合评价该区域水文生态环境质量的评价指标,构建综合评价指标体系,并明确其量化的方法。结合区域条件和工程运行情况,确立研究的时间及空间对象,并对影像数据展开搜集。

(2) 关键生态因子历史演变规律研究

以建立的评价指标体系为基础,基于 Landsat 系列影像,采用 GIS、ENVI 等软件对研究区进行多源遥感信息处理,然后对各类土地利用/覆盖变化、植被指数、地表温度等影响因子的历史演变规律进行解译分析,提出各因子自身随时间变化的规律和主要因子之间的演变规律,摸清各因子之间的关系。

(3) 构建水文生态环境评价模型

结合遥感解译、地形、气象、社会经济数据等,综合考虑环境评价指标,构建水文生态环境评价模型,开展沿程环境质量评价,分析生态环境演化的规律和驱动力,进一步探究沿程生态环境对调水工程的影响,并提出沿程生态环境保护和治理的措施。

4.1 评价指标体系的构建及数据处理

评价指标体系是构建生态环境评价模型的前提,也是模型数据的基本框架,在实际的应用中要以体系中的因子为基本尺度。在对跨流域调水工程水生态环境进行质量评价时,合理地选择评价指标体系可以全面地反映社会、自然、经济等发展现状和未来趋势,更能提高流域生态环境评价结果的真实性和可靠性。本章以环境保护部发布的《生态环境状况评价技术规范》(HJ 192—2015)及前人的研究为参照,拟建立由自然地理、气象条件、土地利用、社会经济四个方面组成的引黄济青调水工程沿线水文生态环境评价指标体系。

4.1.1 评价指标选取原则

水文生态系统是一个由多个生态因子构成的复杂且多样的有机体,多个因子的共同作用致使生态环境发生各色各样的变化,有的推动了生态环境系统良好发展,也有的迫使环境发生系列恶化。正是由于生态环境问题的复杂性、地域性和多样性,目前的调水工程沿线水文生态环境质量评价的研究,还没有一套完整且具普适性的评价指标体系,多是根据当地环境的具体条件针对相关生态问题展开的分析。为此,在建立评价指标体系时,除了要充分考虑引黄济青工程研究区内实际生态状况外,还须遵循以下原则。

4.1.1.1 科学性原则

科学性即站在影响机理的角度,选取的生态指标不仅要满足概念清晰、意义明确、计算合理等条件,还需具备深刻的物理基础和科学内涵,能够科学合理、真实客观地反映事物特征。

4.1.1.2 综合性原则

生态系统是一个复杂而多样的有机体,因此,本研究建立的指标体系要尽可能的宽而广,要多角度、全方位地表征引黄济青工程研究区内的生态影响因素,即从水文、气象、土壤、生物、社会等多角度出发,综合构建评价体系。除此之外,指标体系也是一个多层次、多元素性的复杂系统,建立时需层次分明,层层递进,如此才能保证整体的结构清晰、逻辑明确、操作便利。

4.1.1.3 代表性原则

引黄济青工程区别于自然流域的生态系统,是通过人力建造的水利沟渠,在评价指标的选取时应做到因地制宜,针对研究对象的实际生态环境现状,选择具有代表性的指标。考虑到生态系统的复杂性和多样性,评价指标的选取很难做到层层涵盖、面面俱到。因此,要基于综合性原则的指导,选择最能代表研究区特殊性的指标因子,用尽可能少的指标反映完整且真实的生态现状。

4.1.1.4 可操作性原则

评价指标的筛选要尽量做到简单化、明确化。在综合考虑其在实际应用中方便获取的同时,还要尽可能选择概念明确、处理简便、易于量化的对象,从而保证指标体系的简易性和可操作性。

4.1.2 评价指标体系建立

调水工程沿线生态质量受自然因素和人为因素共同影响,因此评价指标体系的建立要综合考虑研究区内自然因子(包括水、土、大气等)和人为因子的作用。本研究以《生态环境状况评价技术规范》为参考,结合区域生态环境现状和前人研究经验,从自然地理、气象条件、土地利用、社会经济四个方面系统搜集、分析研究区内现有指标,并建立综合评价体系。

4.1.2.1 自然地理

自然地理条件作为构成生态环境的重要组成部分,直接影响着生态质量,故将其列为评价指标体系的一个方面。自然地理的特征常表现为土壤、植被、地形地貌等。本研究结合对引黄济青工程研究区内地质条件的勘察,确定了影响自然地理状况的关键生态因子,包括高程、坡度、植被生长、土壤干湿度、土壤厚度、生物等。考虑到部分因子获取的困难性及监测的局限性,如生物、土壤厚度等,因此不纳入生态环境质量评价体系中。

(1) 地形地貌

地形地貌反映地势高低起伏的变化,即地表的形态,对水分的保持和植被的生长都有很大的影响,本研究选择用高程和坡度因子来表征地表形态。高程也称海拔,海拔高处土壤保持水分的能力较弱,土质多呈干性,不利于植被生长且生物多样性状况较差。反之,海拔低的地方土壤能较好地保持水分,生物易于生长繁殖。由此可见,高程的差异一定程度上反映了生态环境质量的优劣,因此本研究采用 30 m 分辨率的 DEM 高程数据作为影响因素之一。

坡度表示地表的陡缓程度。坡度大的地方地形陡峭,水分流失快;相反,坡度小的地方地势平坦,土壤水分集中。因此,坡度也能在一定程度上体现地形地貌的变化。坡度的计算运用的是 ArcGIS 软件中的坡度计算工具,需要对获取的 DEM 数据进行进一步处理。

(2) 植被

植物具有特殊的光谱特性,植物叶片内叶绿素会吸收红光波段同时反射近红外波段的电磁波,在此基础上借助遥感技术和 ENVI 软件,将红光和近红外波段组合,进一步计算就能得到植被指数,以此表征植被的生长。因此本研究选择了归一化植被指数来反映研究区内植被生长和分布情况。

(3) 土壤

土壤的质量直接影响了植被的生长,而土壤的干湿度更是直接影响土壤质量,遥感技术可以根据植被和地表温度情况反演出土壤干旱指数即 TVDI 指数,以此来表征土壤的干湿度。

4.1.2.2 气象条件

研究区位于山东半岛,三面临海,属暖温带季风气候区,生态环境极易受到气象条件的影响。通常对气象状况的研究包括降雨量、温度、空气质量、平均风速、平均气压等指标,本研究综合调水工程研究区环境现状和气象站数据,最终选择降雨量和温度作为气象条件的代表性指标。

(1) 降雨量:气候的变迁极易造成生态系统的失衡,降雨作为气候条件中重要的因素之一,更是研究区内水源补给的重要途径。本研究以调水工程沿线四市气象站观测数据为参考,将降雨量作为生态因子之一,代表气象条件。

(2) 温度:地表温度是反映地表生态环境的一个重要因子,温度的变化不仅直接影响植被的生长发育,还关乎土壤对水分和有机物的分解速率。因此,地表温度是不可或缺的生态指标。本研究在 ENVI 软件中采用大气校正法反演了地表温度,并参考四市气象站温度观测数据进行综合分析。

4.1.2.3 土地利用/覆盖

土地利用类型是研究区内土地利用结构的具体体现,也是人类在土地自然属性和社会属性的基础上对其进行的划分。对不同时期土地利用/覆盖类型数量及占比变化的分析,更能直观地反映区域内土地结构的变化和未来发展趋势。本研究根据研究区的实际情况,结合遥感影像和地图,参照土地资源分类标准,发现引黄济青调水工程沿线土地结构以耕地、水域、建筑用地和裸地为主,也有极少部分的林地、草地等,考虑到分类过程中分离器的效果问题,最终将研究区土地利用类型划分为绿地、水域、建筑用地和裸地四大类。

4.1.2.4 社会经济

生态环境的发展离不开社会经济,社会经济指标间接表征人类活动对自然环境的影响力。学者们对社会经济状况的研究涵盖了人口、生产总值、科学技术、教育水平等方面,根据前文提到的代表性和可操作性原则,选择了人口密度和国内生产总值这两大关键指标来表征区域社会经济情况。

(1) 人口密度:人口的聚集分布状况用人口密度来表征,一个国家(地区)的生态发展和经济进步离不开人类活动,因此人口密度也是区域生态、经济发展趋势的体现。本研究选用的人口密度数据来源于《中国统计年鉴》等国家统计局公布的数据。

(2) 国内生产总值:国内生产总值(GDP)是指按市场价格计算的一个区域所有常驻单位在一定时期内生产活动的总和,是衡量国家经济状况的最佳指标,也是区域经济实力和市场规模的代表性统计指标。因此,本研究采用年鉴资料提供的山东省地区生产总值作为社会经济指标之一。

4.1.2.5 评价指标体系

本研究结合搜集到的现有指标数据和引黄济青工程研究区生态环境现状,遵循科学性、综合性、代表性、可操作性原则最终筛选出与研究区相适应的 12 个关键生态因子,分别是高程、坡度、归一化植被指数、土壤干湿度、降雨量、温度、绿地、水域、建筑用地、裸地、人口密度及国内生产总值。这12个因子充分涉及自然地理、社会经济、气象水文等方面,能较好地评价该区域的生态环境状况,因而以此建立了引黄济青调水工程沿线生态环境质量评价体系,其具体分级和数据解译方式如表4-1。

表4-1 生态环境质量评价指标体系

一级类	二级类	数据解译方式
自然地理	高程	DEM数据
	坡度	GIS计算+坡度分析
	归一化植被指数(NDVI)	遥感解译
	土壤干湿度(TVDI)	遥感解译
气象条件	降雨量	气象站数据
	温度	遥感解译+气象站数据
土地利用	绿地(耕地、林地、草地等)	监督分类+目视解译
	水域	监督分类+目视解译
	建筑用地(居民用地、公共设施等)	监督分类+目视解译
	裸地	监督分类+目视解译
社会经济	人口密度	统计资料数据
	国内生产总值	统计资料数据

4.1.3 评价指标的量化方法

4.1.3.1 土地利用/覆盖的量化

土地利用/覆盖中绿地、水域、建筑用地、裸地面积的提取,是在遥感影像经过预处理的基础上,利用ENVI软件中监督分类的方式进行划分的,结合影像和地图对分类样本进行多次调整直至样本间具有较好的可分离性。分离器的选择也是同时对比了多种分离试验结果,最终选择了支持向量机法进行分类。分类结果再以高分辨率的影像作为参照,对混淆部分进行人工目视解译,解决同物异谱或异物同谱带来的误差问题,最终分类的精度可高达80%以上。

4.1.3.2 植被的量化

植被的量化采用的是NDVI指数法,通常反映植被覆盖、生长等信息,其计算公式为:

$$NDVI = \frac{NIR - R}{NIR + R} \tag{4.1}$$

式中,NIR为近红外波段的反射率;R为红波段的反射率。

在现有NDVI值的基础上,进一步分析植被的覆盖情况,这里采用了像元二分法计算得到植被覆盖度 P_V，其具体计算模型如下：

$$P_V = \frac{\text{NDVI} - \text{NDVI}_{\text{Soil}}}{\text{NDVI}_{\text{Veg}} - \text{NDVI}_{\text{Soil}}} \tag{4.2}$$

式中，P_V 为植被覆盖度；NDVI 为植被指数；$\text{NDVI}_{\text{Soil}}$ 为完全是裸土或无植被覆盖区域的 NDVI 值；NDVI_{Veg} 为完全被植被所覆盖的像元的 NDVI 值。

4.1.3.3 地表温度的量化

本研究采用大气校正法（辐射传输方程）进行地表温度的反演，其本质是通过消除大气对地表热辐射的影响误差，将得到的地表热辐射强度转化为相应的地表温度。卫星传感器接收到的热红外辐射亮度值 L_λ 由三部分组成：大气向上辐射亮度、地面的真实辐射亮度经过大气层后到达卫星传感器的能量、大气向下辐射到达地面反射的能量。其计算公式如下：

$$L_\lambda = [\varepsilon B(T_s) + (1-\varepsilon)L\downarrow]\tau + L\uparrow \tag{4.3}$$

式中，ε 为地表比辐射率；T_s 为地表真实温度，单位为 K；$B(T_s)$ 为黑体热辐射亮度；τ 为大气在热红外波段的透过率。温度为 T 的黑体的辐射亮度 $B(T_s)$ 可表示为：

$$B(T_s) = \frac{L_\lambda - L\uparrow - \tau(1-\varepsilon)L\downarrow}{\tau\varepsilon} \tag{4.4}$$

其中，τ、$L\uparrow$、$L\downarrow$ 三参数可以在 NASA 提供的网站上（http://atmcorr.gsfc.nasa.gov/）通过提供时间、经纬度等数据信息进行获取。而地表比辐射率 ε 则采用 NDVI 阈值法计算，公式如下：

$$\varepsilon = 0.004 P_V + 0.986 \tag{4.5}$$

式中，P_V 为植被覆盖度，计算公式见前文。

获得所需数据参数后，利用普朗克公式计算得到地表真实温度 T_s，具体公式如下：

$$T_s = \frac{K_2}{\ln\left(\frac{K_1}{B(T_s)} + 1\right)} \tag{4.6}$$

式中，K_1、K_2 为定标系数，可通过影像的元数据获取。

4.1.3.4 土壤干湿度的量化

土壤干湿度的量化方法选用的是 TVDI，即温度植被干旱指数法，其原理是在光学与热红外遥感通道数据的基础上反演植被覆盖土层表面的水分情况，本质是结合归一化植被指数（NDVI）和地表温度（T_s）两个参数，构建 T_s-NDVI 特征空间，基本原理如图 4-1 所示，其公式表示为：

$$\text{TVDI} = \frac{T_s - T_{s\min}}{T_{s\max} - T_{s\min}} \qquad (4.7)$$

式中，T_s 为地表温度值；$T_{s\min}$ 为 NDVI 相同值所对应的最低地表温度值，为 T_s-NDVI 特征空间的湿边；$T_{s\max}$ 为 NDVI 相同值所对应的最高地表温度，为特征空间的干边。

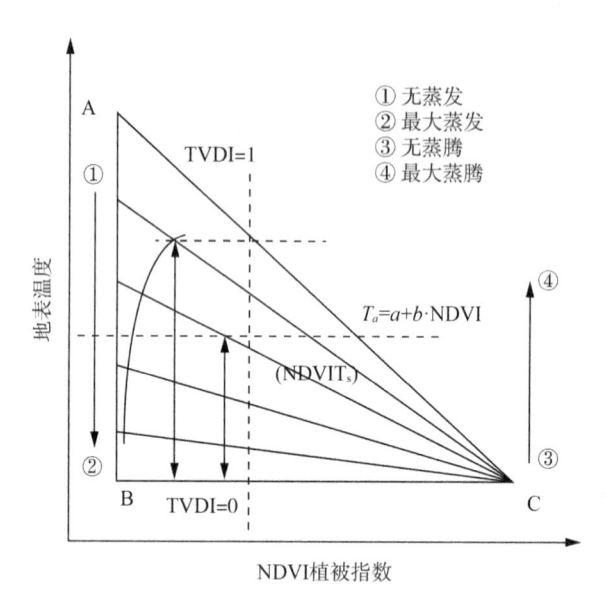

图 4-1 T_s-NDVI 特征空间

根据像元构造的特征空间，同时对干边和湿边进行线性拟合，其方程为：

$$T_{s\max} = a_1 + b_1 \times \text{NDVI} \qquad (4.8)$$

$$T_{s\min} = a_2 + b_2 \times \text{NDVI} \qquad (4.9)$$

式中，a_1、b_1 为干边拟合方程的系数，a_2、b_2 为湿边拟合方程的系数。如此 TVDI 指数的计算方法可以进一步转化为：

$$\text{TVDI} = \frac{T_s - (a_2 + b_2 \times \text{NDVI})}{(a_1 + b_1 \times \text{NDVI}) - (a_2 + b_2 \times \text{NDVI})} \qquad (4.10)$$

TVDI 的值在 0—1 之间，干边对应的 TVDI 值为 1，湿边对应的 TVDI 值为 0。TVDI 的值越趋向于 0，土壤的湿润度越高，反之，土壤的湿润度越低。

4.1.4 研究区建立和数据来源

4.1.4.1 研究区建立

为了更全面更精确地研究工程沿线的发展变化，本研究把研究区范围确定为调水工程整条输水干线,并建立了干渠向外各 2 km 的缓冲区,以此作为本研究的研究区域,如图 4-2 所示。

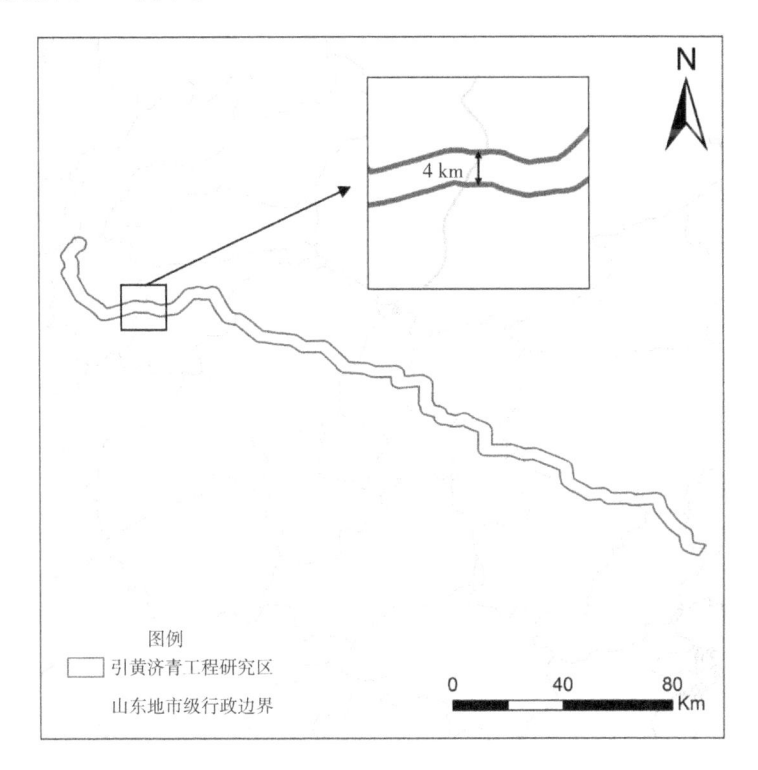

图 4-2 研究区示意图

4.1.4.2 遥感数据

研究区范围广阔、地形复杂,适合卫星遥感进行大面积、多角度、高时效的生态环境监测。考虑到研究周期和影像精度的综合要求,最终选用 Landsat 系列影像作为初始数据。

引黄济青调水工程通水至今已有 30 余年,为研究其沿程生态因子的历史演变规律,分别选择 1990 年、2000 年、2010 年和 2020 年四个年份的遥感影像。此外,综合云量、植被生长、天气、可见度、影像质量等多种条件因素,且考虑到拍摄时间对影像效果的影响程度,最终选择了 5 月和 6 月日期较接近的八景影像进行数据的处理和分析,具体影像资料如下。

为解决光学遥感数据获取时的误差问题,下载好的影像资料要先进行预处理,包括辐射定标和大气校正过程。其中,辐射定标本质上是为了去除传感器自身误差,通过转换将初始的 DN 值变为辐射亮度值(地面反射率)。而大气校正是为消除大气散射、吸收、反射过程引起的误差所进行的校正处理过程,其原理是将得到的辐射亮度值或者表面反射率进一步变换为地表实际反射率。校正后的影像再根据研究区的范围进行裁剪和镶嵌处理。

表 4-2 遥感影像基本信息

地区	传感器	时间	条带号	行号
引黄济青调水工程沿线	TM	1990.06.09	120	35
	TM	1990.06.16	121	34
	TM	2000.05.19	120	35
	TM	2000.06.11	121	34
	TM	2010.05.15	120	35
	TM	2010.06.07	121	34
	OLI	2020.05.10	120	35
	OLI	2020.05.01	121	34

4.1.4.3 其他数据

(1) 高程数据

本研究使用的高程数据是基于先进星载热发射和反辐射仪数据计算的 ASTER GDEM 数据。它是目前唯一覆盖全球陆地表面的高分辨率高程影像数据，在实际工程中应用广泛。获取途径为地理空间数据云网站平台，分辨率为 30 m。所得 DEM 高程数据需经过裁剪和预处理以便和遥感影像数据保持一致。

(2) 气象数据

本次研究中的气象数据均来自中国气象数据网（http://data.cma.cn/），分别选用 1990 年、2000 年、2010 年、2020 年引黄济青工程途经的四个地级市气象站点的温度和降雨数据。其中，降雨量采用的是年均降水量，温度采用的是平均气温。

(3) 社会经济数据

本研究采用的人口统计和国内生产总值数据均来源于《中国统计年鉴》和国家统计局，同样选用的是 1990 年、2000 年、2010 年及 2020 年四个年份的数据资源。

4.1.5 小结

本节讨论了生态环境质量评价指标的选取原则，遵循选取原则，从自然地理、气象条件、土地利用、社会经济四个方面着手，结合引黄济青调水工程沿线生态现状，选取了 12 个影响研究区生态环境质量的指标，并构建了质量指标体系。除此之外，在结合前人研究经验的基础上，分别对土地利用/覆盖、植被、地表温度、土壤等指标所采用的量化方式进行了总结。最后，阐述了本研究研究区域的范围和所需数据的来源及预处理工作。

4.2 遥感监测的关键生态因子历史演变规律研究

在遥感监测的众多生态因子中,少数几个决定着生态环境的演变趋势和方向,并且这种因子的变化具有一定的规律或普遍性,受到意外因素的影响较小,这类因子被称为关键生态因子。本章针对这些关键因子进行遥感反演解译,从时间、空间等多角度分析各因子的历史演变趋势,进而从不同方面反映调水工程沿线生态环境的质量,为探究不同因子对生态环境的影响以及综合质量评价模型的构建奠定基础。

4.2.1 土地利用/覆盖

本研究基于监督分类和目视解译结合的方法将研究区内土地分为绿地、水域、建筑用地、裸地四大类,其总体分布情况如图4-3所示。

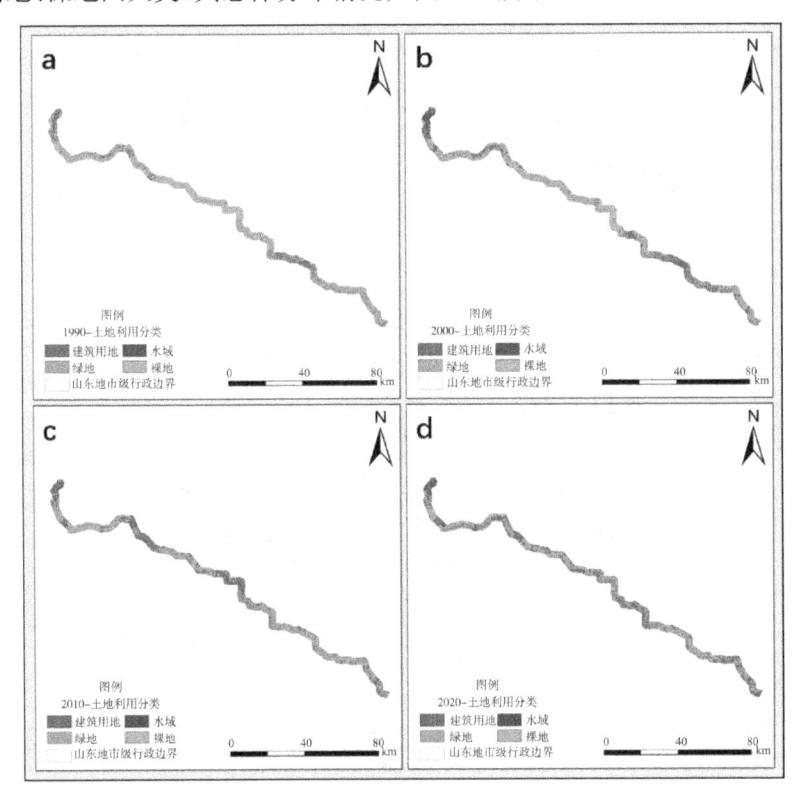

图4-3 研究区1990(a)、2000(b)、2010(c)、2020(d)年土地利用类型分布图

接下来,我们进一步探究各土地利用类型的分布情况,对1990、2000、2010、2020年各类土地利用/覆盖信息的面积及占比进行统计,结果见表4-3。

表 4-3　研究区土地利用类型面积及占比统计

土地利用分类	1990年 面积(km²)	百分比(%)	2000年 面积(km²)	百分比(%)	2010年 面积(km²)	百分比(%)	2020年 面积(km²)	百分比(%)
绿地	578.60	54.39	639.03	60.07	649.32	61.04	652.25	61.32
裸地	314.03	29.52	98.36	9.25	58.79	5.53	27.77	2.61
建筑用地	133.26	12.53	286.80	26.96	305.32	28.70	328.70	30.90
水域	37.86	3.56	39.56	3.72	50.32	4.73	55.04	5.17
总面积	1 063.75	100.00	1 063.75	100.00	1 063.75	100.00	1 063.75	100.00

从表4-3可见，1990年引黄济青工程沿线的主要土地结构类型为绿地和裸地，总面积占比分别达到54.39%和29.52%；建筑用地次之，占比达12.53%；面积最少的土地类型为水域，仅为3.56%。说明研究区内土地资源丰富，拥有超过一半比例的植被用地，还有近三分之一的未利用土地等待着被开垦。此外，区域内城镇化水平较低，城市基础设施建设较落后，河流水域面积也较少。

1990—2000年，绿地面积增加了60.43 km²，占比提高5.68个百分点；建筑用地增加了153.54 km²，占比提高14.43个百分点；水域面积增加了1.7 km²，占比提高0.16个百分点；裸地面积减少了215.67 km²，占比降低了20.27个百分点。可见这十年间绿地和水域面积增长缓慢，建筑用地增幅较大且裸地面积大幅减少，说明研究区内越来越多的裸地被利用起来，城镇建设也在快速发展。

2000—2010年，绿地面积增加了10.29 km²，占比提高0.97个百分点；建筑用地增加了18.52 km²，占比提高1.74个百分点；水域面积增加了10.76 km²，占比提高1.01个百分点；裸地面积减少了39.57 km²，占比降低了3.72个百分点。可见这期间绿地、建筑用地、水域面积都在缓慢增加，其中河流水域的增幅较之前变化明显，裸地的面积依旧处于降低趋势，但降幅缓慢。

2010—2020年，绿地面积增加了2.93 km²，占比提高0.28个百分点；建筑用地增加了23.38 km²，占比提高2.2个百分点；水域面积增加了4.72 km²，占比提高0.44个百分点；裸地面积减少了31.02 km²，占比降低了2.92个百分点。不难看出各土地利用类型的变化趋势都已趋于平缓。目前区域内土地利用类型主要以绿地和建筑用地为主，水域面积也已增至55.04 km²，裸地占比最少，基本处于生态农业城镇化共同发展的局势。

从这30年的土地结构变迁来看，工程沿线地类仍以农田、林地、草地为主且处于缓慢增长的状态。作为流域重要的生态纽带，受调水工程影响，周围的河流湖泊也日益增多，水资源面积呈现明显的上升趋势。而城市的进步离不开城乡建设，随着城镇化日益发展，越来越多的未利用土地被利用起来建造房屋、基础设施、公共设施等。因此，裸地面积逐渐减少，建筑用地则大幅增加。

4 关键生态因子历史演变规律及环境评价模型研究

引黄济青工程沿线经过四个市,分别是滨州、东营、潍坊和青岛市,为了深入研究土地利用结构在时空上的具体变化,对研究区内各地市级区段不同年份的土地结构进行了分类研究,如图 4-4 如示,其具体统计结果见表 4-4。

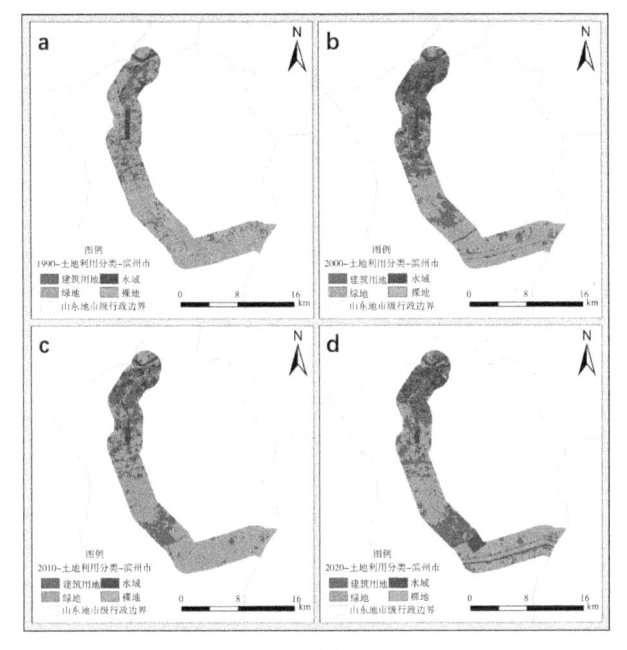

(a) 滨州市区段

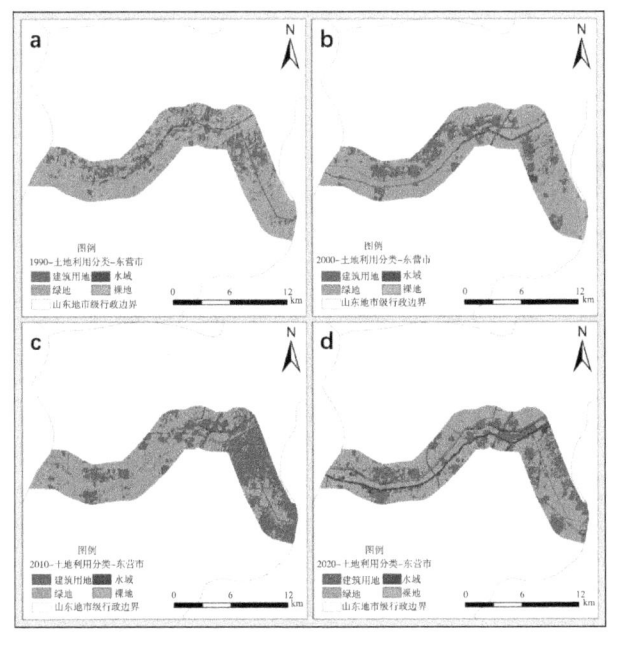

(b) 东营市区段

55

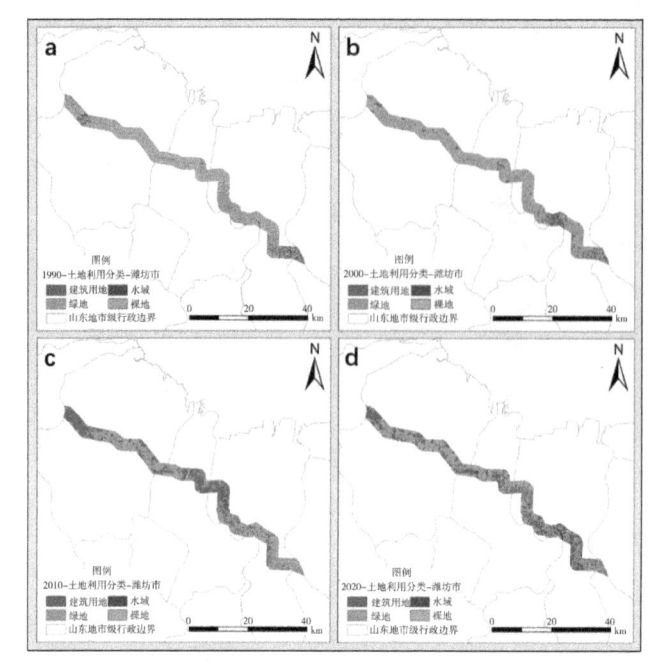

(c) 潍坊市区段

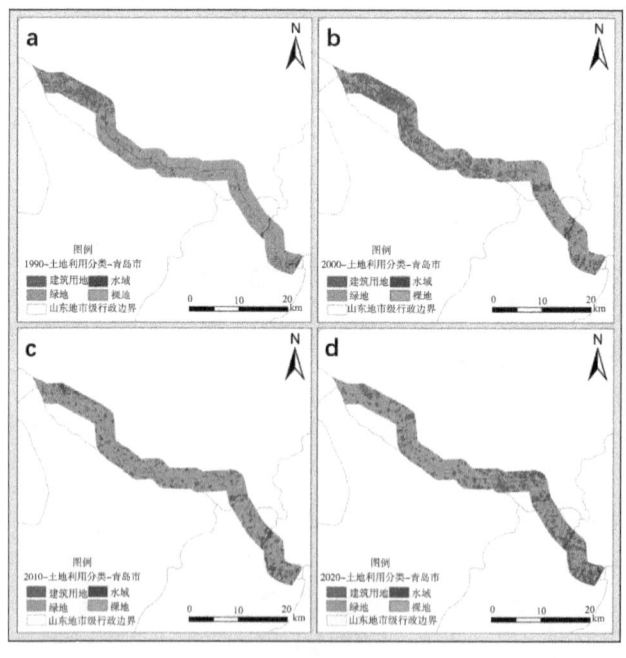

(d) 青岛市区段

图 4-4 研究区四市区段土地利用分类图
(a、b、c、d 分别为 1990 年、2000 年、2010 年、2020 年土地利用分类)

4 关键生态因子历史演变规律及环境评价模型研究

表 4-4 研究区四市区段土地利用分类面积占比统计

土地利用类型	1990 年				2000 年			
	滨州	东营	潍坊	青岛	滨州	东营	潍坊	青岛
绿地	50.09%	60.98%	46.28%	66.83%	59.91%	63.77%	53.92%	63.81%
裸地	28.46%	18.36%	45.16%	17.83%	7.01%	12.00%	14.45%	5.48%
建筑用地	16.91%	19.55%	7.54%	11.24%	27.64%	21.60%	29.26%	26.46%
水域	4.54%	1.11%	1.02%	4.10%	5.44%	2.63%	2.37%	4.25%

土地利用类型	2010 年				2020 年			
	滨州	东营	潍坊	青岛	滨州	东营	潍坊	青岛
绿地	63.20%	59.58%	55.90%	68.29%	62.81%	63.20%	56.77%	68.81%
裸地	3.52%	4.21%	4.79%	2.70%	1.06%	2.78%	2.95%	0.90%
建筑用地	27.25%	32.63%	35.45%	22.95%	29.39%	30.36%	34.66%	24.28%
水域	6.05%	3.58%	3.86%	6.06%	6.74%	3.66%	5.62%	6.01%

注：表中数据四舍五入，取约数。

（1）时间维度

滨州区段的绿地面积在 1990—2010 年呈现上升趋势，在 2010—2020 年期间略有下降，但总体呈增长状态。裸地面积逐年减少，且 1990—2000 年降幅明显。建筑用地起初增势明显而后呈现波动变化逐渐趋于平缓。水域面积占比则由 4.53% 上升至 6.74%。

东营区段的绿地面积处于起伏变化状态，但平均占比高达 60%，可见东营市的生态、农业等方面发展相对稳定。裸地面积的缩减和水域面积的增加都趋于平缓。建筑用地整体呈增长趋势，但在近十年稍有下降，城镇化的发展必然伴随着房屋的建设和基础设施的完善。

潍坊区段土地利用结构的变化趋势与东营市相似，但在 1990 年，其裸地面积占比是四个市中最高的，达 45.16%，而今已降至 2.95%，可见这 30 年间，潍坊市对未利用土地的规划工作完成度较好。

青岛区段的绿地面积在 1990—2000 年呈现下降状态，同年建筑用地大幅增长，而后绿地面积增至平稳，建筑用地呈先减后增变化。水域面积持续增加，在 2010—2020 年稍有波动。裸地面积占比从 17.83% 减少至 0.9%。

总体上，四个区段的土地利用结构变化与研究区总趋势都大致相同，些许小范围的波动属于城市发展过程中的正常起伏。

（2）空间维度

由统计结果可知，滨州区段和青岛区段的水域面积占比较其他区段相对较高，可能受其地理位置的影响，滨州地处引黄济青工程黄河入水口，而青岛东、南两面濒临黄海，河湖水源较充足，同时，水源和地理的优势也使得青岛区段的耕地、林地、草地发展较好，其绿地面积占比在四个区段中一直都居于首位。建筑用地面积的比例在四个区段中差距并不大，说明研究区内各区域城镇化的发展相对较为均衡。

4.2.2 植被指数及覆盖度

利用式(4.1)可以得到 1990、2000、2010、2020 年研究区内总体植被指数的空间分布情况。本章选用了均值法作为分析手段，通过统计研究区栅格单元的平均 NDVI 值探究其时间分布特征。为了更加直观地反映植被覆盖的情况，本章还进一步计算了区域内植被覆盖度的变化。

4.2.2.1 植被指数

在波段组合的基础上，利用 NDVI 指数公式，在 Band 计算工具中对裁剪好的影像数据进行运算，得到的植被指数的值通常在 −1 到 1 之间，小于 0 的部分是水体和云层等，大于 0 的部分是植被，通常植被长势越好、覆盖程度越高，对应的指数越高。整个研究区和各地级市区段 NDVI 指数的空间分布如图 4-5 和图 4-6 所示。

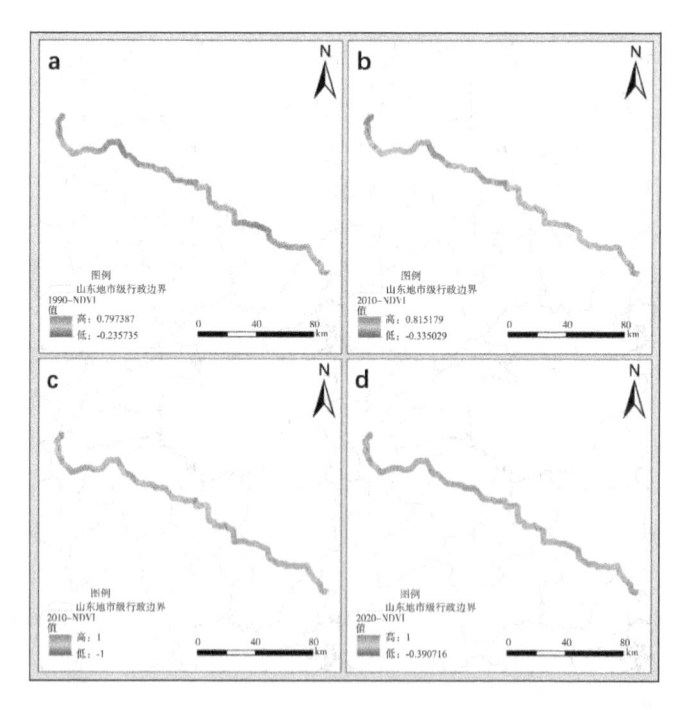

图 4-5 研究区 1990 年(a)、2000 年(b)、2010 年(c)、2020 年(d)NDVI 指数空间分布图

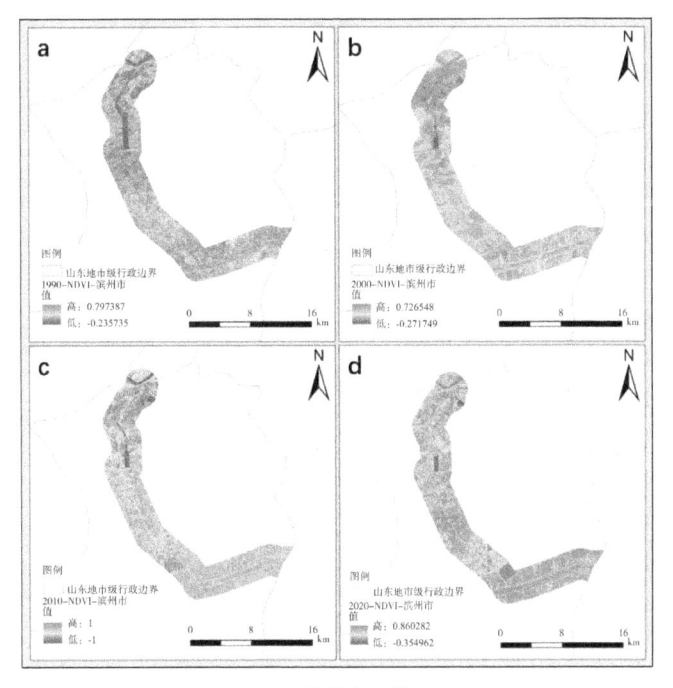

4 关键生态因子历史演变规律及环境评价模型研究

(a) 滨州市区段

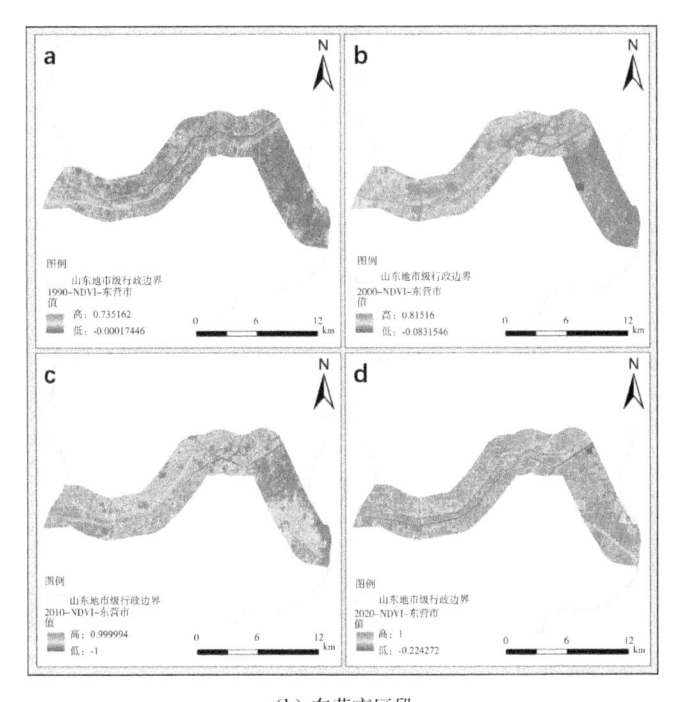

(b) 东营市区段

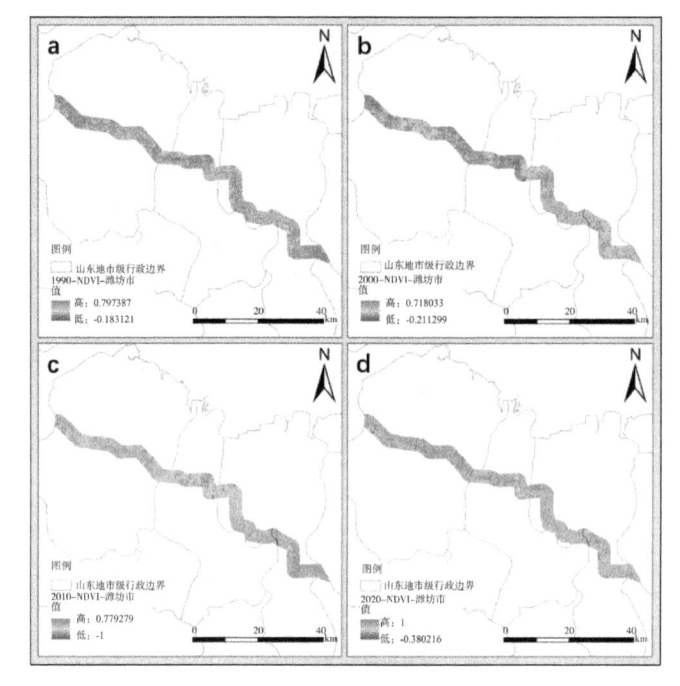

(c) 潍坊市区段

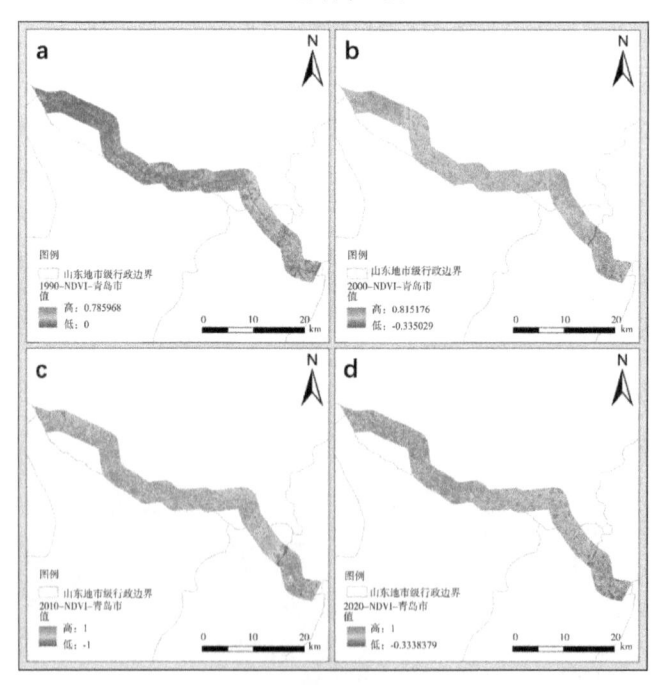

(d) 青岛市区段

图 4-6 研究区四市区段 NDVI 指数空间分布图
(a、b、c、d 分别为 1990 年、2000 年、2010 年、2020 年 NDVI 空间分布)

4 关键生态因子历史演变规律及环境评价模型研究

本研究利用均值法统计了 1990 年、2000 年、2010 年、2020 年研究区内各地市级区段的平均 NDVI 指数,为了便于比较分析,将统计结果绘制成折线图,如图 4-7 所示。引黄济青调水工程沿线 1990 年 NDVI 均值为 0.296 2,2000 年均值为 0.335 7,2010 年均值为 0.430 1,2020 年均值为 0.487 4。从整体变化趋势来看,植被指数呈现不断上升趋势。在 1990 年植被指数处于较低水平,说明当时的研究区内植被生长并不茂盛,植被的覆盖率也比较低。经过 30 多年的发展,植被指数均值增加了近 0.2,增势明显,可见当地的生态发展进步显著。

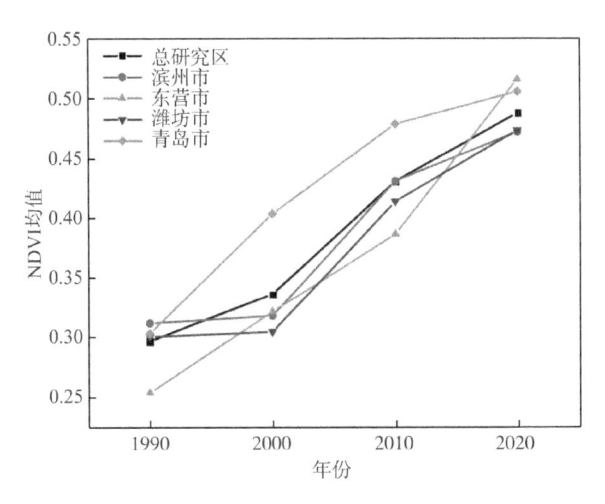

图 4-7 总研究区及各地级市区段 NDVI 均值变化趋势

对折线图的进一步分析发现,滨州、东营、潍坊、青岛四区段的 NDVI 均值变化趋势与流域总趋势基本保持一致,整体上都处于增长状态。其中,青岛区段的均值较为显著,大体上都高于其他地区,前文曾提及青岛区段中的水域面积也居于前列,而水资源对于植被作物的生长不可或缺,加之青岛市地理位置优越、气候适宜,对草木的生长和农作物的培育十分有益。此外,从图 4-7 可以看到在 1990 年,滨州、潍坊、青岛三区段的 NDVI 均值几乎接近,而东营区段的植被指数却远低于三者,说明当时东营区段内虽然耕地、林地、草地的占地面积不少,但植被的茂密程度相对于其他区域较弱。到了 2020 年,四地市级区段的植被指数均值都比较接近,可见当下研究区各地的生态发展均衡且逐渐趋于稳定。

4.2.2.2 植被覆盖度

植被覆盖度相较于植被指数,是更能衡量地表植被覆盖状况的重要指标,实际研究中常将两者结合来反映植被的生长情况。植被覆盖度的计算值为 0~1,根据阈值范围和研究区植被覆盖特点,可将其分为 5 个等级:0~0.3 为低植被覆盖,0.3~0.45 为中低植被覆盖,0.45~0.6 为中植被覆盖,0.6~0.75 为中高植被覆盖,0.75~1 为高植被覆盖。研究区植被覆盖度的空间区域分布如图 4-8 所示。

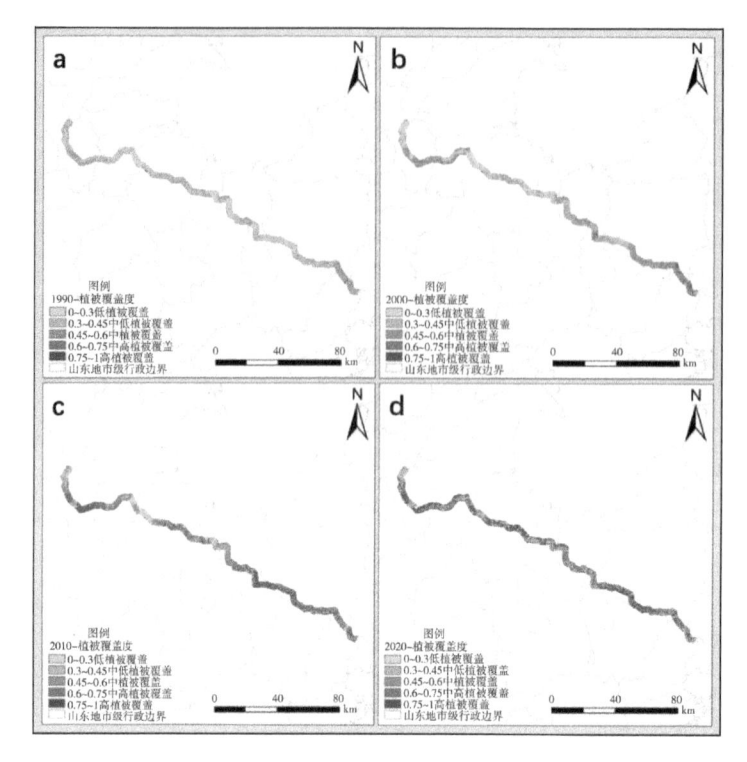

图 4-8　研究区 1990 年(a)、2000 年(b)、2010 年(c)、2020 年(d)年植被覆盖度空间分布图

1990 年、2000 年、2010 年、2020 年研究区内植被覆盖度均值统计结果分别为 0.358、0.440、0.608、0.661，数值上呈现不断增长趋势，说明该地区总体植被覆盖程度越来越高。将空间分布结果按五个植被覆盖度等级划分，其覆盖度面积占比统计情况见表 4-5。

表 4-5　研究区各级植被覆盖度占比统计

各级植被覆盖度占比	1990 年	2000 年	2010 年	2020 年
0～0.3 低植被覆盖	36.81%	26.46%	14.61%	16.52%
0.3～0.45 中低植被覆盖	45.57%	35.75%	14.31%	12.92%
0.45～0.6 中植被覆盖	11.84%	17.92%	19.21%	12.33%
0.6～0.75 中高植被覆盖	3.70%	10.56%	20.86%	12.35%
0.75～1 高植被覆盖	2.08%	9.31%	31.01%	45.89%

注：表中数四舍五入，取约数。

由表 4-5 可知，1990 年在引黄济青工程沿线中低植被覆盖区域面积最大，占比为 45.57%；低植被覆盖区域次之，占比约 36.91%；高植被覆盖区域占比最小，仅有 2.08%。研究区总体植被覆盖程度以低和中低覆盖为主。2000 年，研究区内低和中

4 关键生态因子历史演变规律及环境评价模型研究

低覆盖区域占比较 1990 年下降了约 20%，中高植被覆盖区域相对增多，但总体覆盖程度仍以低和中低植被覆盖为主。2000—2010 年间，区域内的植被发育较好，覆盖度等级也发生了变化，由原先的以中低植被覆盖为主转变为以中高和高植被覆盖为主，其中高植被覆盖区域占比约 31.01%，处于领先地位，相比之下其他覆盖等级相对均衡。现阶段，研究区内已完全以高植被覆盖区域为主，且所占面积接近总区域面积的一半。植被覆盖度分析结果与前文中土地利用分类和植被指数的解译结果一致，说明研究区内的植被不仅覆盖区域在增加，长势也越来越茂盛。

从不同地市级区段演变趋势(如图 4-9 所示)上分析，滨州、东营、潍坊和青岛区段的整体植被覆盖情况与总研究区变化趋势相同，都呈现覆盖度均值逐年增加，覆盖程度越来越高的状态，且空间分布规律也与 NDVI 指数变化特征一致。1990 年，滨州、东营、潍坊三区段的植被覆盖程度大相径庭，都以中低植被覆盖为主，低植被覆盖次之；而东营区段最大占比则为低植被覆盖区域，且比例高达 60.17%，低和中低覆盖度区域总占比达 90% 以上，与明显低于其他三市区段的植被指数值相对应。除此之外，青岛区段的植被覆盖情况同样常年优于其他地区，现阶段各市级区段的植被覆盖程度已逐渐趋于均衡发展状态。总的来说，自引黄济青调水工程运行以来，其沿线地区植被的生长状态呈正效益发展，加上近年来国家加大对环境保护及治理的力度，更是有利于当地的绿色生态发展。

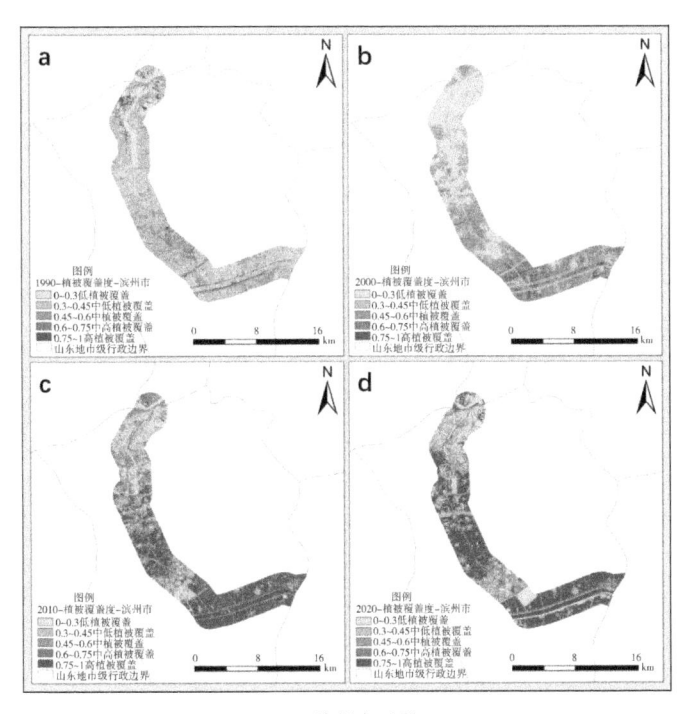

(a) 滨州市区段

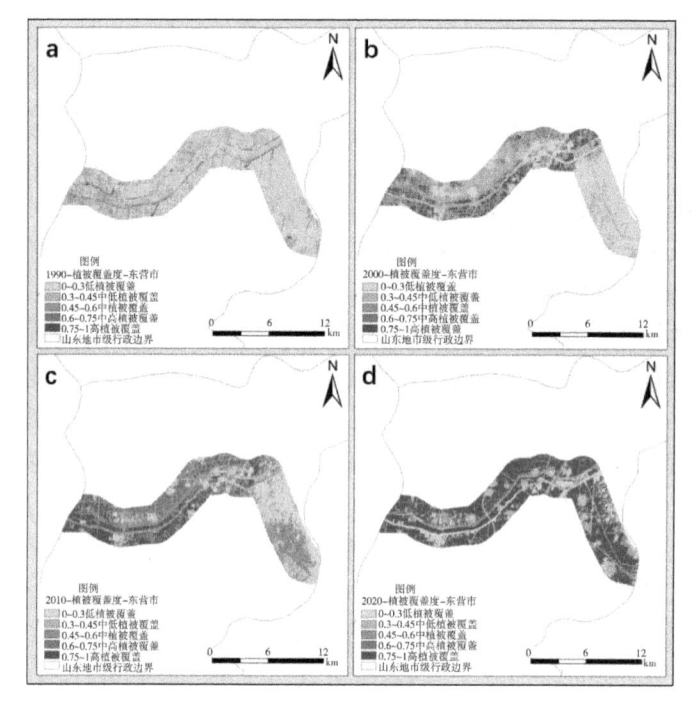

(b) 东营市区段

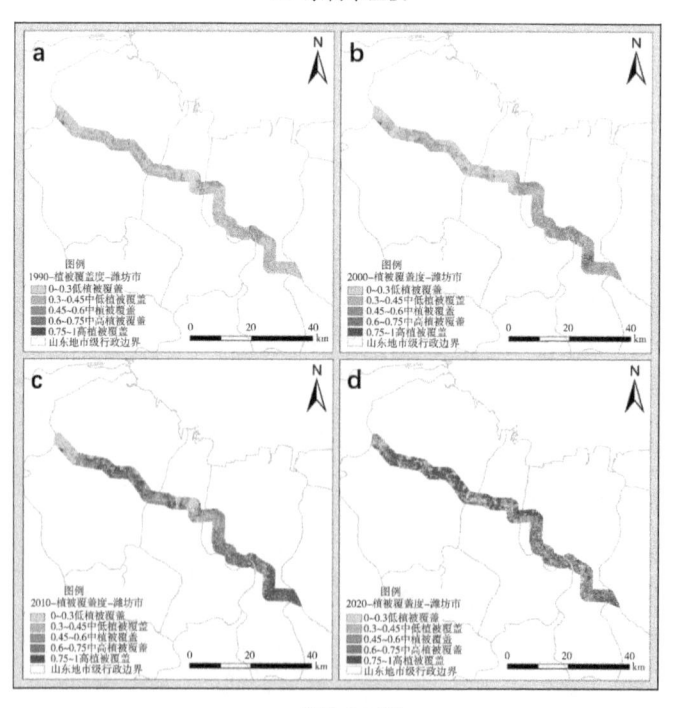

(c) 潍坊市区段

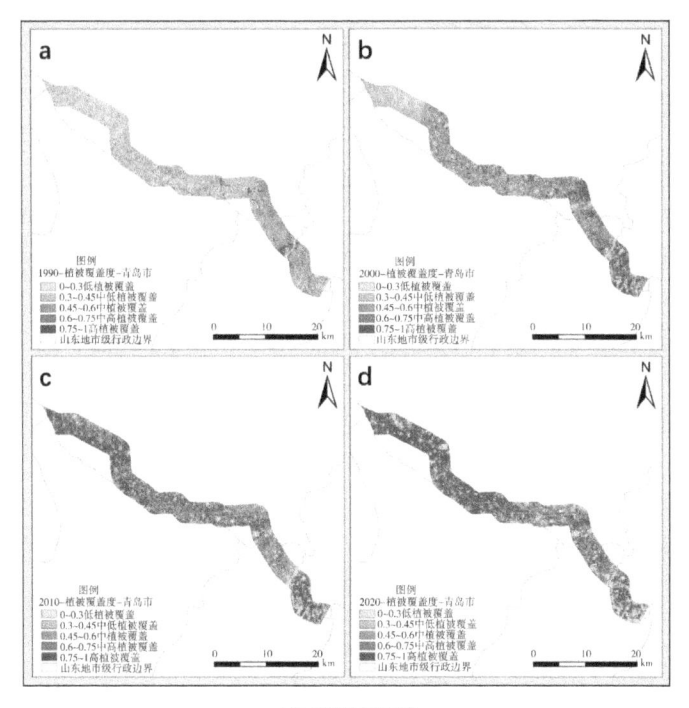

(d) 青岛市区段

图 4-9　研究区四市区段植被覆盖度空间分布
(a、b、c、d 分别为 1990 年、2000 年、2010 年、2020 年植被覆盖度分布)

4.2.3　地表温度

利用大气校正法可以得到 1990—2020 年研究区内总体和各地级市区段的温度分布情况,如图 4-10、图 4-11 所示。为了更清晰地研究其空间分布和变化趋势,本研究根据其值域范围,将地表温度值划分为 6 个区间,分别为低于 20 ℃、20~25 ℃、25~30 ℃、30~35 ℃、36~40 ℃及高于 40 ℃。

对各区域的地表温度均值进行统计,如图 4-12 所示。由该图可知,1990 年、2000 年、2010 年、2020 年研究区地表温度均值分别为 30.263 ℃、33.825 ℃、31.909 ℃、34.865 ℃,整体上呈现波动式变化。从滨州、东营、潍坊、青岛四市区段的地温变化来看,与总体的波动变化趋势大体一致。此外,各地级市中,平均温度最低的地区通常为青岛区段。根本原因在于,青岛临靠黄海,受季风性和海洋性气候共同影响。夏季温湿多雨,但无酷暑,较其他地区温度相对低;冬季风大温低,且持续时间较长。相比之下,潍坊市、东营市、滨州市区段地理位置较为靠近内陆,受海洋性气候影响小,因此地表温度表现得比青岛区段高。

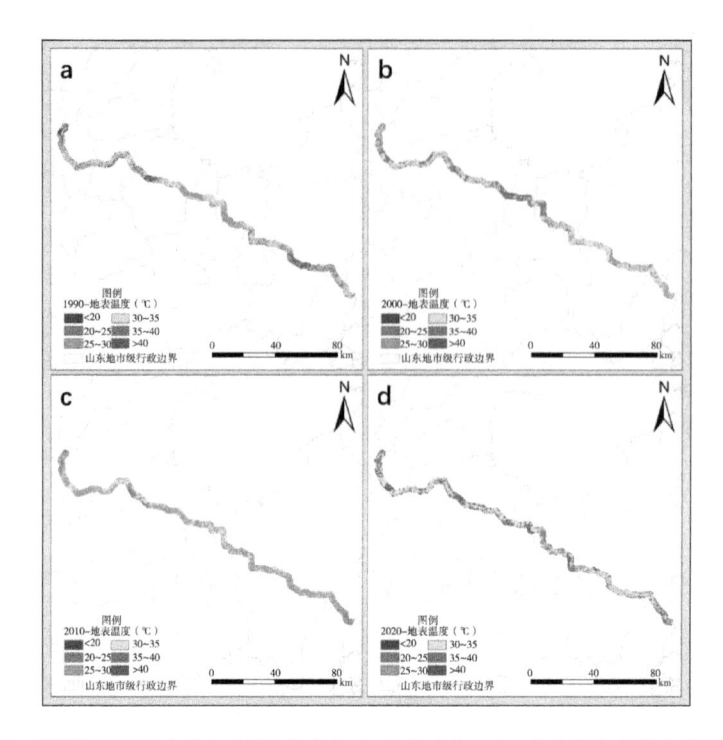

图 4-10　研究区 1990 年(a)、2000 年(b)、2010 年(c)、2020 年(d)地表温度空间分布图

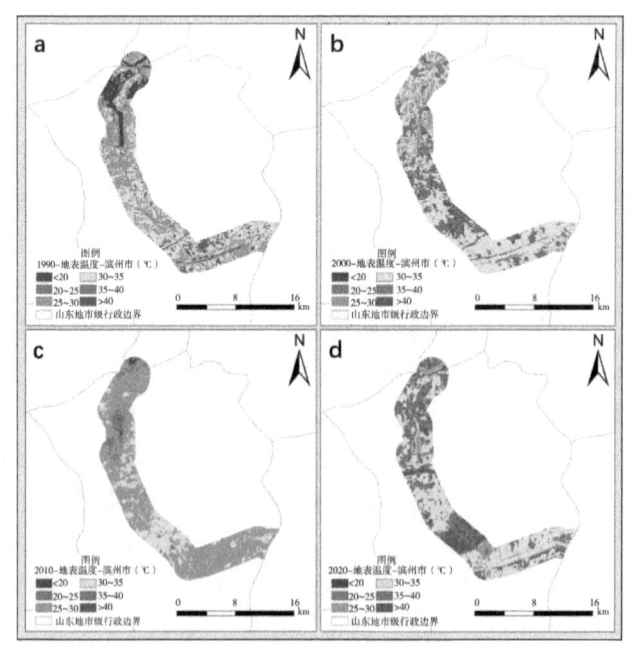

(a) 滨州市区段

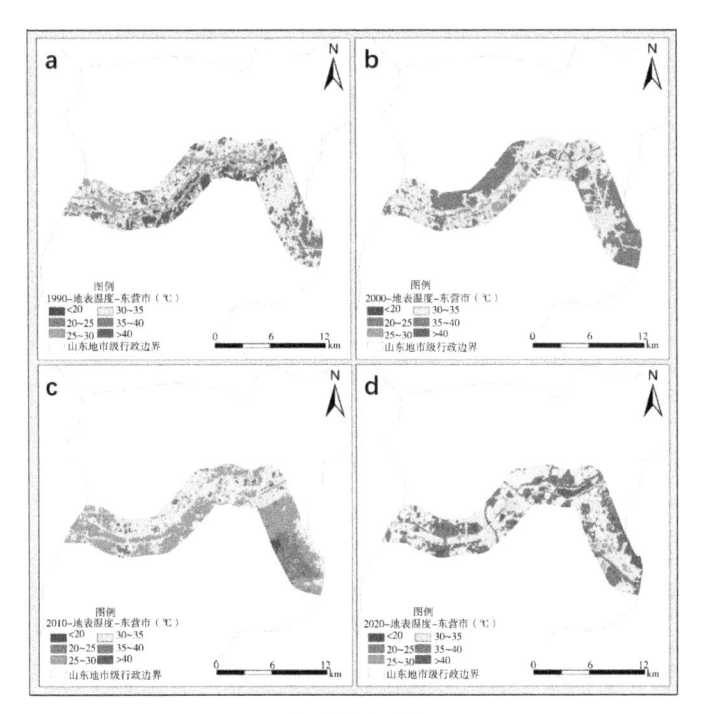

(b）东营市区段

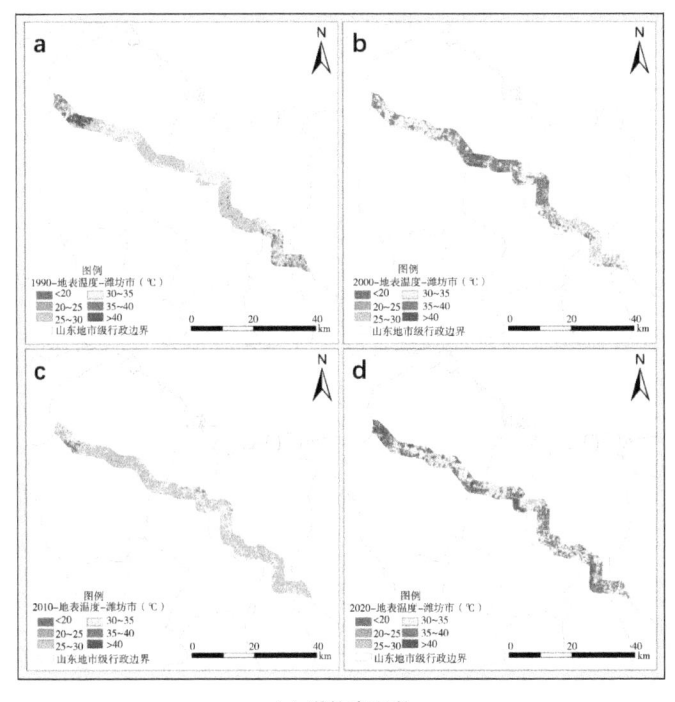

(c）潍坊市区段

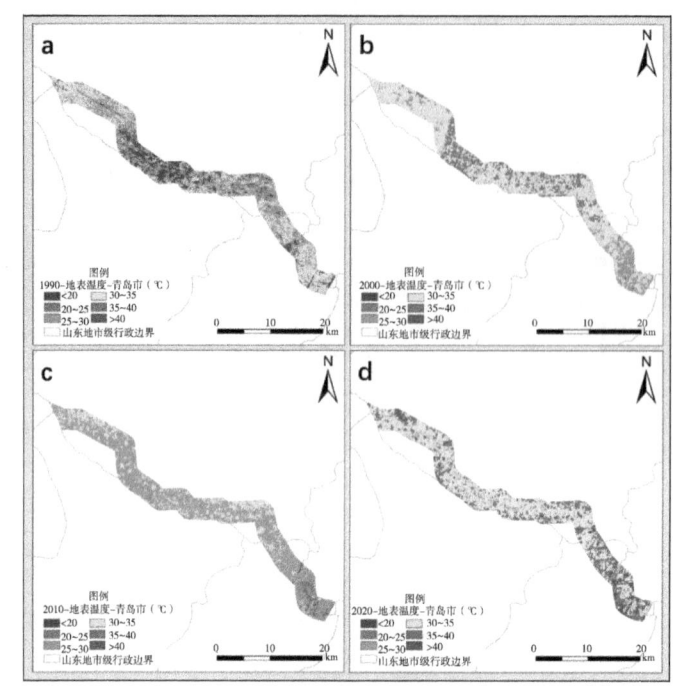

(d）青岛市区段

图 4-11　研究区四市区段地表温度空间分布
（a、b、c、d 分别为 1990 年、2000 年、2010 年、2020 年地温空间分布）

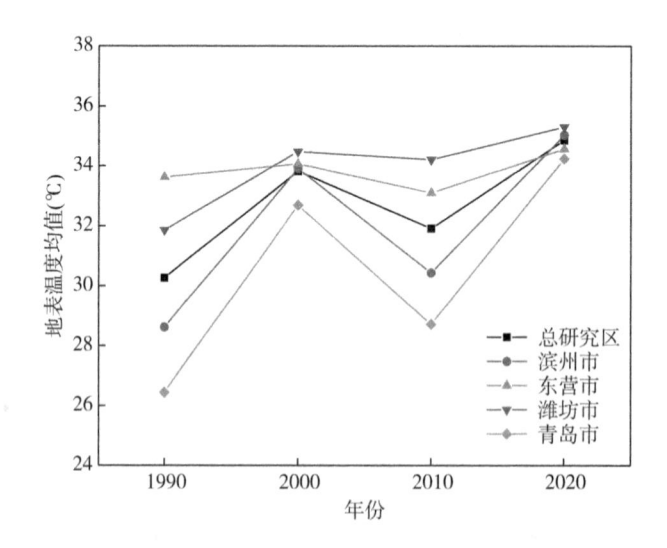

图 4-12　总研究区及各地级市区段地表温度均值变化趋势

同时地表温度值在空间分布上也有一定的差异性,水域地区温度最低,大多处于 10~25 ℃区间内。植被的蒸腾作用对温度也有一定的降低作用,使得研究区内农田、林地、草地的地温都在 25~35 ℃之间。而其余的建筑用地和裸地区域受太阳直射,较为炎热干燥,因此温度大都在 35 ℃以上。

为了进一步探究地表温度的空间动态变化,本研究采用一元线性回归趋势分析的方法对 1990 年、2000 年、2010 年、2020 年的地表温度求斜率。其原理是通过对每个像元即栅格点对应值变化趋势的模拟,将斜率放大,得到研究区多年温度变化的总趋势。若计算得到斜率值大于 0,说明所在栅格点的地表温度在多年间不断上升;若斜率值小于 0,则说明所在栅格点的地表温度变化在多年间呈下降趋势。具体计算公式如下:

$$Q_{\text{slope}} = \frac{n\sum_{i=1}^{n} x_i T_{si} - \sum_{i=1}^{n} x_i \sum_{i=1}^{n} T_{si}}{n\sum_{i=1}^{n} x_i^2 - (\sum_{i=1}^{n} x_i)^2} \tag{4.11}$$

式中,x_i 为年份,T_{si} 为第 i 年地表温度值,Q_{slope} 为 x_i 和 T_{si} 计算出的一元线性回归斜率,Q_{slope} 大于 0 表示 T_{si} 呈现增加趋势,Q_{slope} 小于 0 则表示 T_{si} 呈现下降趋势。

用检验法判断线性变化趋势的显著性,其计算公式如下:

$$F = \frac{S_R}{\frac{S_E}{(n-2)}}; S_R = \sum_{i=1}^{n}(y' - \overline{y})^2; S_E = \sum_{i=1}^{n}(y_i - y')^2 \tag{4.12}$$

式中,F 为 F 检验值,满足 $F \sim F(1, n-2)$ 分布;S_R 为回归平方和;S_E 为残差平方和;y' 为线性回归模型拟合值,$\overline{y}$ 为平均值,y_i 为真实值;在显著性水平 α 下,若 $F > F(1, n-2)$,表示回归方程效果在此水平下显著,反之则不显著。由此可将结果分为三类:显著上升($Q_{\text{slope}} > 0$ 且 $F > F_{\alpha=0.05}$)、显著下降($Q_{\text{slope}} < 0$ 且 $F > F_{\alpha=0.05}$)、不显著($F < F_{\alpha=0.05}$)。

如图 4-13 所示,1990 年、2000 年、2010 年、2020 年地表温度上升的最大斜率达 26.617 2,最小的降温斜率为 -13.790 8。但经过显著性检验发现,在显著性水平 α 下,$F < F_{\alpha=0.05}$,结果表明大部分栅格单元的回归方程效果并不显著,也就是说,30 年间大部分地区的地表温度并没有呈现持续上升或持续下降的趋势,而是呈现起伏波动变化,这也与前文地表温度均值得出的变化规律一致。

结合在滨州、东营、潍坊、青岛市气象站点收集到的 1990 年、2000 年、2010 年、2020 年 5、6 月的实测均温数据分析,如图 4-14、图 4-15 所示,实测月均气温的变化趋势均呈现波动式变化,且大部分趋势与遥感反演的地表温度变化波动一致。

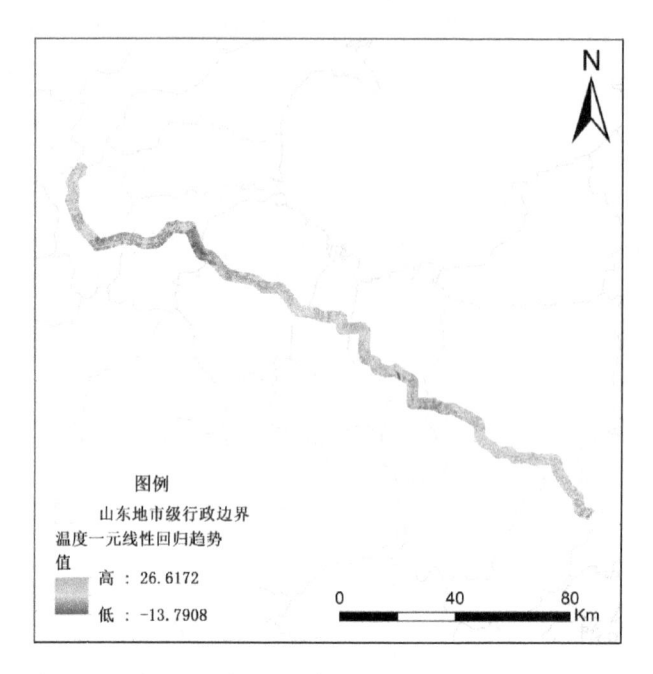

图 4-13　研究区 1990 年、2000 年、2010 年、2020 年地表温度值变化斜率的空间分布

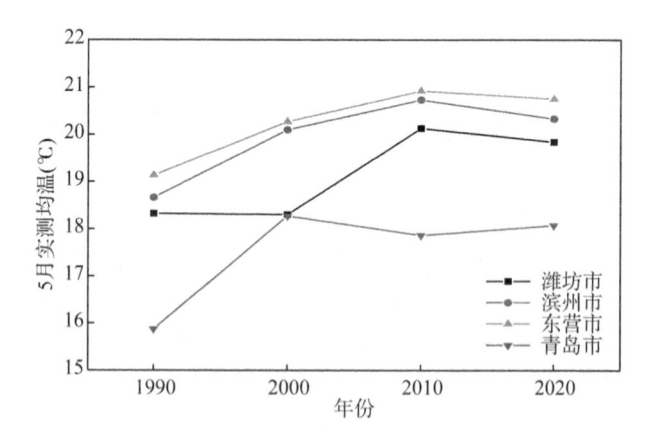

图 4-14　滨州、东营、潍坊、青岛市气象站点 5 月实测均温变化趋势

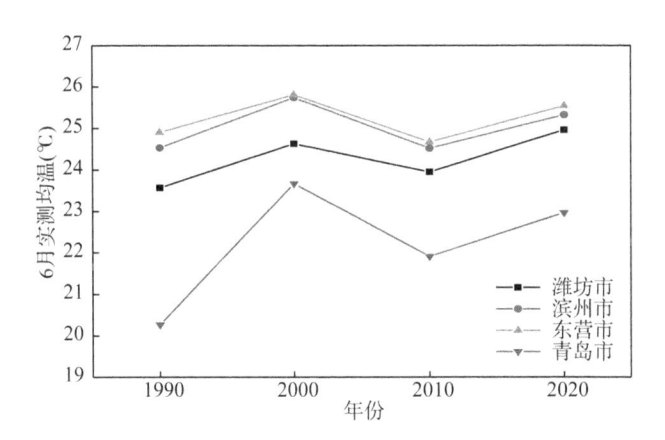

4 关键生态因子历史演变规律及环境评价模型研究

图 4-15 滨州、东营、潍坊、青岛市气象站点 6 月实测均温变化趋势

4.2.4 土壤干湿度

利用温度、植被指数公式可以得到 1990 年、2000 年、2010 年、2020 年研究区总体及各地级市区段土壤干湿度（TVDI 指数）的空间分布，如图 4-16、图 4-17 所示。1990 年、2000 年、2010 年、2020 年研究区内的 TVDI 均值分别表现为 0.758、0.694、0.568、0.433，由于 TVDI 指数的值与土壤湿度呈负相关，因此区域内的土壤呈现越来越湿润的状态。

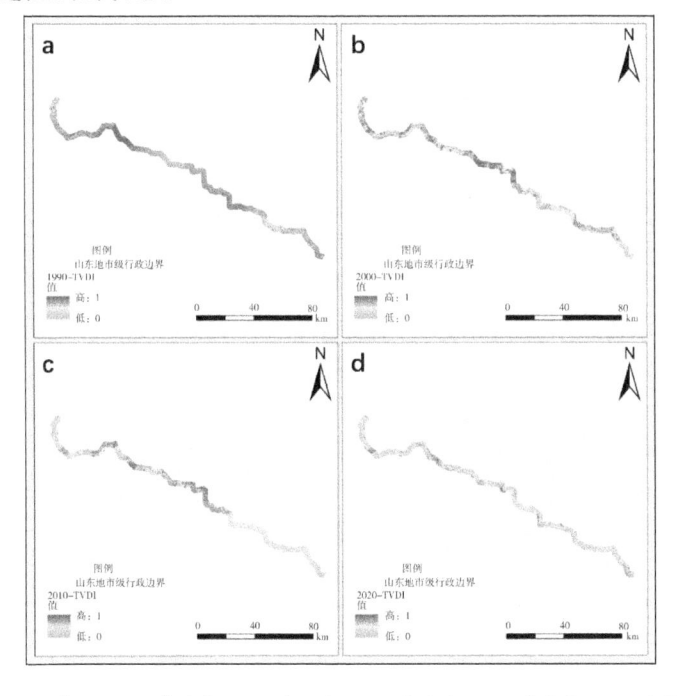

图 4-16 研究区 1990 年(a)、2000 年(b)、2010 年(c)、2020 年(d)TVDI 空间分布图

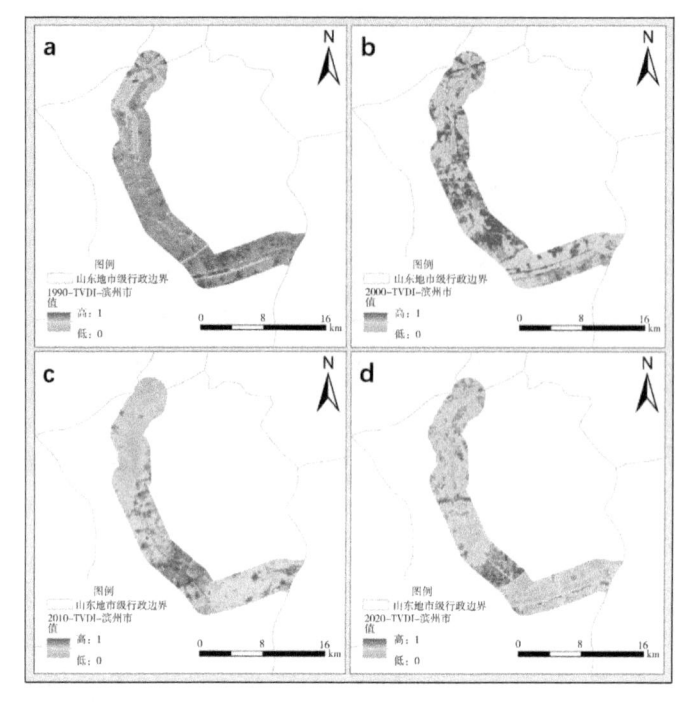

(a) 滨州市区段

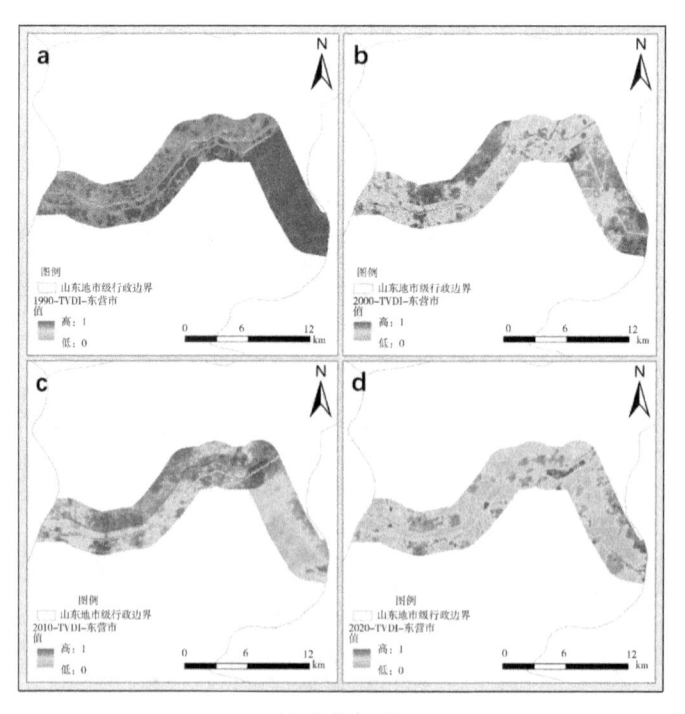

(b) 东营市区段

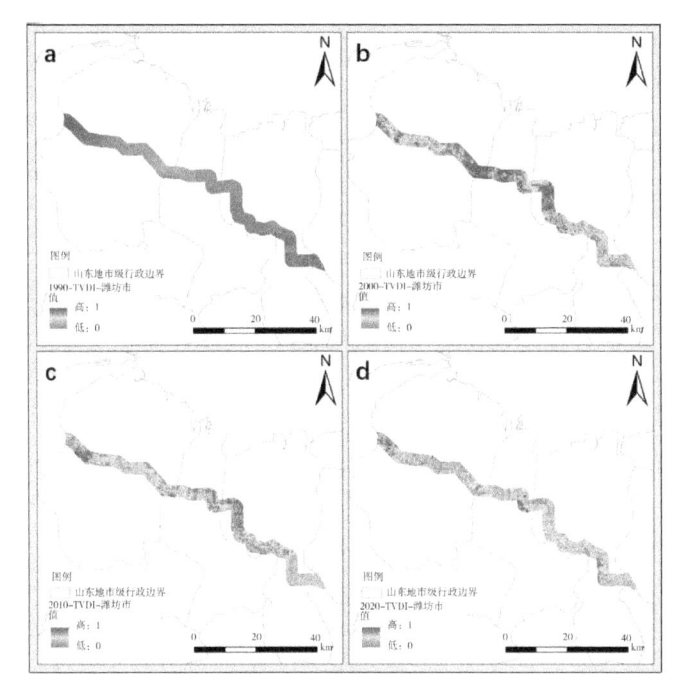

（c）潍坊市区段

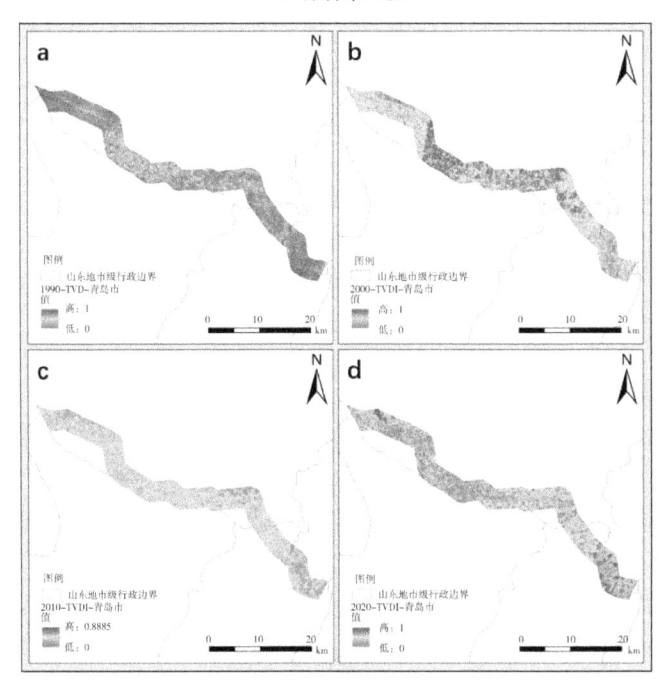

（d）青岛市区段

图 4-17 研究区四市区段 TVDI 空间分布图
(a、b、c、d 分别为 1990 年、2000 年、2010 年、2020 年 TVDI 空间分布)

图 4-18 统计了 1990—2020 年研究区和各地级市区段土壤干湿度均值的变化趋势,由图可知,滨州、东营、潍坊、青岛市区段的 TVDI 均值变化呈现和总区域相同的下降趋势,即土壤湿润度越来越高。其中,青岛区段的土壤湿润度最高,滨州次之,潍坊、东营区段相对于沿海的青岛和与黄河接壤的滨州,土壤都较为干旱。1990 年,东营区段的 TVDI 指数高达 0.866,土壤湿润程度远低于其他三区段,可能受到了水域、温度、降雨等多方面因素的影响。由于土壤的干湿性对于植被的生长有很大的作用,因此这也在另一方面解释了同年该区段内 NDVI 指数值不高的原因。而现阶段,研究区内的土壤干湿程度已相对均衡,各地级市区段的平均 TVDI 指数值保持在 0.39~0.45 的区间内。

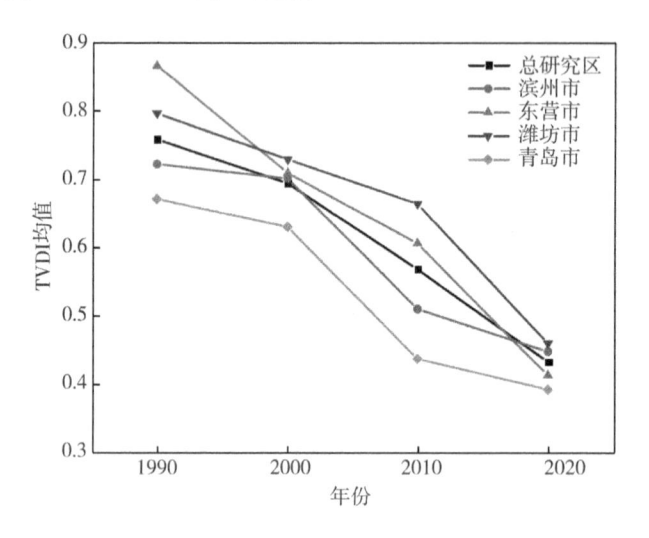

图 4-18 总研究区及各地级市区段 TVDI 均值变化趋势

4.2.5 小结

本节选取了相应的指标量化方法,利用遥感技术对土地利用/覆盖、植被指数、植被覆盖度、地表温度、土壤干湿度等关键生态因子进行了反演,并针对提取的因子,分析了引黄济青调水工程沿线自然生态环境的空间分布特征及生态因子历史演变规律,得出以下结论。

(1) 研究区内水域和植被面积总体上呈增长趋势。30 年间,水域面积占比增长 1.61 个百分点,绿地面积占比增长 6.93 个百分点。裸地区域被大面积利用,占比从原来的 29.52% 缩减至现在的 2.61%,多用以建设基础设施和发展生态、农业等,说明当地城镇化水平发展迅速。各地级市区段土地结构变化与研究区总趋势类同。

(2) 工程运行期间沿线土壤的湿润程度越来越高,直接促进着区域内植被的繁茂生长且覆盖程度由低覆盖转变为高覆盖。其中,青岛区段植被生长状况最好,土壤也最湿润,而现阶段,各地市级生态发展相对均衡且逐渐趋于平稳。

(3) 将解译结果与实测数据结合,得出地表温度呈现波动式变化。青岛区段受地理位置影响温度最低,其他区段居内陆,温度相对较高。整体上各区段温度波动和总研究区变化一致。

(4) 各生态因子间彼此不独立。温度的波动性、水域面积的增加、土壤的湿润程度必然都影响着植被的生长,而植被的生长又促使着绿地面积的增加和裸土区域的利用,说明因子间存在一定程度上的相关性。

以上关键生态因子的解译结果和趋势分析为调水工程沿线生态环境评价模型的构建提供了数据支撑和理论参考。

4.3 生态环境评价模型的构建及运用

生态环境评价模型的建立包括评价指标的选择和指标权重的确定,合理的权重配比是模型建立的关键。本章选用熵值法和因子分析法赋予评价指标以相应权重,进而完成模型的构建及应用。根据其评价结果,对引黄济青调水工程沿线的生态环境质量进行评价分析,并结合生态因子的历史演变规律给出相应的保护建议。

4.3.1 评价指标权重的确定

在构成引黄济青工程沿线生态环境质量评价体系的12个指标中,归一化植被指数、地表温度、土壤干湿度、高程、坡度等5个指标是以30 m×30 m大小的栅格为单元反演得到的指标因子;绿地面积、水域面积、建筑用地面积、裸地面积、年均降雨量、国内生产总值、人口密度等7个指标是基于整个研究区单元的指标因子,因此质量评价体系中各指标的评价尺度不一。为了保证其尺度的统一性,本研究选择将其中以栅格为单元反演出的点数据转换为面数据,即将归一化植被指数、地表温度、土壤干湿度、高程、坡度这5个指标进行数据降维。本章采用的是因子分析法,其中心思想是通过提取多因子中的代表性共性成分,将成分相同的变量合成为一个因子,从而减少指标数量,起到降维的效果。利用这种降维原理将5个点数据指标最终合成为一个共性因子,并称其为土壤综合因子。再结合区域内土地利用分类、年均降雨量、国内生产总值及人口密度等统计结果,共计8个指标因子,利用熵值法确定权重,最终计算出引黄济青工程沿线综合质量评价指数。

由于各生态指标在作用方向、数量级、量纲上都存在一定差距,不具有可比性,因此需要先对各指标进行同向化和标准化处理,消除原始量纲使数据具有一致性,所用函数变换计算公式如下。

$$\text{正向指标}: X_{正} = \frac{x_{ij} - x_{\min}}{x_{\max} - x_{\min}} \qquad (4.13)$$

$$\text{负向指标}: X_{反} = \frac{x_{\max} - x_{ij}}{x_{\max} - x_{\min}} \qquad (4.14)$$

$$\text{固定指标}: X_{固} = 1 - \frac{|x_{ij} - x|}{\max|x_{ij} - x|} \qquad (4.15)$$

式中,x_{ij} 为指标的原始数据;$x_{\max}$ 为指标的最大值,$x_{\min}$ 为指标的最小值;x 为一个常量;$x_{正}$ 为越大越满意的指标,$x_{反}$ 为越小越满意的指标;$x_{固}$ 为适中固定的指标。

$$\text{标准化值}: Z_{ij} = \frac{x_{ij} - \overline{x_i}}{s_i} \qquad (4.16)$$

式中,x_{ij} 为原始指标观测值;$\overline{x_i}$ 为指标样本的平均值;s_i 为指标的标准差;Z_{ij} 为指标的标准化值。

4.3.1.1 因子分析法权重计算

1) 因子分析法计算原理

因子分析法是对主成分分析法的扩展,不仅是一种有效的降维手段,还合理解释了变量之间相关性的强弱。与专家打分法、层次分析法等赋权方法相比,客观科学的特性使其在地质和水文领域的应用越来越广泛。

(1) 数学模型

设有 n 个原始变量 $X_1, X_2, \cdots, X_n$,可由 m 个因子 $f_1, f_2, \cdots, f_n$ 和一个 $n \times m$ 阶系数矩阵的乘积再加上一个特殊因子 $\varepsilon = (\varepsilon_1, \varepsilon_2, \cdots, \varepsilon_n)$ 表示($n \geqslant m$),数学矩阵表示为:$\boldsymbol{X} = \boldsymbol{AF} + \boldsymbol{B}$,即:

$$\begin{pmatrix} X_1 \\ X_2 \\ \vdots \\ X_N \end{pmatrix} = \begin{pmatrix} a_{11} & a_{12} & \cdots & a_{1n} \\ a_{21} & a_{22} & \cdots & a_{2n} \\ \vdots & \vdots & \vdots & \vdots \\ a_{n1} & a_{n2} & \cdots & a_{mn} \end{pmatrix} \begin{pmatrix} f_1 \\ f_2 \\ \vdots \\ f_m \end{pmatrix} + \begin{pmatrix} \varepsilon_1 \\ \varepsilon_2 \\ \vdots \\ \varepsilon_n \end{pmatrix} \qquad (4.17)$$

(2) 因子载荷及累计贡献率

因子分析前需要进行标准化处理,避免各指标量纲和数量级不统一带来的问题,处理后通过样本相关矩阵 $\boldsymbol{R}$ 的特征值 λ_i 计算因子载荷矩阵,因子载荷表示变量与主因的相关系数,相关矩阵 $\boldsymbol{R}$ 为对称矩阵:

$$\boldsymbol{R} = \begin{pmatrix} 1 & & & & \\ r_{21} & 1 & & & \\ r_{31} & r_{32} & 1 & & \\ \vdots & \vdots & \vdots & \ddots & \\ r_{m1} & r_{m2} & r_{m3} & \cdots & 1 \end{pmatrix} \qquad (4.18)$$

式中，r_{mn} 为变量 F_m 和 F_n 的相关系数。

$$r_{mn} = \frac{\mathrm{cov}(F_m, F_n)}{\sqrt{D(F_m)}\sqrt{D(F_n)}} \tag{4.19}$$

式中，$\mathrm{cov}(F_m, F_n)$ 为 F_m 和 F_n 的协方差；$D(F_m)$ 和 $D(F_n)$ 分别为 F_m 和 F_n 的方差。由于样本数据已经标准化，因此满足：

$$D(F_m) = D(F_n) = 1 \tag{4.20}$$

$$\mathrm{cov}(F_m, F_n) = a_{mn} \tag{4.21}$$

$$r_{mn} = a_{mn} \tag{4.22}$$

由此可见，a_{mn} 可以看成 F_m 和 F_n 的相关系数，也可以表示 X_m 与 F_m 的线性组合关系。

求出相关矩阵 $\boldsymbol{R}$ 的全部特征值 $\lambda_i (i=1,2,\cdots,m)$ 及其对应的标准化特征向量 $\boldsymbol{U}_i(i=1,2,\cdots,m)$，且满足 $\lambda_1 \geqslant \lambda_2 \geqslant \cdots \geqslant \lambda_m \geqslant 0$。用标准化特征向量组成矩阵 $\boldsymbol{U} = (\boldsymbol{U}_1, \boldsymbol{U}_2, \cdots, \boldsymbol{U}_m)$，根据特征根和特征向量得出载荷矩阵：

$$\boldsymbol{A} = (\sqrt{\lambda_1}\,\boldsymbol{U}_1, \sqrt{\lambda_2}\,\boldsymbol{U}_2, \cdots, \sqrt{\lambda_m}\,\boldsymbol{U}_m) \tag{4.23}$$

取前 k 列向量作为因子载荷矩阵，要求因子累积贡献率：

$$\frac{\sum_{i=1}^{k} \lambda_i}{\sum_{i=1}^{m} \lambda_i} \geqslant 85\% \tag{4.24}$$

并由此确定主因子的个数。

（3）因子旋转及成分得分

为了更好地解释公共因子的意义，需要对矩阵 $\boldsymbol{A}$ 进行因子旋转，用正交矩阵 $\boldsymbol{T}$ 右乘载荷矩阵 $\boldsymbol{A}$，公式如下：

$$\boldsymbol{B} = \boldsymbol{A}\boldsymbol{T} \tag{4.25}$$

$$\boldsymbol{T} = \begin{pmatrix} \boldsymbol{I}_{r-1} & & & & \\ & \cos\theta & \cdots & -\sin\theta & \\ & \vdots & \boldsymbol{I}_{g-r-1} & \vdots & \\ & \sin\theta & \cdots & \cos\theta & \\ & & & & \boldsymbol{I}_{m-g} \end{pmatrix} \tag{4.26}$$

式中，$\boldsymbol{I}_{r-1}$、$\boldsymbol{I}_{m-g}$ 均为 $(r-1)\times(r-1)$ 阶单位矩阵，$r,g = 1,2,\cdots m$；$\boldsymbol{T}$ 矩阵的其余元素为 0。

记 $\boldsymbol{B}$ 的第 i 行第 j 列的元素为 b_{ij}，则有

$$\left.\begin{array}{l}b_{ir} = a_{ir}\cos\theta + \sin\theta \\ b_{ig} = -a_{ir}\sin\theta + a_{ig}\cos\theta\end{array}\right\} \quad (4.27)$$

若式(4.27)满足式(4.28)的条件,即可找到满足因子旋转条件的矩阵 T。

将主因子表示为变量的线性组合:

$$Y = C^T X \quad (4.28)$$

式中,Y 为因子得分矩阵;C 为 $m \times n$ 阶回归系数矩阵;X 为原始变量矩阵。

主因子得分可由因子得分矩阵得到,变量得分为各因子包含信息量百分数与各因子载荷乘积之和,最后根据综合得分系数处理得到各指标因子的权重。

2)基于因子分析法的权重计算结果

在 30 m×30 m 栅格单元下进行因子分析,由于样本量大,变量多,且符合以下条件:

(1)样本数量充足,为变量数量的 5 倍以上。

(2)各指标彼此不独立,相互间有一定的关联性。

因此,能够采用因子分析法赋权,将归一化植被指数、地表温度、土壤干湿度、高程、坡度作为多个变量输入,进行运算分析。

在因子载荷计算和主因子分析后,初始的 5 个变量经载荷矩阵线性变化后,得到 5 个主成分。因子累积率可以表示主成分累积提取的数据量,根据因子分析法的原理,取累积率达到 85% 的前几个成分作为降维后的主因子,根据表 4-6 中总方差解释率数据发现,前两个成分的总因子累积率为 87.35%,符合要求,因此提取前两个成分作为主因子。

表 4-6 总方差解释率

因子编号	初始特征根 特征根	初始特征根 方差解释率(%)	初始特征根 累积百分比(%)	旋转前方差解释率 特征根	旋转前方差解释率 方差解释率(%)	旋转前方差解释率 累积百分比(%)	旋转后方差解释率 特征根	旋转后方差解释率 方差解释率(%)	旋转后方差解释率 累积百分比(%)
1	2.449	48.983	48.983	2.449	48.983	48.983	2.245	44.893	44.893
2	1.918	38.367	87.35	1.918	38.367	87.35	2.123	42.457	87.35
3	0.488	9.76	97.111	—	—	—	—	—	—
4	0.107	2.14	99.25	—	—	—	—	—	—
5	0.037	0.75	100	—	—	—	—	—	—

由表 4-7 中可知,第一主因子成分在地表温度、高程和坡度指标上得到的载荷系数较大,对应的值为 0.357、0.393、0.411。而第二主因子在土壤干湿度和植被指数指标上载荷系数较大,分别为 0.454、0.465。两个主因子分别从不同方面反映了土壤的综合情况,单一地使用某个主因子很难进行全面的质量综合评价,因此,根据各因子旋转后载荷计算的综合得分,归一化处理评价指标得分进而计算得

到各指标权重,具体的权重分布如表 4-8 所示。

表 4-7　旋转后成分系数矩阵表

指标因子	地表温度	土壤干湿度	高程	坡度	NDVI
成分 1	0.357	−0.002	0.393	0.411	−0.037
成分 2	−0.223	0.454	0.051	0.056	0.465

表 4-8　基于因子分析法的权重分布表

	地表温度	土壤干湿度	高程	坡度	NDVI
1990 年	0.195 6	0.204 0	0.195 4	0.208 5	0.196 5
2000 年	0.144 4	0.225 1	0.219 1	0.208 8	0.202 6
2010 年	0.199 7	0.193 1	0.189 5	0.214 0	0.203 7
2020 年	0.236 7	0.240 0	0.167 8	0.138 0	0.217 5

4.3.1.2　熵值法权重计算

1) 熵值法计算原理

熵是对不确定性的一种度量,熵值法是通常用来判断某个指标离散程度的数学方法,离散程度越大,则该指标对综合评价的影响就越大。其优点在于不仅能为多指标综合评价提供依据,还能够消除人为因素的干扰,使评价结果更加科学合理,因此可以利用该方法给指标赋权。

(1) 定义标准化

计算同度量化后在第 j 项指标下第 i 个样本值的比重 P_{ij}:

$$P_{ij} = \frac{x_{ij}}{\sum_{i=1}^{m} x_{ij}} \quad (4.29)$$

式中,x_{ij} 为样本值,m 为样本个数。

(2) 指标信息熵值 e 和信用效用值 d

第 j 项指标的信息熵值 e_j 为

$$e_j = -\frac{1}{\ln m}\sum_{i=1}^{m} P_{ij}\ln(P_{ij}) \quad (4.30)$$

其中,$0 \leqslant e_j \leqslant 1$。

信息效用值 d_j 为

$$d_j = 1 - e_j \quad (4.31)$$

(3) 评价指标的权重

信息效用值越大,表明指标越重要,对评价的影响就越大。最后可以得到 j 项

指标的权重 W_j 为

$$W_j = \frac{d_j}{\sum_{i=1}^{n} d_j} \quad (4.32)$$

式中，n 为指标个数。

（4）综合评价

熵值法没有人为主观因素的参与，可以直接计算各方案的综合得分 F：

$$F = \sum W_j P_{ij} \quad (4.33)$$

2）基于熵值法的权重计算结果

以整个研究区为对象，分别将 1990、2000、2010、2020 年的土壤综合因子、土地利用/覆盖因子、降雨量因子、GDP 因子、人口密度因子作为变量输入，通过熵值法计算出客观权重，如表 4-9 所示。

表 4-9 基于熵值法的权重分布表

	土壤	绿地面积	水域面积	年均降雨量	GDP	裸地面积	居民用地面积	人口密度
权重	0.08	0.17	0.09	0.16	0.08	0.14	0.13	0.15

4.3.2 生态环境评价模型的构建

调水工程沿线生态系统复杂，单一的指标因子很难客观全面地反映其水文生态环境的质量情况。因此，本章采用了综合指数法，结合水生态系统中多个关键因素，如温度、植被、水域、干湿度等，更加科学合理地开展生态环境评价。通过分析不同因子对环境质量影响的方向和程度，赋予各指标相应的权重，进而建立一个生态环境质量评价综合计算模型。

其中，针对 30 m×30 m 栅格单元的评价计算中，涉及了 5 个指标因子，分别为归一化植被指数、地表温度、土壤干湿度、高程和坡度。将这 5 个指标通过因子分析法降维成土壤综合因子，再对土壤综合因子展开质量评价计算，构成土壤综合模型（Land Synthesis Model，简称 LSM）。其计算模型为

$$LSM = \sum_{i=1}^{5} \lambda_i \times P_i \quad (4.34)$$

式中，λ_i 为第 i 个因子的权重值，P_i 为第 i 个因子的标准化值。

整个研究单元，共 8 个指标因子，分别为绿地面积、水域面积、建筑用地面积、裸地面积、年均降雨量、国内生产总值、人口密度及计算得到的土壤综合因子，构成了整个工程沿线的生态环境评价模型（Environmental Assessment Model，简称 EAM）。其计算模型为：

4 关键生态因子历史演变规律及环境评价模型研究

$$\text{EAM} = \sum_{j=1}^{8} \lambda_j \times P_j \tag{4.35}$$

式中,λ_j 为第 j 个因子的权重值,P_j 为第 j 个因子的标准化值。

4.3.3 调水工程沿线生态环境质量评价

引黄济青调水工程沿线的生态环境质量评价主要分为两个部分,一是以 30 m× 30 m 大小的空间范围为评价单元,用 5 类指标因子降维成的土壤综合因子评价结果(LSM)反映研究区内不同时期土壤综合质量的差异;二是结合土壤综合评价情况、土地利用/覆盖变化、气象和社会经济条件等,利用环境评价模型的结果(EAM)表征整个区域时间维度的生态环境质量情况。

4.3.3.1 土壤综合因子评价

为了更好地分析 1990—2020 年研究区的土壤综合情况,分别统计了四个时期相关生态指标因子的均值及土壤综合因子的评价结果。

表 4-10 1990—2020 年研究区土壤综合因子评价结果及其相关指标

年份	高程(m)	坡度	NDVI	地表温度(℃)	土壤干湿度	LSM
1990	7.31	1.64	0.30	30.26	0.76	0.40
2000	7.31	1.64	0.34	33.83	0.69	0.41
2010	7.31	1.64	0.43	31.91	0.57	0.55
2020	7.31	1.64	0.49	34.87	0.43	0.59

由表 4-10 可知,区域内 1990、2000、2010、2020 年的土壤综合因子均值分别为 0.40、0.41、0.55、0.59,从数值上看呈现上升趋势,说明土壤的综合质量在逐渐变好。其中,代表地形的高程和坡度因子总体变化不大;对土壤有益的植被指数和干湿度因子总体上是正向发展趋势;对土壤有负效益的地表温度因子呈现波动式变化。

为了分析研究区内不同时期的土壤综合情况,参照已有的分级标准和前人的研究,将土壤综合因子分为 5 个等级,LSM 指数范围分别为[0,0.2]、[0.2,0.4)、[0.4,0.6)、[0.6,0.8)、[0.8,1],依次对应土壤综合状态的差、较差、中等、良好和优等。从表 4-10 可以看出,1990—2020 年研究区内的土壤综合状况都处于中等水平,且在逐渐向良好的水平发展。到 2020 年,其土壤综合因子整体均值达 0.59,已处于中等和良好等级的交界点。

结合土地利用的分类结果,土壤等级为中等的地区土地类型多以裸地和建筑用地为主,特别是裸土区,土质较差且对气候环境敏感。相对而言,种植作物和植被地区的土壤较为肥沃且干湿度平衡性好。由于 30 年间气候因子波动较大,对干土地区的改善效果较小,而水域面积的不断增加恰好起到了很好的效果,不仅促进了生态进步,保护了当地的生物多样性,还维持了部分地区土壤干度与湿度的相对平衡和稳定。

4.3.3.2 研究区生态环境质量评价结果

同样,为了从整体上分析1990—2020年研究区的生态环境质量,对四个时期生态环境相关指标的均值及环境质量评价模型的结果DEM值进行了统计,如表4-11所示。

表4-11 1990—2020年研究区生态环境质量评价结果及其相关指标

年份	土壤综合因子	绿地面积 (km^2)	水域面积 (km^2)	年均降雨量 (mm)	GDP (亿元)	裸地面积 (km^2)	居民用地面积 (km^2)	人口密度 (人/km^2)	EAM
1990年	0.40	578.60	37.86	871.61	1511.19	314.03	133.26	439.80	0.27
2000年	0.41	639.03	39.56	590.03	8542.44	98.36	286.80	319.34	0.29
2010年	0.55	649.32	50.32	666.14	39169.92	58.79	305.32	343.90	0.57
2020年	0.59	652.25	55.04	1029.04	73129.00	27.77	328.70	385.21	0.77
权重	0.08	0.17	0.09	0.16	0.08	0.14	0.13	0.15	—

由表4-11可知,区域内1999年、2000年、2010年、2020年的EAM值分别为0.27、0.29、0.57、0.77,呈现上升趋势,整体上研究区的生态环境质量逐渐变好。其中,代表生态变好的土壤综合因子得分、绿地面积、水域面积在1990—2020年呈持续增长态势,年均降雨量、GDP等呈波动变化。进一步参照《生态环境状况评价技术规范》和调水工程水生态质量评价相关研究,结合生态状况分级和研究区现状,将评价结果最终划分为5级,分别为优、良、一般、较差和差,具体分级标准见表4-12。

表4-12 引黄济青调水工程沿线生态环境质量分级标准

级别	优	良	一般	较差	差
指数	EAM≥0.75	0.55≤EAM<0.75	0.35≤EAM<0.55	0.20≤EAM<0.35	EAM<0.20
描述	植被覆盖度高,生物多样性丰富,生态环境系统稳定	植被覆盖度较高,生物多样性较丰富,适合人类生活	植被覆盖度中等,生物多样性水平一般,较适合人类生活,但有不适合人类生活的制约性因子出现	植被覆盖度较差,严重干旱少雨,物种较少,存在明显制约人类生活的因素	条件恶劣,生态稳定性差,人类生活受到限制

1990—2020年,该地区的生态环境质量实现了从较差到良好再到优秀等级的转变,尤其是2000—2010年,从较差直接过渡到良好水平,由此看出这10年间研究区的生态环境得到了很好的发展。通过熵值法得到的各指标权重中,绿地面积、年均降雨量、人口密度的权重都相对较高,说明区域环境质量的上升受各方面生态因子的共同作用。虽然部分指标呈现正向发展,部分指标呈现负向发展,部分指标

呈波动变化，但是其总体的生态环境质量依然呈现稳步上升趋势。

在这30年间引黄济青工程沿线的生态环境逐渐得到改善，但研究区内部分地区仍存在裸地未利用、土壤干旱等情况。因此，基于模型的生态环境定期监测必不可少，除此之外，还需积极地开展调水工程沿线生态保护工作，加大环境治理力度，如此才能促进该地区生态环境的稳步发展。

4.3.4 调水工程沿线生态保护建议

综合研究区关键生态因子的历史演变规律及生态环境质量的评价结果，现对引黄济青调水工程沿线的生态环境保护提出以下建议。

（1）重点加强对裸地和干旱地区的治理。根据关键因子的反演结果可以看出，研究区内有大面积的裸土地区尚未利用，且部分区域的土壤仍处于相对干旱的状态，这也是土壤综合质量依旧处于中等水平的关键原因。因此，可以根据裸地的具体情况进行复垦或是整理，适当绿化，增加植被覆盖度，进而减少土地的荒漠化。此外，对于部分干旱区域可以实行科学灌溉，或者适宜地调整其农业产业结构。

（2）兼顾社会经济和生态环境平衡发展。一方面要继续推动新型城镇化发展，另一方面也要更加注重生态环境的保护与发展。积极开展调水工程沿线的生态保护工作，扩大自然生态区的建设，定期对沿线环境开展实时监测，加大政府保护和治理力度。

（3）提高工程沿线水文生态环境保护的宣传能力。生态的改善离不开经济的进步，社会经济水平的提升又与居民息息相关。因此，需要加大环境保护的宣传力度，让当地居民深刻地认识到引黄济青工程沿线生态环境保护的重要性和责任感，积极投身于保护和治理工作中。

4.4 本章小结与建议

4.4.1 小结

引黄济青调水工程的运行为青岛和沿线城市带来了巨大的经济效益和社会效益，但同时也对沿程生态和地下水环境的演变产生重要的影响。因此，从调水工程沿线的水文生态环境特点出发，引入遥感技术，结合统计资料开展关键生态因子的动态分析和生态环境的质量评价，不仅为后期地下水环境的深入研究提供了科学依据，更为工程沿线水文生态环境的保护和治理、生态与经济的协调发展奠定了基础。

本章开展的具体工作如下：
（1）建立了生态环境质量评价指标体系。本章基于研究区生态特征和指标因子的选取原则,构建了适合工程沿线的生态环境质量评价指标体系。评价指标涉及自然地理、气象条件、土地利用和社会经济4个方面,涵盖了12个代表性指标因子,如高程、归一化植被指数、土壤干湿度、温度、土地类型、人口密度等,能较完善地反映该区域的生态环境状况。此外,在参考前人研究的基础上,分析各指标因子研究方法在研究区的适用性,最终明确了其具体量化方法。

(2) 利用遥感技术对土地利用/覆盖、植被指数、植被覆盖度、地表温度、土壤干湿度等关键生态因子进行了反演,分析了工程沿线生态环境的空间分布特征及生态因子历史演变规律,得出以下结论:

①在时间维度上,研究区水域和植被面积总体呈增长趋势,水域面积占比增加1.61个百分点,绿地占比增加6.93个百分点;城镇化水平发展迅速,建筑用地占比从原先的12.53%增至30.9%,裸地区域被广泛利用,面积占比缩减26.91个百分点,多用以开展基础建设和生态、农业发展。其次,区域内植被生长茂盛,植被指数均值增加近0.2,且整体的覆盖程度由低覆盖转变为高覆盖;各区段土壤的TVDI均值由0.758降低至0.433,说明土壤呈越来越湿润的趋势;此外,地表温度的解译结果并没有一定的规律,而是呈波动变化,且与实测气象数据大体一致。

②在空间维度上,各区段不同生态因子的历史演变趋势与研究区总体一致。其中,青岛区段凭借其沿海的地理位置,在植被生长、土地结构、土壤干湿度等方面表现出一定的优势,而滨州、潍坊、东营区段相对居于内陆,气温较高,土质较干,自然植被长势也较弱。但经过30多年的生态保护和治理,现下研究区内各区段生态因子的发展已相对均衡且趋于稳定。

(3) 在解译的基础上,运用因子分析法和熵值法对指标因子进行赋权,进而构建水文生态环境评价模型并展开区域环境质量分析,结果表明:1990—2020年间区域环境评价模型指数从0.27增加至0.77,生态环境质量等级表现为由较差转变为优秀,尤其是2000—2010年指数增长0.28,说明近10年研究区生态质量得到较好的优化。其中,土壤综合因子整体处于[0.4,0.6)中等区间,一直向良好水平发展且改善效果明显。结合生态因子历史演变规律,本研究发现代表生态环境正向发展的水域面积、植被覆盖情况、土壤湿润度等都是持续增长的,即使现阶段仍存在部分裸地未利用、区域土壤干旱的现象,但从整体上看,这30年间工程沿线的生态环境质量已得到很大的改善,说明该区域在推动城镇化发展的同时也非常注重生态的保护和治理,努力实现经济效益和生态效益共赢的局面。

4.4.2　建议

(1) 本研究选用了四个时间点作为引黄济青工程沿线生态环境质量评价的数据来源,能总体上得出生态因子的动态变化。在时间和工作量允许的情况下,可以考虑选取更多时间点的数据资料,利用本研究的生态环境评价模型进一步探究生态因子的变迁,对其演变规律进行更加全面和详细的分析。

(2)水文生态系统的构成较为复杂,本研究所构建生态环境评价模型在引黄济青工程沿线生态系统适用性较好,但在其他调水工程中的应用还需要进一步探究。

(3)本研究采用的数据最早可追溯到1990年,基于当时的卫星条件,最终采用了分辨率最为适合的Landsat数据,但其精确度与当下国内分辨率较高的高分等卫星数据相比仍有差距,在影像质量和精确值上可能存在一定的误差。

5 典型区段地表水与地下水水化学特征分析及模拟研究

本章针对引黄济青调水工程沿程生态展开研究,在现场踏勘调研和资料收集的基础上,综合研究区的生态现状、地下水水质检测数据等对地表水和地下水的水化学特征进行分析,并对引黄济青调水工程研究区内的水位动态、水质演变规律进行分析,提出关键控制指标。该研究为揭示调水工程沿程地下水水量和水质历史演变过程及趋势,提出适合研究地区地下水生态环境调控的技术方法与措施,建立引黄济青调水工程地下水生态环境评价体系奠定基础,为引黄济青工程沿程地下水资源可持续利用和生态治理提供科学依据,为引黄济青调水工程地下水生态环境评价提供创新和便捷的操作方法,具体如下。

(1)根据引黄济青研究区段干渠地表水和地下水的水质资料和现场采样数据,对沿程地表水和地下水的水化学特征进行分析,并在年际和空间上进行差异性归因,筛分对研究区水体污染影响较大的污染因子。

(2)针对上述分析得出的污染因子构建地下水溶质运移模型。选择污染较为严重的区域作为研究中心,以干渠两岸的农田作为污染源进行地下水数值模拟,预测污染因子的运移情况,根据计算结果确定其运移范围和对干渠的影响程度。

(3)对研究区地表水和地下水在调水期和非调水期内的离子质量浓度进行相关性分析,结合地下水污染物运移的情况,分析污染原因。结合单因子水质评价法和内梅罗综合污染评分法对研究区地表水和地下水水体的水质情况进行综合评价,并提出相应的治理建议。

5.1 干渠典型区段水体水化学的时空变化特征

随着引黄济青干渠沿线的经济发展,研究区地下水水质也受到一定影响。近年来,干渠周边农田产生的农业污染导致水生态环境逐渐恶化。因此本章对引黄济青干渠典型区段地表水和地下水水质的水化学特征和主要检测的水质参数现状及变化进行分析,并从时间和空间上分别进行归因,总结出水质污染特征,这对水污染的治理具有一定的理论意义和现实意义。

5.1.1 地表水水化学特征的变化

地表水和地下水的水质检测数据显示，宋庄泵站附近的水体污染较为严重，因此本研究选取宋庄泵站作为研究中心，在该区段选取沿程 24 个采样点，对其地表水和地下水进行水化学特征分析。24 个采样点的布局如图 5-1 所示。

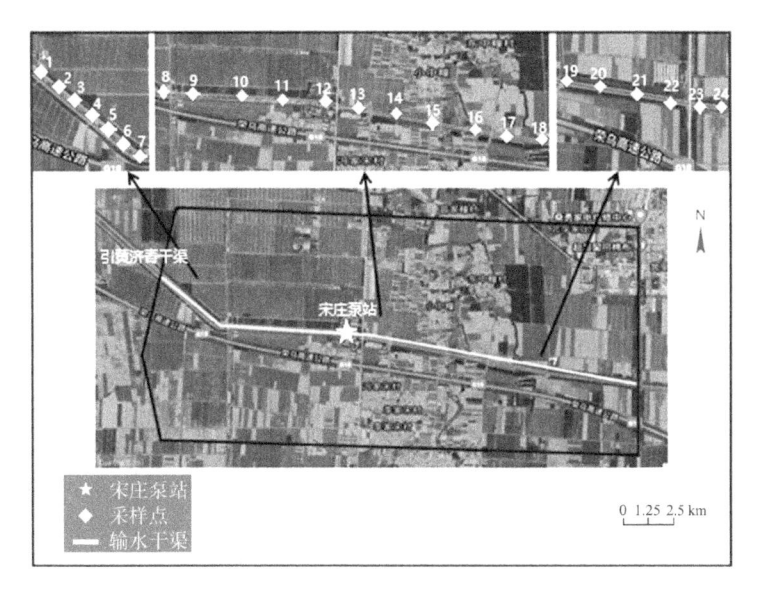

图 5-1 采样点分布图

对地表水的理化基本参数进行分析，得到理化性质在不同采样点的空间变化特征，如图 5-2 至图 5-5 所示。根据研究区实测资料，列出在不同采样期内，地表水的电导率（EC）、溶解氧（DO）、pH 和温度的最小值、最大值和平均值，详见表 5-1。从表中可以得出，不同采样期的电导率、溶解氧平均值均呈现出调水期小于非调水期的情况，而温度则呈现出调水期平均值大于非调水期平均值的情况，pH 平均值在调水期和非调水期没有表现出明显不同。

表 5-1 地表水理化基本参数

理化参数	最小值		最大值		平均值	
	调水期	非调水期	调水期	非调水期	调水期	非调水期
EC(μS/cm)	413.00	524.00	1 488.00	1 335.00	830.58	958.75
DO(mg/L)	7.34	7.60	14.98	14.98	10.24	10.79
pH	7.96	7.90	9.02	8.50	8.24	8.19
温度(℃)	11.40	4.00	27.70	15.70	21.73	9.68

电导率在不同采样点的变化情况如图 5-2 所示。干渠地表水的电导率在调水期内介于 413 μS/cm 到 1 488 μS/cm 之间,在非调水期内介于 524 μS/cm 到 1 335 μS/cm 之间。研究区段电导率受时空差异影响较大,在不同采样点有较为明显的变化趋势。非调水期和调水期的电导率在整体上均呈下降趋势。采样点 1~17 的电导率在一定范围内上下波动,整体变化不大;采样点 19 在调水期时显著上升,而在非调水期却无较大变化,这是由于在测量该采样点时,调水期正值该地区的旱季,此时降雨少,干渠流量减小,干渠中的部分元素被稀释,从而导致此处调水期的电导率值出现明显变化。采样点 21~24 在调水期和非调水期内的变化趋势基本相同,整体上均呈下降趋势,说明该地段的电导率受季节和降雨的影响较小。

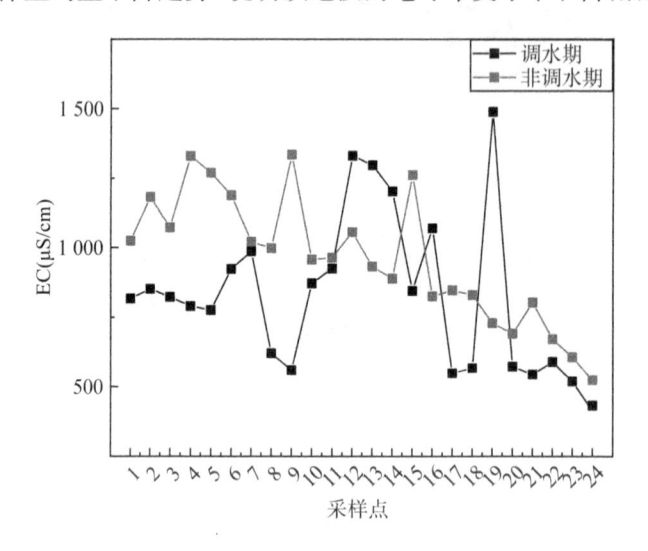

图 5-2 干渠地表水电导率时空变化

DO 在不同采样点的变化情况如图 5-3 所示。DO 在调水期内介于 7.34 mg/L 和 14.98 mg/L 之间,在非调水期内介于 7.60 mg/L 和 14.98 mg/L 之间,平均值分别为 10.24 mg/L 和 10.80 mg/L,起伏较为明显,但调水期和非调水期的 DO 变化较为吻合。这是由于研究区段范围较大,并且干渠经过数条河流,DO 存在一定差异。在采样点 5、采样点 11、采样点 14 和采样点 22 处,DO 在调水期和非调水期均发生明显下降,这是因为在全球变暖的大环境中,对气温敏感的低海拔区域,DO 发生明显下降;当气候条件相同时,DO 的变化则受区域影响较大,因此在研究区段的不同位置,DO 各不相同。

pH 值在不同采样点的变化情况如图 5-4 所示。研究区段的 pH 值在调水期介于 7.96 和 9.02 之间,在非调水期介于 7.90 和 8.50 之间,平均值均为 8.2。研究区段的大部分采样点均位于 7.6 和 8.5 之间,说明研究区地表水整体呈现弱碱性,只有采样点 13 处的 pH 值为 9.0,出现明显上升趋势,这是由于在非调水期内,

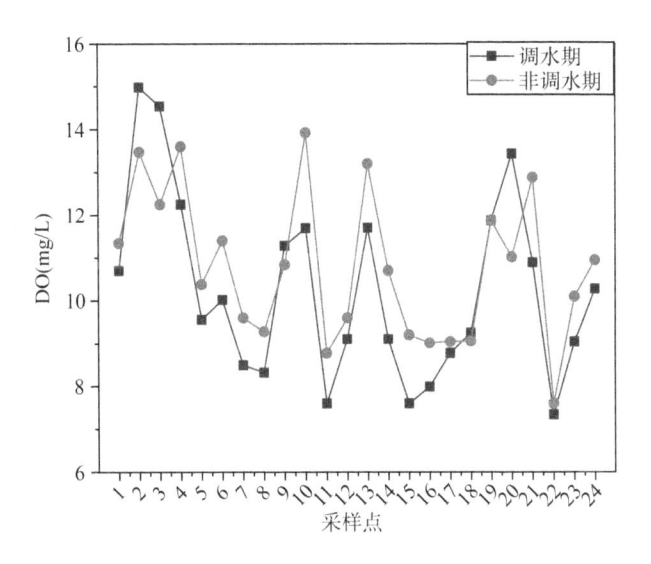

5 典型区段地表水与地下水水化学特征分析及模拟研究

图 5-3 干渠地表水溶解氧时空变化

温度和 pH 值之间呈现反向相关关系,在测量采样点 13 的 pH 值时,温度较低,因此 pH 值较高。

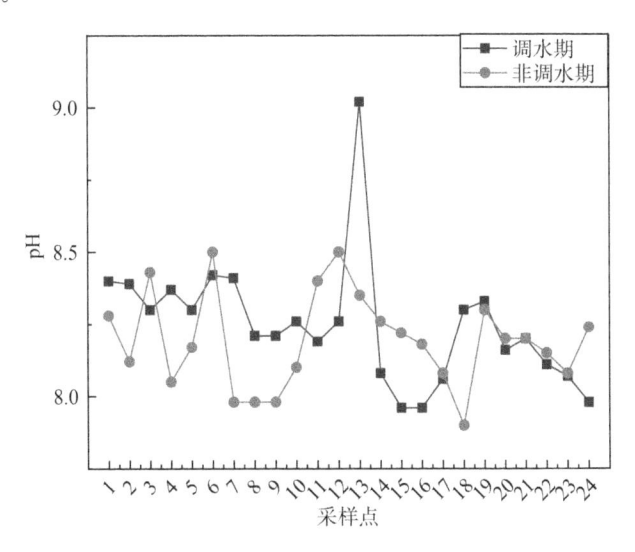

图 5-4 干渠地表水 pH 时空变化

温度在不同采样点的变化情况如图 5-5 所示,干渠水的温度在不同采样期内存在较明显的差异。整体表现为调水期温度高于非调水期温度。非调水期内地表和外界环境较为干燥和寒冷,地表水的温度介于 2.00℃ 和 15.70℃ 之间,而调水期内地表和外界环境较为炎热,地表水的温度介于 11.40℃ 和 27.70℃ 之间。结合溶解氧在不同采样点的变化趋势,二者变化情况相反的地段是由于水温越低,溶解氧的质量浓度越高,水温越高,溶解氧的质量浓度越低。

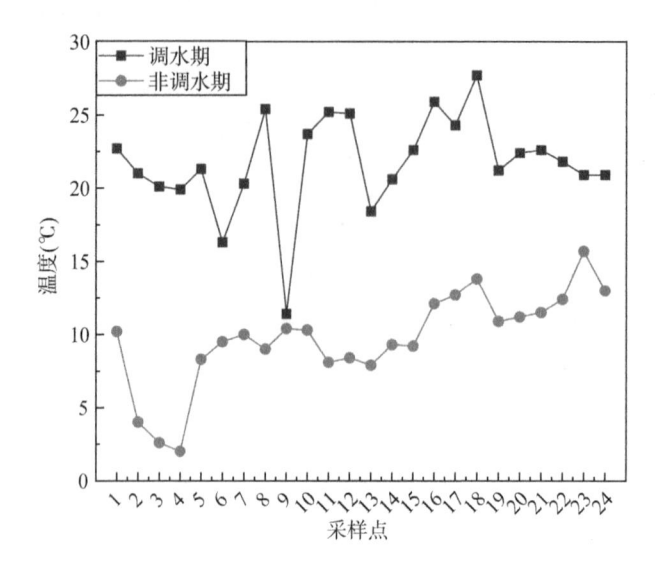

图 5-5　干渠地表水温度时空变化

为了进一步分析研究区水体的水质情况,选取监测的 6 种离子进行研究。阴离子分别为 SO_4^{2-}、Cl^- 和 NO_3^-,阳离子分别为 Fe^{2+}、Mn^{2+} 和 Pb^{2+}。六种离子在调水期和非调水期内的质量浓度如表 5-2 所示。图 5-6 和图 5-7 为研究区地表水主要阴阳离子的变化情况。

表 5-2　地表水水化学统计参数　　　　　　　　　单位:mg/L

离子类型	离子质量浓度					
	最小值		最大值		平均值	
	调水期	非调水期	调水期	非调水期	调水期	非调水期
SO_4^{2-}	131.00	135.00	246.00	312.00	174.80	214.80
Cl^-	51.30	68.00	190.10	125.00	126.70	98.90
NO_3^-	0.53	0.31	4.24	2.62	2.23	1.05
Fe^{2+}	0.04	0.08	0.15	0.20	0.14	0.11
Mn^{2+}	0.040	0.040	0.070	0.080	0.052	0.051
Pb^{2+}	0.0018	0.0018	0.0028	0.0027	0.0024	0.0023

在各采样期内,大部分的采样点阴离子质量浓度均呈现为:SO_4^{2-} 的质量浓度最高,NO_3^- 的质量浓度最低,Cl^- 介于二者之间,见图 5-6。调水期内,SO_4^{2-} 的质量浓度介于 131.00 mg/L 和 246.00 mg/L 之间,Cl^- 的质量浓度介于 51.30 mg/L 和 190.10 mg/L 之间,NO_3^- 的质量浓度介于 0.53 mg/L 和 4.24 mg/L 之间。NO_3^-

5 典型区段地表水与地下水水化学特征分析及模拟研究

的质量浓度在各采样期内没有出现明显的变化,并且在较好指标范围内;SO_4^{2-}的质量浓度在上游和中游段没有发生显著变化,在下游段出现了一定程度的上涨;Cl^-的质量浓度在上游没有发生显著变化,在中游段起始端出现了一定程度的上涨,并在下游的采样点18处骤降,但整体上都符合水质标准。

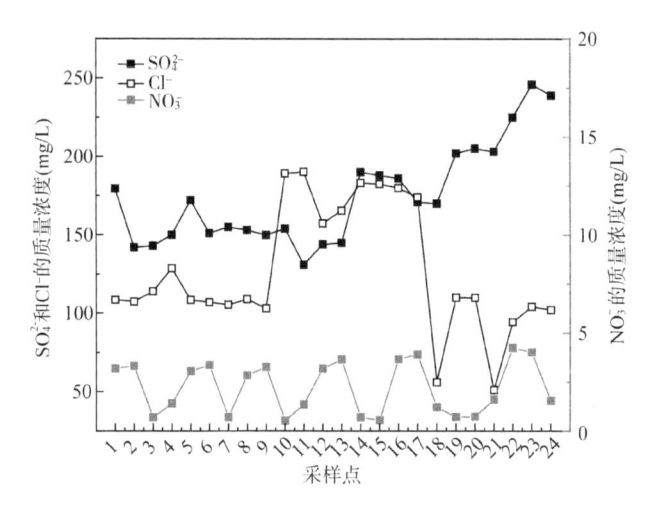

图 5-6 地表水阴离子时空变化(调水期)

图 5-7 为调水期内地表水阳离子的时空变化情况。在采样期内,大部分的采样点阳离子的质量浓度均呈现为:Fe^{2+}最高,Pb^{2+}最低,Mn^{2+}介于二者之间。Fe^{2+}的质量浓度介于 0.04 mg/L 和 0.15 mg/L 之间,Mn^{2+}的质量浓度介于 0.04 mg/L 和

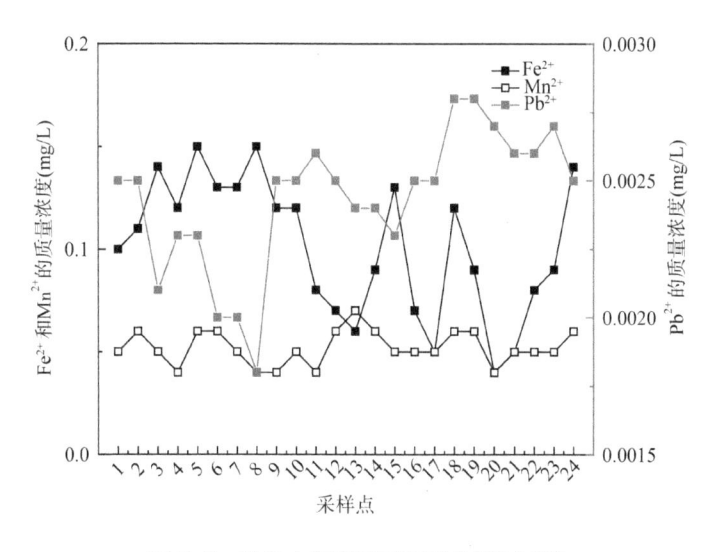

图 5-7 地表水阳离子时空变化(调水期)

0.07 mg/L 之间，Pb^{2+} 的质量浓度介于 0.0018 mg/L 和 0.0028 mg/L 之间。Mn^{2+} 的质量浓度在空间上较为稳定，并且保持在较低范围内；Fe^{2+} 和 Pb^{2+} 整体上也较为稳定，但和 Mn^{2+} 相比稍有波动，但变化程度较小。Fe^{2+} 的质量浓度在采样点 15 和采样点 18 处大幅上升后下降。整体来说，三种阳离子在河道的上、中、下游变化程度不明显，基本稳定。

图 5-8 为非调水期内地表水阴离子的时空变化情况。在非调水期内，SO_4^{2-} 的质量浓度最高，NO_3^- 的质量浓度最低，Cl^- 的质量浓度介于二者之间。其中 SO_4^{2-} 的质量浓度介于 135 mg/L 和 312 mg/L 之间，NO_3^- 的质量浓度介于 0.31 mg/L 和 2.62 mg/L 之间，Cl^- 的质量浓度介于 68 mg/L 和 125 mg/L 之间。SO_4^{2-} 和 Cl^- 的质量浓度在空间上存在较大的差异性，SO_4^{2-} 的质量浓度自上游至下游起伏变化大，西部较低，东部较高。在波动期较大的采样点处，最高为 312 mg/L，最低为 152 mg/L。Cl^- 的质量浓度整体上变化不大，NO_3^- 的质量浓度处于较低范围内并且无明显波动。

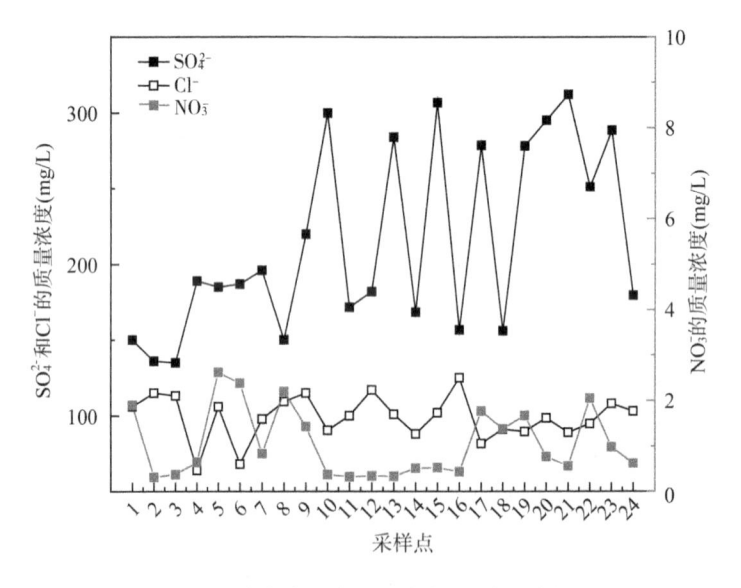

图 5-8 地表水阴离子时空变化（非调水期）

图 5-9 为非调水期内地表水阳离子的时空变化情况。非调水期内的 Fe^{2+} 和 Mn^{2+} 的质量浓度在空间上的变化趋势基本类似。Fe^{2+} 的质量浓度介于 0.08 mg/L 和 0.20 mg/L 之间，Mn^{2+} 的质量浓度 0.04 mg/L 和 0.08 mg/L 之间。Fe^{2+} 和 Mn^{2+} 在采样点 2 至采样点 6 区段质量浓度缓慢下降，分别降至 0.09 mg/L 和 0.04 mg/L，随后出现阶梯式上升，Fe^{2+} 的质量浓度达到整体采样点浓度值的最高点 0.20 mg/L，后降至最低点。由图 5-9 可以看到 Fe^{2+} 的质量浓度存在明显的空间差异性，不同地区地表水中 Fe^{2+} 的质量浓度有微小的差别。Pb^{2+} 的质量浓度在整

体上处于稳定状态并处于较低范围内,介于 0.0018 mg/L 和 0.0027 mg/L 之间。

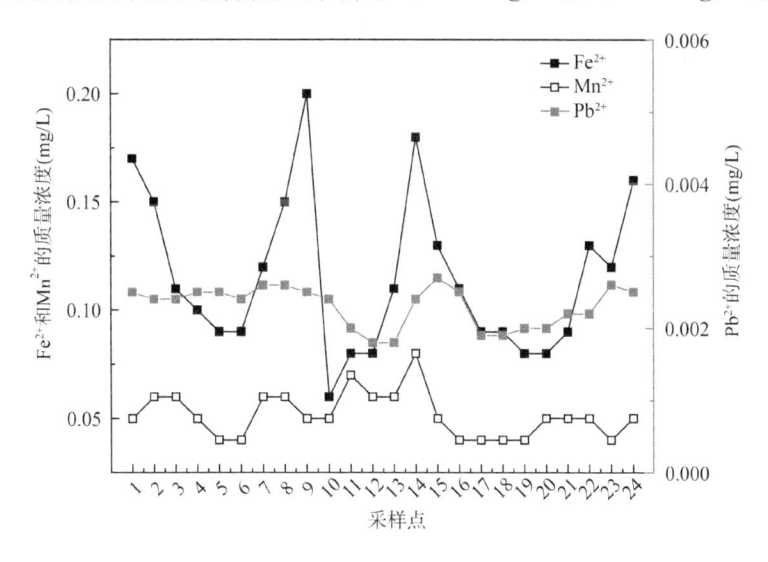

图 5-9 地表水阳离子时空变化(非调水期)

引黄济青干渠研究区段地表水非调水期内的 Fe^{2+} 和 SO_4^{2-} 的质量浓度偏高,上游以 Fe^{2+} 和 SO_4^{2-} 为主,中游和下游以 SO_4^{2-} 为主。自西向东,SO_4^{2-} 的质量浓度在各采样期内均为上升状态;Cl^- 的质量浓度在各个采样期内较为平缓,但其中存在波动;NO_3^- 的质量浓度整体变化不明显,并处于较低范围内。

5.1.2 地下水水化学特征的变化

根据研究区实测资料在表 5-3 中列出在不同采样期内,地下水的电导率、溶解氧、pH 和温度的最小值、最大值和平均值。对调水期和非调水期内的电导率、溶解氧、pH 值和温度的变化特征进行分析可知,电导率、溶解氧和 pH 在非调水期内的平均值均大于调水期的平均值,而非调水期的平均温度低于调水期的平均温度。

表 5-3 地下水理化基本参数

理化参数	最小值		最大值		平均值	
	调水期	非调水期	调水期	非调水期	调水期	非调水期
EC(μs/cm)	480.00	1 023.00	1 768.00	1 800.00	1 233.00	1 307.00
DO(mg/L)	0.68	1.32	6.56	9.41	2.51	5.23
pH	7.50	7.56	8.45	8.87	7.89	8.15
温度(℃)	15.30	8.40	25.80	25.50	18.36	15.61

电导率在不同采样点的变化情况如图 5-10 所示。引黄济青干渠研究区段地下水电导率在调水期内介于 480 μS/cm 和 1 768 μS/cm 之间，在非调水期内介于 1 023 μS/cm 和 1 800 μS/cm 之间，平均值分别为 1 233 μS/cm 和 1 307 μS/cm。电导率在调水期和非调水期的变化趋势基本相同，但在采样区段内变化各不相同。在非调水期内，地下水与地表水的 EC 变化趋势类似，这与导电性的时间稳定性有一定关系，通过测定典型位置和某个取样点的 EC，可以迅速、高效地监测区域内的地下水导电性，从而为附近农田的灌溉时间提供科学依据。24 个采样点的 EC 各不相同，是因为受部分地区特殊水文地质条件的影响，在水岩作用强烈的地方，地下水电导率受岩性的影响较为明显，容易形成高电导率的地下水。

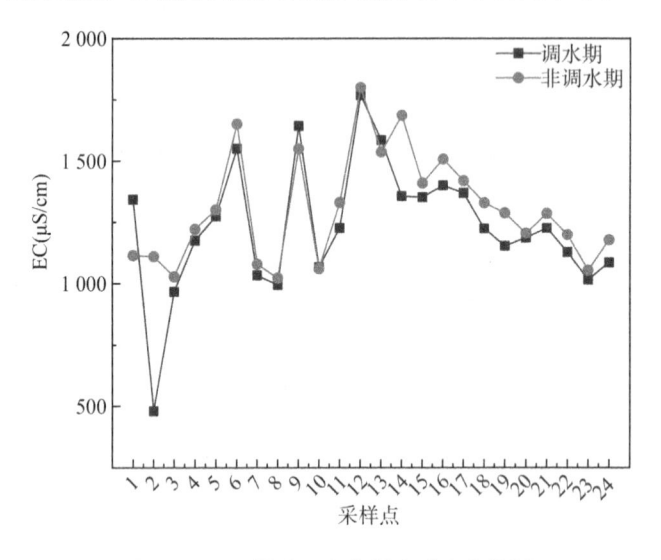

图 5-10　干渠地下水电导率时空变化图

DO 在不同采样点的变化情况如图 5-11 所示。DO 在调水期内介于 0.68 mg/L 和 6.56 mg/L 之间，在非调水期内介于 1.32 mg/L 和 9.41 mg/L 之间，平均值分别为 2.51 mg/L 和 5.23 mg/L。从整体上看，地下水的 DO 在调水期和非调水期的变化趋势不同。在采样点 2 至采样点 6 区段内，调水期内的 DO 整体高于非调水期内的 DO；在采样点 7 至采样点 24 区段内，DO 的变化趋势相反，并且非调水期的 DO 整体高于调水期的 DO。DO 值的驱动力非常复杂的，与大气中的氧气分压、水温等因素有关。工农业的快速发展会导致排出的有机物含量增加，在进入地下水时消耗溶解氧，还有一部分沉入底泥中，这也是地下水溶解氧含量降低的原因之一。

pH 值不同采样点的变化情况如图 5-12 所示。pH 值在非调水期内介于 7.56 和 8.87 之间，在调水期介于 7.50 和 8.45 之间，平均值分别为 8.15 和 7.89，呈弱碱性，与地下水的 DO 变化趋势相差不大。但是从空间上来看，pH 值的空间差异性较为明显，这是不同的地质条件和人类活动的影响造成的，地下水补给、径流和排水状况也

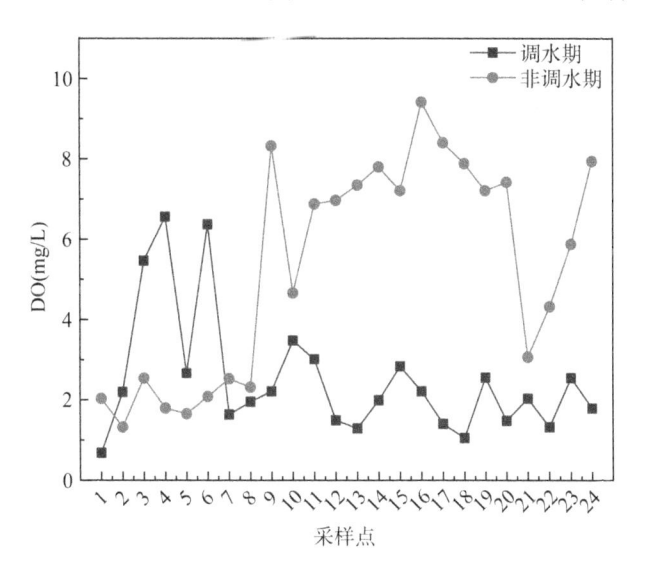

5 典型区段地表水与地下水水化学特征分析及模拟研究

图 5-11 干渠地下水溶解氧时空变化图

会对 pH 值有一定的影响,这是造成地下水分布出现区域性差异的主要原因。

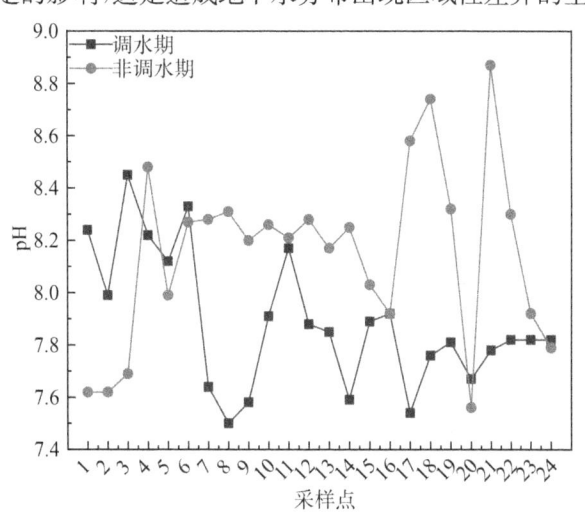

图 5-12 干渠地下水 pH 时空变化图

温度在不同采样点的变化情况如图 5-13 所示。研究区段的地下水温度和地表水温度存在一定的差异。调水期内地下水温度整体上呈缓慢下降趋势,温度值介于 15.30℃ 和 25.80℃ 之间;非调水期内下游段波动较为明显,温度介于 2.40℃ 和 27.00℃ 之间。调水期和非调水期平均温度值分别为 18.36℃ 和 15.61℃。在采样点 16 至采样点 24 区段内调水期的水温高于非调水期的水温,这是由于地下水的温度变化与补给水源区的气象和水文地质条件密切相关,并且受日照、地表径流量、当地的气温、降水、日照、地下水埋深的影响较大。年际间的地下水温度变化比较缓慢。

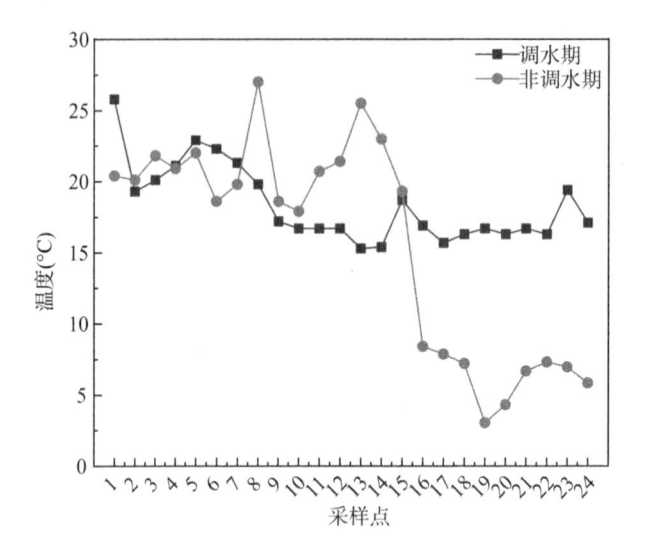

图 5-13 干渠地下水温度时空变化图

六种离子在调水期和非调水期内的质量浓度如表 5-4 所示。阴离子中,SO_4^{2-} 的质量浓度介于 139.00 mg/L 和 526.00 mg/L 之间,Cl^- 的质量浓度值介于 51.90 mg/L 到 245.00 mg/L 之间,NO_3^- 的质量浓度介于 1.26 mg/L 和 3.93 mg/L 之间。调水期内,阴离子 SO_4^{2-}、Cl^- 和 NO_3^- 的质量浓度的平均值分别为 248.80 mg/L、154.00 mg/L 和 2.11 mg/L;非调水期内,其平均值分别为 257.30 mg/L、147.80 mg/L 和 2.40 mg/L。

表 5-4 地下水水化学统计参数　　　　　　　　　　单位:mg/L

离子类型	最小值 调水期	最小值 非调水期	最大值 调水期	最大值 非调水期	平均值 调水期	平均值 非调水期
SO_4^{2-}	144.00	139.00	452.00	526.00	248.80	257.30
Cl^-	56.40	51.90	345.00	294.00	154.00	147.80
NO_3^-	1.26	1.27	3.93	3.35	2.11	2.40
Fe^{2+}	0.05	0.04	0.31	0.58	0.14	0.19
Mn^{2+}	0.05	0.03	0.42	0.19	0.10	0.06
Pb^{2+}	0.0025	0.0025	0.0844	0.0415	0.015	0.008

阳离子中,Fe^{2+} 的质量浓度介于 0.04 mg/L 和 0.58 mg/L 之间,Mn^{2+} 的质量浓度介于 0.03 mg/L 和 0.42 mg/L 之间,Pb^{2+} 的浓度介于 0.0025 mg/L 和 0.0844 mg/L 之间。调水期内,三种阳离子的平均值分别为 0.14 mg/L、

0.10 mg/L、0.015 mg/L；非调水期内，三种阳离子的平均值分别为0.19 mg/L、0.06 mg/L、0.008 mg/L。图 5-14 和图 5-15 分别表示研究区地下水主要阴阳离子的变化情况。

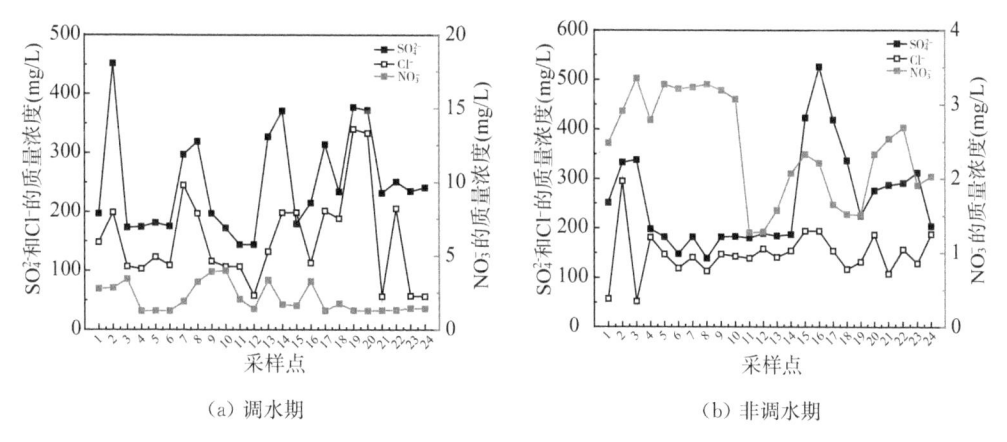

图 5-14　地表水阴离子化学时空变化

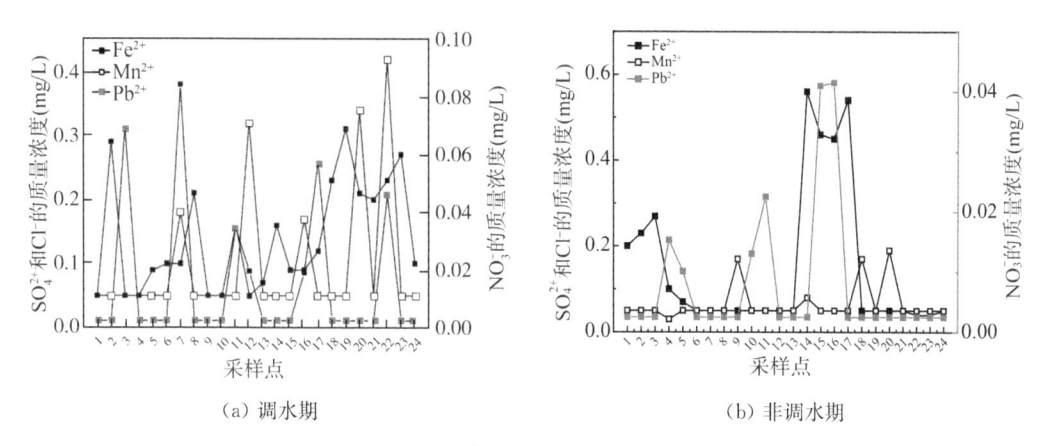

图 5-15　地表水阳离子化学时空变化

地下水和地表水的离子变化相似，对比阴离子在调水期和非调水期的变化趋势可知，二者在整体上变化相似，质量浓度均在上游起始段出现短暂的上升后下降，在采样点 6 和 16 段处也分别出现了明显的波动，说明地下水的阴离子在研究区段内没有明显的时间差异性，并且自起始段至河道下游离子的质量浓度无显著变化。对比阳离子在调水期和非调水期的变化情况，二者差异较大，调水期内三种离子均出现不同程度的波动。但从空间上看，起始段和下游段的质量浓度基本保持一致，并均在较小范围内，水质情况良好。离子的质量浓度变化可能是因为水岩作用和岩石风化作用。非调水期内阳离子的变化较为平稳，Fe^{2+}的质量浓度在采样点 13 处至采样点 17 区段出现了较为明显的上升后又下降至 0.05 mg/L,在其他区段变化较为稳定;Mn^{2+} 在整体上基本无变化,在采样点 9、18 和 20 处略有起伏;Pb^{2+} 的质量浓度在采样点 4 至采样点 5、采样点 10 至采样点 11、采样点 15 至采样点 16 区段出现了较为明显的上升,在其他区段无明显变化。

5.1.3　地表水和地下水的水化学特征变化归因

5.1.3.1　水化学特征的年际差异归因

本研究以 2017 年和 2018 年的调水期为主要研究期,对地表水和地下水的水质进行年际差异归因分析,将 NO_3^-/Cl^- 的值(图 5-16)和 SO_4^{2-}/Cl^- 的值(图 5-17)作为对比的因子。因为引黄济青干渠周围的农田存在农业面源污染,所以河道的地表水和地下水会受到较大影响。在农业活动中,如果没能合理地使用化肥,地下水的水质情况就会受到负面影响,地下水中 NO_3^- 和 SO_4^{2-} 的质量浓度就会增加。分析干渠沿程的 NO_3^-/Cl^- 值和 SO_4^{2-}/Cl^- 值的变化情况即可得到污染的变化特征。

图 5-16 为研究区地表水和地下水水体中 NO_3^-/Cl^- 的变化情况。从图中可以看出,地表水和地下水的整体变化较为相似,且波动明显,当 $NO_3^-/Cl^->1$ 时,化肥的污染作用会体现出来;反之,铵盐的作用会体现出来。NO_3^-/Cl^- 比值越高,说明化肥等各种农业污染程度越高;反之则越低。地表水水体的 NO_3^-/Cl^- 在采样点 18 至 20 区段出现明显下降,说明此段的硝酸盐污染有明显好转;在采样点 16 至 18 区段显著上升,说明此段硝酸盐污染较严重。地下水水体的 NO_3^-/Cl^- 沿程波动大,但起始段和下游段比值没有明显变化。地表水和地下水的 NO_3^-/Cl^- 均为 0.007~0.037,因此 NO_3^- 对水质造成的污染影响较小。

对比 2017 年和 2018 年地表水的 NO_3^- 污染情况,2018 年较 2017 年污染程度略有增加,但整体上变化不大;对于地下水,2017 年和 2018 年的 NO_3^- 污染程度相似,在沿程不同区段内略有不同。NO_3^- 在地表水和地下水中的污染影响较小。

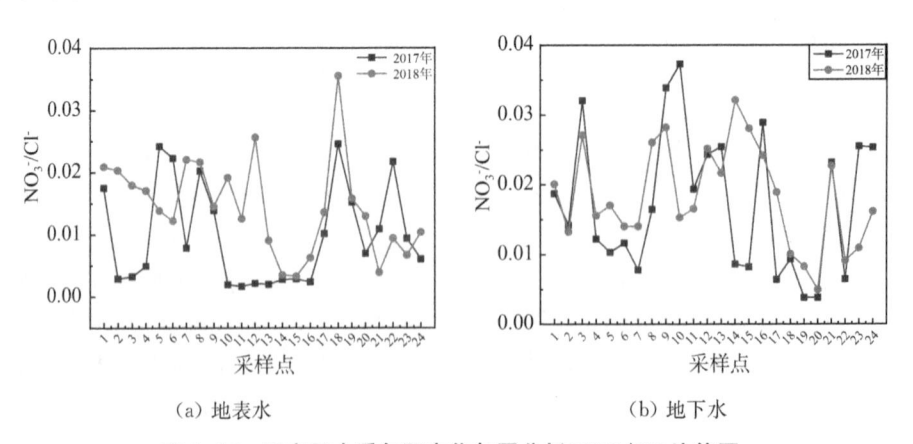

(a) 地表水　　　　　　　　　　　　(b) 地下水

图 5-16　研究区水质年际变化归因分析 NO_3^-/Cl^- 比值图

图 5-17 为研究区地表水和地下水水体中 SO_4^{2-}/Cl^- 的变化情况。当 $SO_4^{2-}/Cl^->1$ 时,农业污染的作用会显现出来。比值越大,污染程度越高;反之则越低。地表水和地下水 SO_4^{2-}/Cl^- 在整体上均呈上升趋势,且比值介于 0.4 和 4.2 之间,存在一定污染。地表水的 SO_4^{2-}/Cl^- 在 2018 年和 2017 年的变化特征总体相似。采样点 18 和采样点 21 的 SO_4^{2-} 污染程度在 2017 年显著上升,2018 年 SO_4^{2-} 污染在采样点 11 至采样点 15 区段加重,在其他区段内整体上呈缓慢上升状态。而地下水在小部分区段内,2018 年较 2017 年 SO_4^{2-} 污染程度有所降低,但在大部分区段内污染程度加重,且 SO_4^{2-}/Cl^- 的值介于 0.7 和 4.2 之间,仍有上升趋势。因此应对 SO_4^{2-} 污染提出相应解决措施,以提升水质状况。

综合地表水和地下水的年际变化特征,对 NO_3^- 来说,2018 年和 2017 年的污染程度相似,并且 NO_3^-/Cl^- 的比值在合理范围内,对水质没有产生较大影响;对 SO_4^{2-} 来说,2018 年较 2017 年污染程度有所上升,且 SO_4^{2-}/Cl^- 的比值较高,对水质产生一定污染。污染来源主要为引黄济青干渠周边农田造成的农业面源污染,化肥的不合理使用导致了地表水和地下水中 SO_4^{2-} 质量浓度增加,需要采用合理的方法减少水体中的 SO_4^{2-},以提升水质状况。

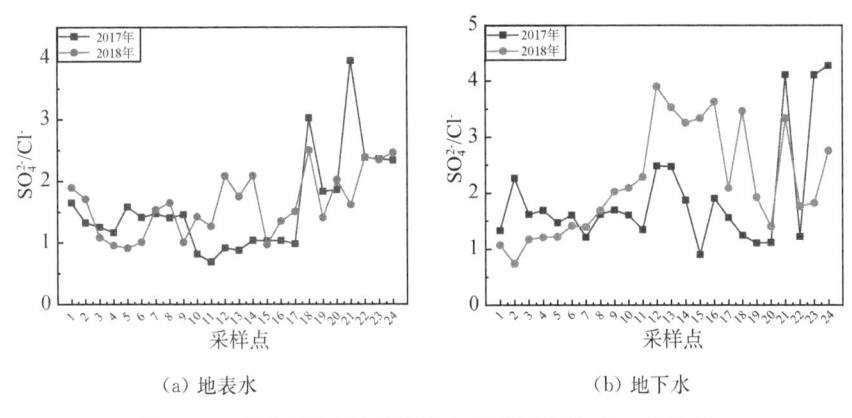

(a) 地表水

(b) 地下水

图 5-17 研究区水质年际变化归因分析 SO_4^{2-}/Cl^- 比值图

5.1.3.2 水化学特征的空间差异归因

本节分别以地表水和地下水的 SO_4^{2-}/Cl^- 和 NO_3^-/Cl^- 的变化情况为研究对象,对 2018 年调水期的污染情况进行空间差异性分析。

地表水的 SO_4^{2-}/Cl^- 的比值(图 5-18)整体上升,局部存在小幅波动。在采样点 17 至 18、采样点 20 至 21 区段出现大幅上升,SO_4^{2-}/Cl^- 的比值分别达到 3.0 和 4.0,污染较为严重。从空间上分析,SO_4^{2-} 污染沿程先缓慢下降,然后平缓,最后显著上升。NO_3^-/Cl^- 的比值整体下降,沿程波动较大。在采样点 1 至 2、采样点 6 至 7、采样点 8 至 10、采样点 18 至 20 和采样点 22 至 24 大幅下降,在采样点 3 至 5、采样点 7 至 8、采样点 16 至 18 和采样点 20 至 22 大幅上升。NO_3^-/Cl^- 值介于 0.000 25 和 0.002 5 之间，NO_3^- 污染沿程先大幅波动后保持平缓，然后继续波动，污染情况不稳定，但均符合水质要求。

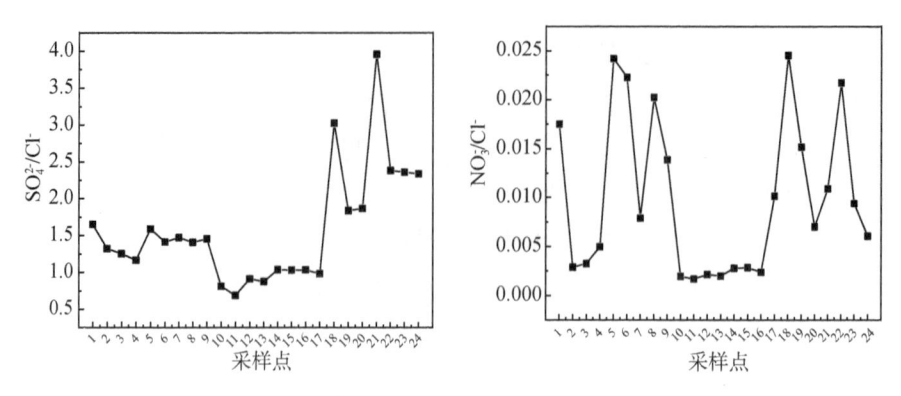

图 5-18　地表水水质的空间变化归因分析比值图

地下水的 SO_4^{2-}/Cl^- 的值（图 5-19）整体上升。沿程上在采样点 1 至 20 区段较为平稳，且比值介于 0.6 和 2.5 之间；在采样点 20 至 24 段内波动幅度较大，比值介于 1 和 4.6 之间，并有继续上升趋势。SO_4^{2-}/Cl^- 的值较大，污染较为严重，且会继续影响地下水水质。NO_3^-/Cl^- 的值沿程波动较大，但采样起始点和终点比值相差不大，全程介于 0.004 和 0.038 之间，比值较低，NO_3^- 的浓度对水质影响较小。

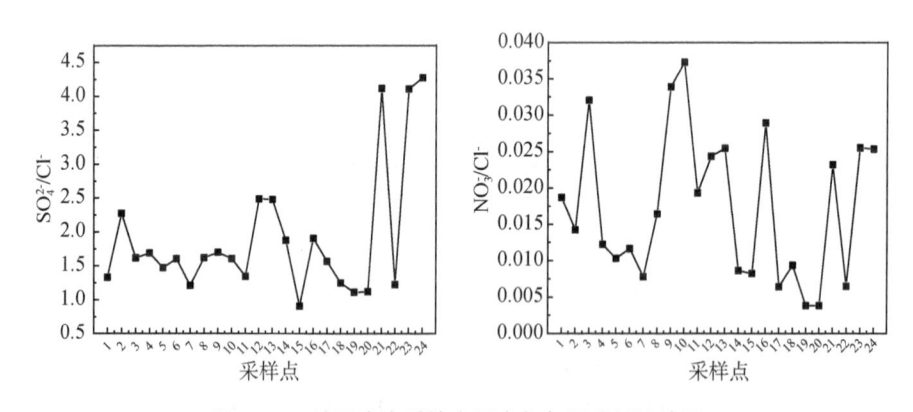

图 5-19　地下水水质的空间变化归因分析比值图

5.2　地下水环境数值模拟的分析

在对引黄济青干渠沿程的地表水和地下水水体的水化学特征进行分析后，本研究发现 SO_4^{2-} 的浓度较高，这是研究区水环境产生污染的主要原因。因此，本章

选取 SO_4^{2-} 作为污染因子,构建溶质运移模型;通过模拟并预测 20 年内 SO_4^{2-} 在地下水中的扩散情况,分析地下水环境对总干渠水质产生的影响,从而提出相应的治理措施。

5.2.1 三维地下水流模型参数的获取

5.2.1.1 模型分层依据

我们首先根据岩性进行分层,初步把模型概化为 5 层。然后结合含水层组的划分(表 5-5),在垂向上将含水岩组概化成两个含水层和一个弱透水层。其中,第一层、第二层为含水层,第三层和第五层为弱透水层,第四层为含水层,详见表 5-5。

表 5-5 模型分层依据

层数	第一层	第二层	第三层	第四层	第五层
类别	填土	粉土	粉质黏土	粉土、粉砂	淤泥质粉质黏土
位置	0~0.5 m	0.5~3 m	3~6 m	6~9 m	9~50 m

研究区的 DEM 高程图由 ArcGIS 软件处理后提取出来,然后用于模拟计算。结合引黄济青工程实际可知,引黄济青干渠底部存在衬砌,并且泵站前后衬砌成分不同。为了从整体上对地表水和地下水进行分析,本研究选择无衬砌的部分,运用 FEFLOW 软件构建三维模型进行地下水的计算。

5.2.1.2 微水试验获取水文地质参数

渗透系数为地下水模拟中所需的重要水文地质参数。目前,国外已有较为完备的渗透系数现场快速测定理论与方法,例如压水试验、源汇试验、压气试验、微水试验、水力劈裂试验等,并在工程实践中得到了广泛的应用。所以,寻求一种快速、有效的渗透系数测量方法是非常必要和紧迫的。本研究选择微水试验来获取研究区的渗透系数。

微水实验是一种简单的确定含水层渗透系数的方法,它是利用瞬时井中微量的增大或减小而使井眼水位随时间变化的一种简单的测井技术[91]。该方法可以在野外相对快速地获取水文地质参数。该方法在实验井中进行,既可以测定储水系数,又可以计算储水系数。由于试验时间短,不需要抽水,不需要额外的观察孔,所以它不仅经济、简单,还可以正常地进行对地下水的观察,而且对环境的污染也很少。但是该试验也存在一些局限性,该方法只适用于饱和含水层,所确定的地层参数仅仅反映了井眼周围一小块岩土体的渗透性。

目前,测定地下水渗透系数的主要测试手段有抽水试验和压水试验两种,用这两种试验方法来证明用微水实验来测定渗透率的方法是有效的。以下将简要介绍两种测试方法所测定的渗透系数。

(1) Kipp 模型

Bird 提出了井中水与地下水的动量平衡关系式;Kipp 则是根据地下水非稳定流的控制方程,以及井中水与地下水的动量平衡方程,推导出了一种反映井水动态变化的震荡方程。在此基础上,利用无量纲的参数和变量,把该方程转化成无量纲格式,并利用 Laplace 变换和逆变换求出该方程的解。该方法为用微水试验方法测定水文地质参数提供了理论依据。Kipp 模型假定:含水层等厚,上部顶板和下部边界隔水,含水层均质、各向同性,压缩性一致;柱坐标的起点是含水层顶面与井眼轴线相交的位置;完整井是含水层在含水层的全厚度下的花管;通过井段的平均流速可以被视为不变;水头的摩擦损失可以忽略;水流在含水层体系中的流动是均匀的;在井孔内,水流从径向流到垂直流时,其动量的变化可以被忽略。

运用 Laplace 变换求解水流震荡微分方程,可得到一组标准曲线。通过实测曲线与标准曲线配线,确定标准曲线上的阻尼系数、无量纲储水系数值,在标准曲线上选取一匹配点,记录相应的数值,在实测曲线上记录井水位变化值与时间,则储水系数 S、导水系数 T 以及渗透系数 K 为:

$$S = \frac{r_c^2}{2a\, r_s^2} \tag{5.1}$$

$$L_e = \left(\frac{t}{t'}\right)^2 g \tag{5.2}$$

$$\beta = \left[\frac{(\alpha \ln \beta)}{8\xi}\right]^2 \tag{5.3}$$

$$T = \left[\frac{(\beta g)}{L_e}\right]^{\frac{1}{2}} r_s^2 \tag{5.4}$$

$$K = \frac{T}{b} \tag{5.5}$$

上式中,α 为无量纲储水系数,t 为实测曲线时间(d),t' 为标准曲线时间(d),L_e 为有效水柱长度(m),b 为含水层厚度(m),r_c 为套管半径(m),r_s 为过滤器半径(m),g 为重力加速度(m/s^2),β 为无量纲时间参数。

Kipp 计算物理模型如图 5-20 所示。

(2) Cooper 模型及其计算方法

Cooper 模型是库珀在 1967 年提出的以导电性方程为基础的微水试验模型。其基本假设条件是:承压含水层均匀,各向异性,含水层等厚无限延伸;承压井是一口完整的井,其基准面位于含水层的起始水位面上。在此假定下,可以建立一个井流问题的数学模型。其计算物理模型如图 5-21 所示。

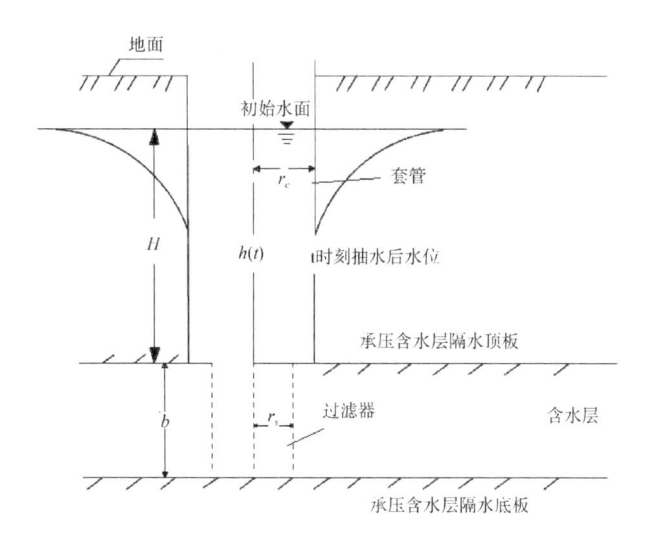

图 5-20　Kipp 计算物理模型

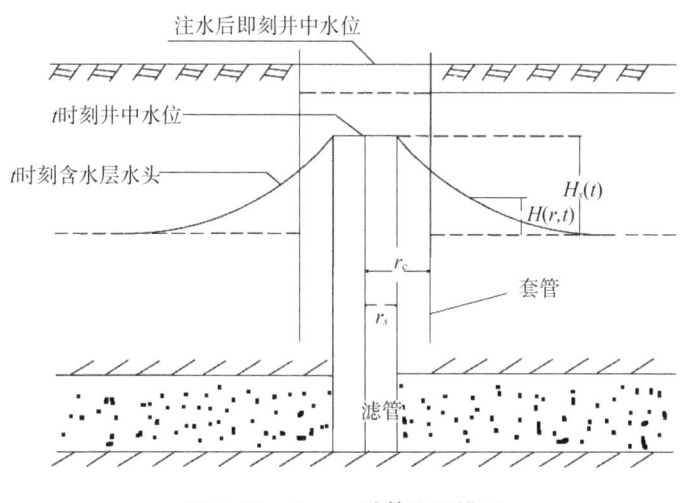

图 5-21　Cooper 计算物理模型

Cooper 模式的定解条件具有以下特征：在井孔工作区井壁或滤管壁面上，无论何时，其水头均与井内水位相同，而从该工作井壁进入蓄水层的流速与井内水量的递减速度相当。由此得出了井流运动的计算公式：

$$\alpha\left(\frac{\partial^2 H}{\partial r^2}+\frac{1}{r}\frac{\partial H}{\partial r}\right)=\frac{\partial H}{\partial t} \tag{5.6}$$

Cooper 等人在进行一系列计算后，通过数学操作，获得了一组标准的曲线（取对数坐标）。然后根据测量曲线与标准曲线进行拟合，选取符合相关条件的相应点,并将相应测量曲线的时刻 t 记录下来,并用公式求出导水系数。

$$T = \frac{\beta r_c^2}{t} \tag{5.7}$$

$$K = \frac{T}{M} \tag{5.8}$$

式中,r_c 为井孔水位升降段的套管半径(m),α 为无量纲释水系数,β 为无量纲惯性参数,H 为随时间的水头变化(m),t 为时间(d),K 为含水层渗透系数(m/d),M 为承压含水层厚度(m),T 为导水系数(m²/d)。

5.2.1.3 试验方案和准备工作

本研究针对山东省潍坊市研究区的含水岩进行了微水实验,根据场地限制条件以及实地调查结果,计划选取研究段东、西、南、北侧各个方向共计 40 口钻井作为试验井。试验所需要的 40 口钻井的水位标高实测数据详见表 5-6 和表 5-7。井的位置分布情况如图 5-22 所示。

表 5-6　SW 和 SE 方向钻井水位标高实测数据

井号	水位标高(m)	井号	水位标高(m)
SW01	1.246	SE01	4.478
SW02	1.374	SE02	4.428
SW03	1.481	SE03	4.340
SW04	1.577	SE04	4.357
SW05	1.692	SE05	4.414
SW06	1.886	SE06	4.680
SW07	2.111	SE07	4.898
SW08	2.344	SE08	5.072

表 5-7　NE 和 NW 方向钻井水位标高实测数据

井号	水位标高(m)	井号	水位标高(m)
NE01	4.372	NW01	1.204
NE02	4.436	NW02	1.277
NE03	4.542	NW03	1.293
NE04	4.540	NW04	1.300
NE05	5.166	NW05	1.390
NE06	4.623	NW06	1.428

续表

井号	水位标高(m)	井号	水位标高(m)
NE07	4.598	NW07	1.642
NE08	4.653	NW08	1.685
NE09	4.664	NW09	1.790
NE10	4.679	NW10	1.858
NE11	4.455	NW11	—
NE12	3.848	NW12	—

运用 Origin 软件进行列表操作，可依次得到 NE 方向、NW 方向、SE 方向、SW 方向的水位变化情况，如图 5-23 所示。各个方向水位标高随井号的变化情况即可显示出这四个方向的水位变化情况。

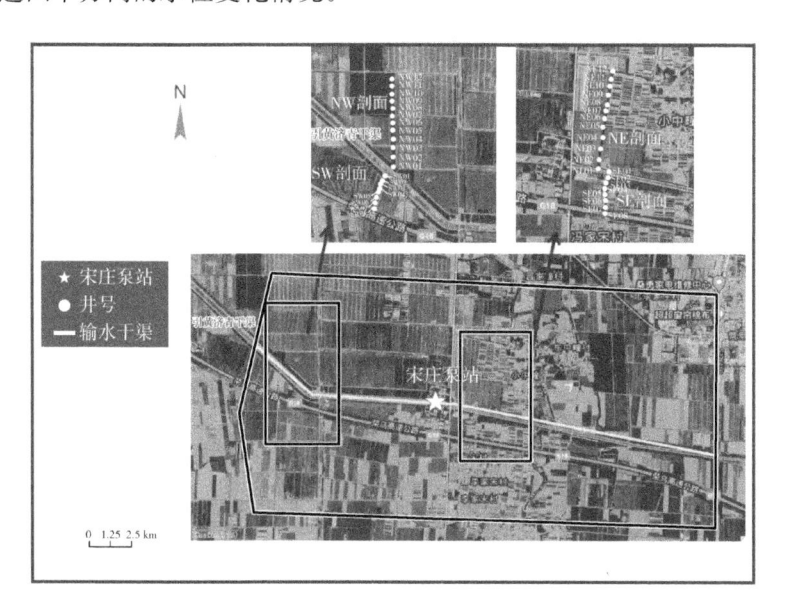

图 5-22 井位分布图

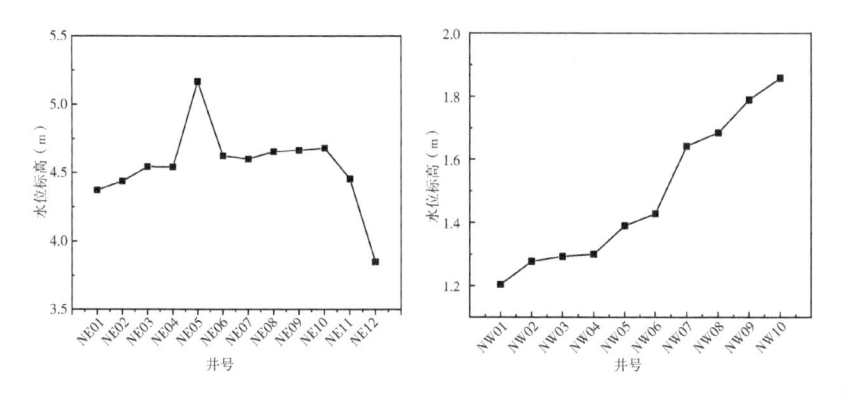

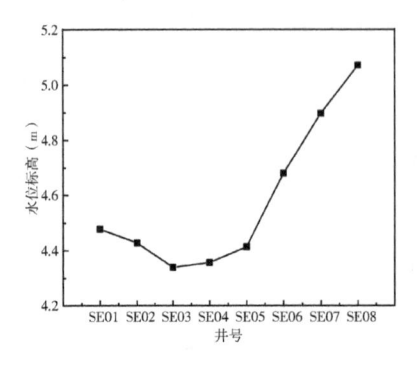

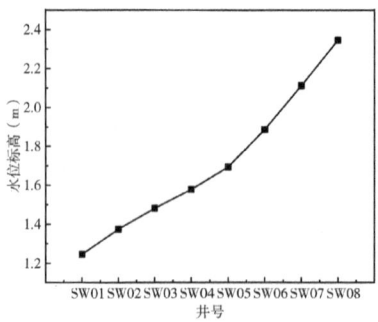

图 5-23 各个方向水位变化情况

在对钻井的井台高、井口标高、初始水位埋深进行测量和数据整理之后，对微水试验的数据进行提取和处理，其试验原始数据包括时间、水位、温度，记录从加水前一刻的水位到加水后恢复稳定状态的水位值，在 Graph 软件中参考标准曲线进行拟合，使得实测曲线和标准曲线尽量重合，从而得出无量纲储水系数 α 和无量纲阻尼系数 ζ。

5.2.1.4 数据验证和曲线拟合

通过试验得到无量纲储水系数和无量纲阻尼系数之后，运用如下公式验证数据能否使用：

$$\beta = \left[\frac{(\alpha\ln\beta)}{8\zeta}\right]^2 \tag{5.9}$$

式中，β 为无量纲惯性参数。

令 $\beta = 1 \times 10^{11}$，若等式两边基本接近，说明数据可以使用。

现场得到套管半径 r 和含水层厚度 M，代入公式计算贮水系数

$$S = \frac{(r_c^2)}{(2\,r_s^2\alpha)} \tag{5.10}$$

式中，r_c 为套管半径(m)，r_s 为花管半径(m)，α 为无量纲储水系数。

计算含水层上标高度

$$L_e = \frac{\left(\frac{t}{t'}\right)^2}{g} \tag{5.11}$$

式中，t 为实测曲线时间(d)，t' 为标准曲线时间(d)，g 为重力加速度(9.8 m/s²)。

由下式计算得到含水系数

$$T = \left[\frac{(\beta g)}{L_e}\right]^{\frac{1}{2}} r_s^2 \tag{5.12}$$

试验方案图如图 5-24 所示。

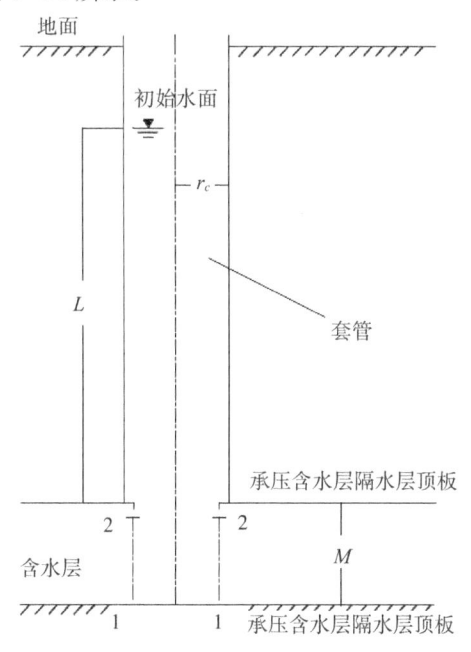

图 5-24 试验方案图

根据该试验方案得出微水试验数据(部分),在此基础上在 Graph 软件中进行拟合得到配线结果图,配线结果如图 5-25 所示(以 NE 方向钻井为例)。

配线后,将获得的数据汇总,见表 5-8(以 NE 方向钻井为例)。然后根据公式计算渗透系数 K,最后得到的渗透系数单位为 m/s。

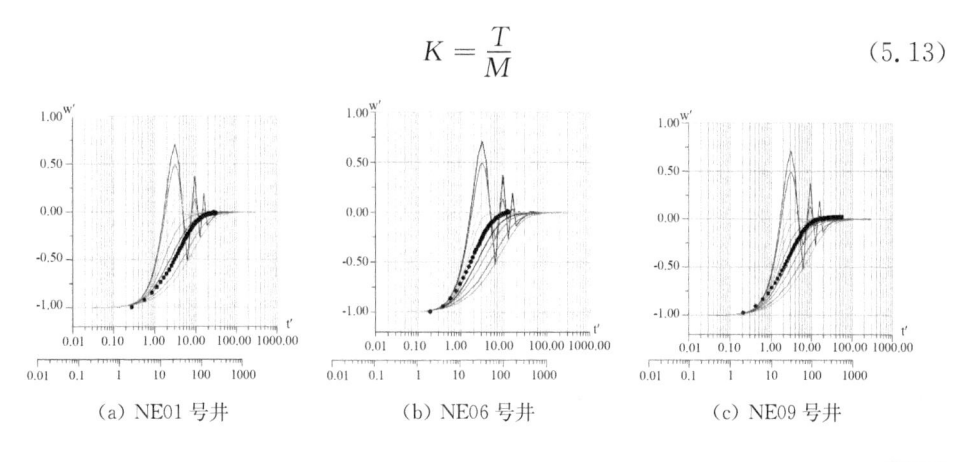

$$K = \frac{T}{M} \tag{5.13}$$

(a) NE01 号井　　　(b) NE06 号井　　　(c) NE09 号井

(d) NE11 号井　　　　　(e) NE12 号井

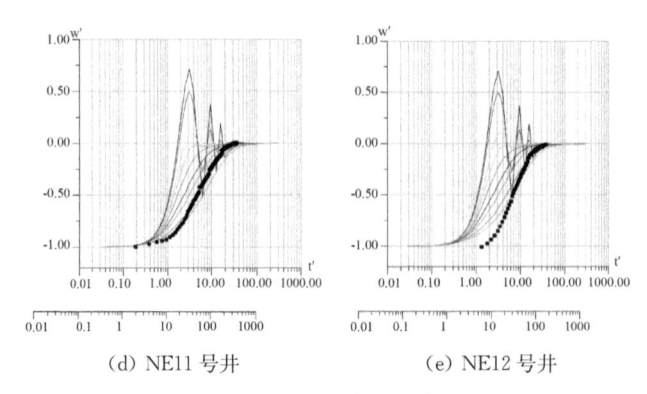

图 5-25　微水试验配线图

表 5-8　试验数据（部分）

井号	实测曲线时间 t(d)	标准曲线时间 t'(d)	阻尼系数 ζ	储水系数 α
SE07	40	1	5.0	499 404
SE08	8	1	0.1	9 988.1
SW01	80	1	1.0	99 881
SW04	18	1	1.0	99 881
SW06	6.5	1	1.5	149 821
SW08	15	1	1.5	149 821
NE01	8	1	2.0	199 761
NE06	10	1	1.0	99 881
NE09	10	1	1.5	149 821
NE11	10.2	1	1.5	149 821
NE12	5	1	0.7	69 917

5.2.2　三维地下水流数值模型的建立

5.2.2.1　数学模型的建立

(1) 地下水流数学模型

研究区地下水的输入量随时空变化，因此地下水不稳定，为非稳定流；参数随空间变化，反映了系统的不均匀性，即非均质性。根据地下水监测孔的钻井工作和三维地质结构模型，研究区内地层在水平方向上岩性相同，在垂向上岩性不同，所以水文地质参数在水平方向上保持一致，在垂向上具有变异性。综上所述，可以将宋庄泵站典型研究区的地下水系统，概化为非均质三维非稳定的地下水流系统。该数学模型可用下述公式表示：

5 典型区段地表水与地下水水化学特征分析及模拟研究

$$\begin{cases} \mu\dfrac{\partial h}{\partial t}=\dfrac{\partial}{\partial x}\left(K_x\dfrac{\partial h}{\partial x}\right)+\dfrac{\partial}{\partial y}\left(K_y\dfrac{\partial h}{\partial y}\right)+\dfrac{\partial}{\partial z}\left(K_z\dfrac{\partial h}{\partial z}\right)+\varepsilon & x,y,z\in\Omega,t\geqslant 0 \\ h(x,y,z,t)|_{t=0}=h_0(x,y,z) & x,y,z\in\Omega,t=0 \\ h(x,y,z,t)|_{\Gamma_1}=h(x,y,z,t) & x,y,z\in\Gamma_1,t\geqslant 0 \\ K_n\dfrac{\partial h}{\partial \vec{n}}\bigg|_{\Gamma_2}=q(x,y,z,t) & x,y,z\in\Gamma_2,t\geqslant 0 \end{cases}$$

(5.14)

式中,Ω 为渗流区域,x、y、z 为笛卡尔坐标(m),h 为含水体的水位标高(m),t 为时间(d),K_x,K_y,K_z 为分别为 x、y、z 方向的渗透系数(m/d),ε 为含水层的源汇项(1/d),K_n 为边界面法线方向的渗透系数(m/d),μ 为重力给水度,h_0 为初始水位(m),Γ_1 为渗流区域的一类边界,Γ_2 为渗流区域的二类边界,$\vec{n}$ 为边界面的法线方向,$q(x,y,z,t)$ 为二类边界的单宽流量(m³/d)。

(2) 溶质运移模型

地下水中有机污染物的迁移是十分复杂的,除了对流和弥散作用之外,还存在着物理、化学、微生物等因素的作用,它们往往导致污染物的总量降低,运移和扩散速率降低。

假定污染物在迁移过程中不会与含水介质发生反应,因此可以将其视为保守性污染物。保守性污染物的迁移仅考虑对流作用和弥散作用。国外已有许多成功案例,以保守性污染物质为模型,成功进行了环境质量评价。

保守性考量符合最大风险评估准则。

因此,不考虑污染物在含水层中的吸附反应、交换作用、挥发作用、生物化学反应,地下水中溶质运移的数学模型可表示为

$$\begin{cases} n_e\dfrac{\partial C}{\partial t}=\dfrac{\partial}{\partial x_i}\left(n_eD_{ij}\dfrac{\partial c}{\partial x_j}\right)-\dfrac{\partial}{\partial x_i}(n_eCV_i)\pm CW \\ C(x,y,z)=C_0(x,y,z),(x,y,z)\in\Omega \\ D_{ij}=\alpha_{ijmn}\dfrac{V_mV_n}{|V|} \end{cases}$$

(5.15)

式中,α_{ijmn} 为含水层的弥散度,V_m、V_n 为分别为 m 和 n 方向上的速度分量,$|V|$ 为速度模,C 为模拟污染质的浓度(mg/L),n_e 为有效孔隙度,t 为时间(d),W 为源汇单位面积上的通量,V_i 为渗流速度(m/d),C_0 为源汇的污染质浓度(mg/L)。

5.2.2.2 研究区地下水流模型的建立

本章利用 FEFLOW 软件,构建了研究区地下水流数值模型。利用有限单元离散技术描述各向异性地层。有限单元法是将表示水位随时空的连续变化进行函数离散化,通过方程组进行求解,从而得到有限个节点上的值的方法。

首先对研究区水文地质条件进行分析,了解地下水和总干渠的水力联系,建立研究区地下水水流数值模型。通过对水文地质调查数据和地下流场的分析,确定地下水的模拟范围。本次模拟以宋庄泵站为研究中心,模拟区东西两侧间距约8 300 m,南北两侧间距约6 578 m,面积约为55 km²。以40个钻孔数据为主要数据源进行建模,钻孔位置分别位于以宋庄泵站为基点的东北方向、东南方向、西北方向和西南方向。

从空间上看,研究区地下水流主要为水平运动,存在小部分的垂向运动,研究区地下水系统符合守恒定律,在常温常压下地下水的运动也符合达西定律。由于现有资料数据不够全面,并且根据山东省胶东调水局运行年鉴中的水位数据,可发现地下水水位的动态变化多年来都较为稳定,因此,在地下水建模过程中,选择把研究区的含水层概化为稳定流,即在所要研究的渗流场区域内任一点,地下水的各运动要素,包括渗流速度、流量、压强和水头等不随时间发生变化,它们在时间上始终保持为常数,它是空间坐标的函数。但是会随空间发生变化,这就是非均质性在地下水系统中的体现,因为在各个方向上,各项参数存在明显的方向性,所以将含水层概化为各向异性。

研究区通过边界条件和外部环境条件发生质能交换,因此边界条件的确定将直接在一定程度上影响到模型各项均衡要素的计算。在该模拟中,按照完整的水文地质单位进行水文地质分区,此次模拟的研究区边界主要包括河流边界、垂向边界和侧向边界。

本研究主要模拟研究第四系松散盐类孔隙水,含水层的底部边界为第四系黏土层,属于相对隔水边界,即弱透水层(潜水含水层),并且在垂向上各向异性;含水层的上部是一个开放的界面,它是一个封闭的界面,它与外部的地下水进行垂直方向上的水分和水量交换,例如吸收雨水的入渗、蒸发和排泄。第1含水层与第2含水层之间,由于较弱的越流而进行了物质与能源的交流,其越流速率取决于两层间的水位差、垂向上的渗透系数及含水层的厚度。研究区的底面概化为隔水层边界。

根据该研究区的水文地质资料,研究区东、西两个区域以等水位线作为边界,将其设置为流量边界,第一层通过该边界接受侧向补给;本地区水位相对平稳,水位变动不大,东、西边界是已知的水头边界,西边界是张僧河,东边界是张僧河东支,北边和南边是等水线,默认是隔水边界。

本次研究采用的是Triangle算法,对研究区进行三角网格剖分,在三维模型建模的空间离散方面,使用Triangle算法对超级网格面进行三角形网格剖分,对模型中重点考虑的河流进行空间切割剖分,得到模型平面剖分结点838个,单元网格1 600个(图5-26),垂向划分4层,共计4 190个节点,6 400个单元网格,其中有效单元网格约1 555个。

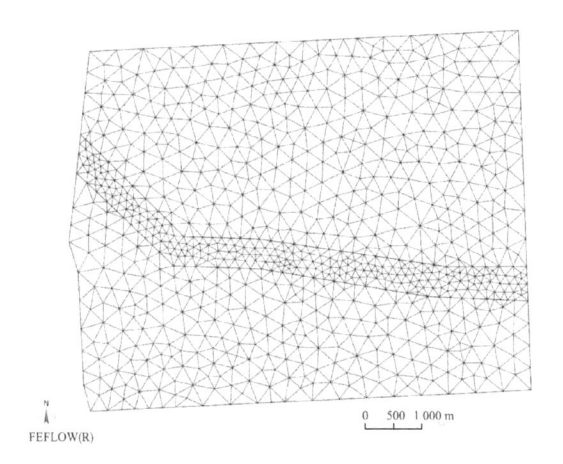

5 典型区段地表水与地下水水化学特征分析及模拟研究

图 5-26　模拟区网格剖分平面图

根据模拟区的地形地貌特征和地层岩性特征,对模拟区域的降雨入渗系数进行分区,如图 5-27 所示。采用经验值法对各分区参数赋初始值。针对模拟区垂向渗透生活费用数初始值的设定详见如表 5-9 所示。

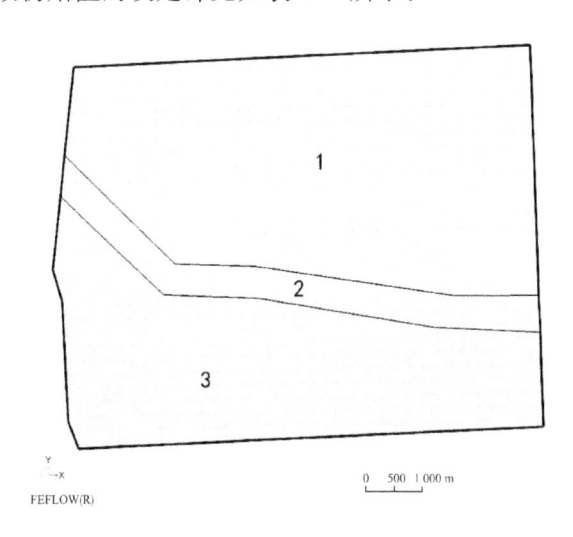

图 5-27　降雨入渗系数分区

表 5-9　模拟区渗透系数初始值

模型层号	岩性	含水性质	K_h(m/d)	K_v(m/d)	μ
1	填土	含水层	1.90	0.50	0.10
2	粉土	含水层	2.30	0.60	0.30
3	粉质黏土	弱透水层	0.000 1	0.000 01	0.06
4	粉土、粉砂	含水层	20.00	1.00	0.30

采用上述数值模型和定解条件,根据已有地下水水位观测井数据对模型参数进行识别验证。模型参数的校正是整个模拟研究中的关键环节,需要经常比较计算值与观测值的差别,调整模型参数,将计算值与观测值进行拟合,直到达到较好的拟合结果,最终反演出模型参数。构建的地下水三维模型如图 5-28 所示。

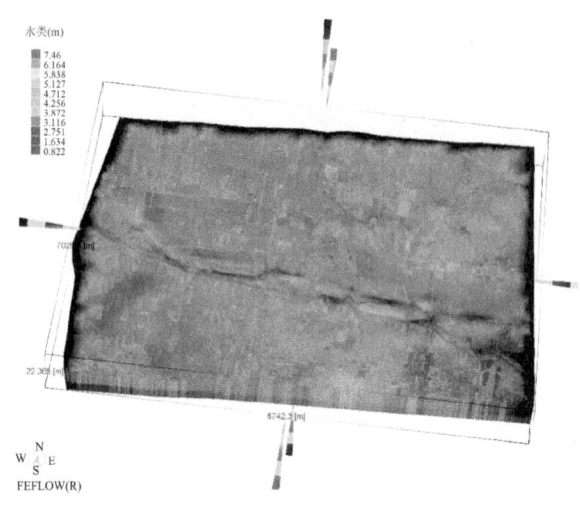

图 5-28 地下水流模型的构建

本次模拟选择 2021 年 7 月地下水监测井水位数据及水质数据生成研究区初始流场(图 5-29)。本次数值模拟生成的地下水流场与实测的地下水流场基本一致,说明拟合效果较好。

图 5-29 地下水数值模拟初始流场

为了使数值模型更符合研究区的实际情况,分别对研究区内 NW 剖面、NE 剖面、SE 剖面、SW 剖面上的地下水监测井的水位观测数据(图 5-23)与地下水水流模型所得水位数据进行拟合。研究区 40 口地下水监测井实测水位和模拟水位拟合情况如图 5-30 和图 5-31 所示,40 口监测井的井位分布如图 5-22 所示。研究区实测值与模拟值整体拟合误差的绝对值小于 1 m,表明各个监测井地下水位的模拟结果与实测结果吻合较好,说明选取的参数较为合适。

图 5-30 SW 剖面(左)和 SE 剖面(右)观测孔地下水位拟合结果

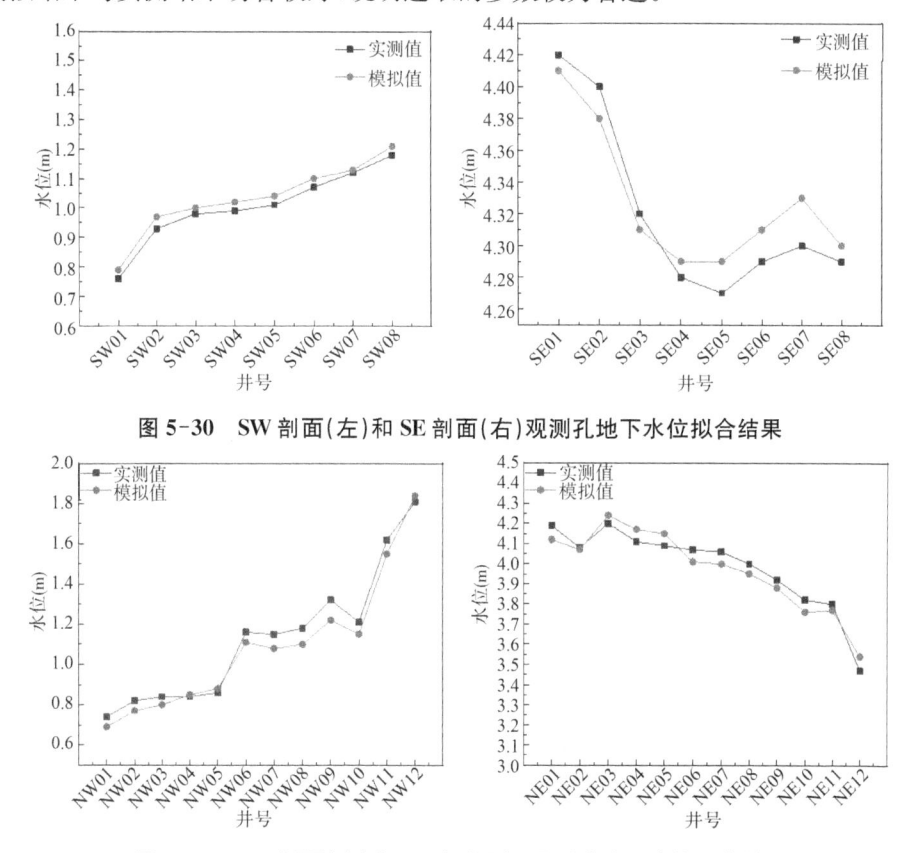

图 5-31 NW 剖面(左)和 NE 剖面(右)观测孔地下水位拟合结果

5.2.3 污染物运移预测结果分析

5.2.3.1 模拟预测方案

基于所建的模拟区地下水流模型,构建溶质运移模型,详细信息如下。

在水流方面,建立地下水水流预测模型,设置模拟时间为 20 年,以 2011—2019 年多年月平均值数据为基础数据,采用循环序列的方式进行降水赋值;根据预测目的,保持其他源汇项和边界条件不变,建立现状条件下模拟区地下水预测模型。

在溶质方面,建立地下水溶质瞬时预测模型,设置模拟时间为 20 年。根据模拟区岩性条件,取地层有效孔隙度为 0.3,取纵向弥散度为 5 m,横向弥散度为

0.5 m。根据研究需要，考虑到离子稳定性，以 SO_4^{2-} 为模拟预测因子，以河渠两岸 SO_4^{2-} 质量浓度较高的五块农田作为污染源，并根据水质检测结果，设置边界值为 200 mg/L，建立模拟区溶质运移预测模型。

5.2.3.2 污染物迁移模拟预测结果

本次预测因子为 SO_4^{2-}。预测结果显示，20 年后，平面上污染物最大迁移距离为 8.23 m，剖面上污染物最大迁移距离为 4.77 m，对地下水影响程度较弱。将整个河道划分为上游段、中游段和下游段。对污染物迁移扩散情况进行展示并对比，所得结果如表 5-10 所示。

表 5-10 污染物运移特征统计

污染物	运移时间	最大运移距离(m)	污染范围(m²)
SO_4^{2-}	100 天	6.4	68.0
	200 天	23.3	215.0
	1 年	47.8	462.0
	3 年	59.1	673.0
	5 年	67.7	812.0
	10 年	70.2	1004.0
	15 年	78.9	1297.0
	20 年	82.3	1 380.0

(1) 上游段剖面和平面扩散情况

对于上游段，干渠两岸的两块农田为污染源，随时间的变化向河渠周围扩散。模拟结果显示了剖面中污染物扩散的明显趋势，经过 100 天和 200 天的模拟，SO_4^{2-} 在上层含水层内的横向和垂直方向略微分散。经过 3 年的模拟，污染物在垂直和水平方向上都进一步扩散，经过 5 年、10 年、20 年后，垂直分量扩大，水平分量变化较小。其中，质量浓度按降序分为 11 个等级，并以 11 种不同的颜色来表示。可以观察到，污染物在扩散到干渠两端时被阻挡，沿干渠边线继续扩散。图 5-32 至图 5-37 为上游段数值模拟剖面图。

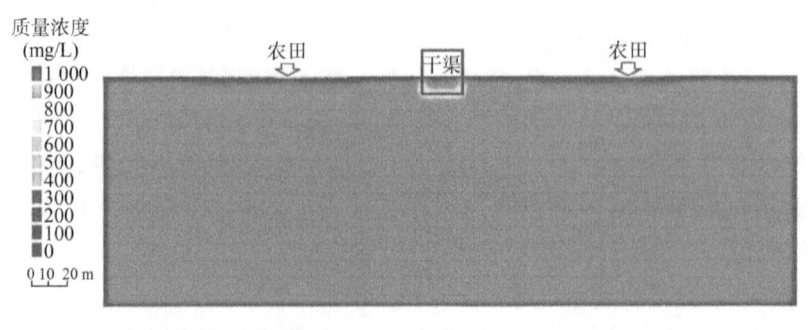

图 5-32 上游段 SO_4^{2-} 运移模型 100 天后迁移情况

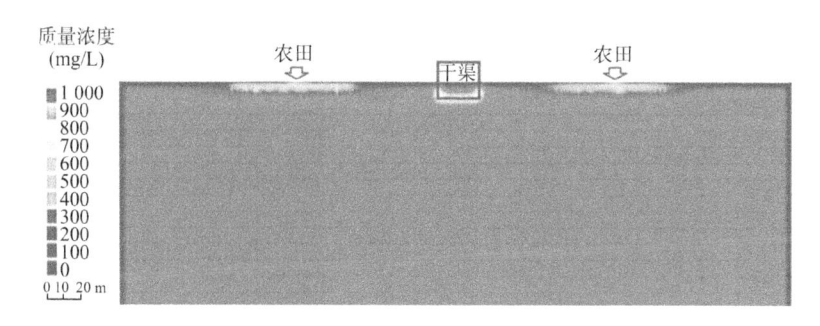

图 5-33 上游段 SO_4^{2-} 运移模型 200 天后迁移情况

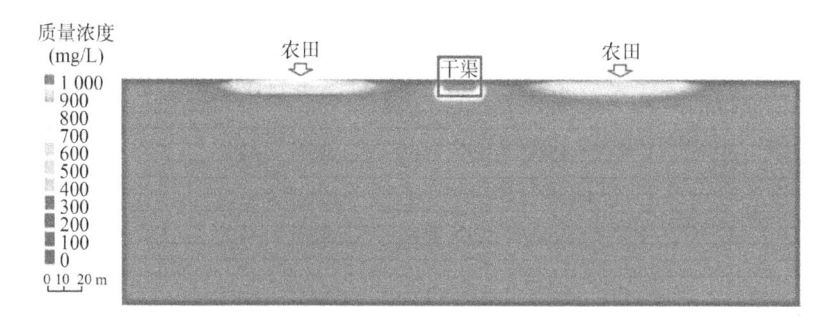

图 5-34 上游段 SO_4^{2-} 运移模型 3 年后迁移情况

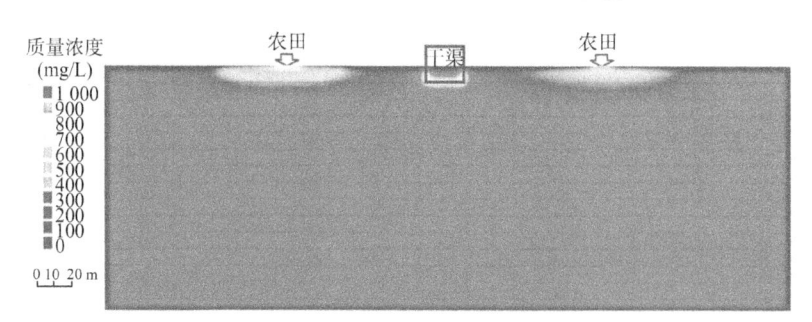

图 5-35 上游段 SO_4^{2-} 运移模型 5 年后迁移情况

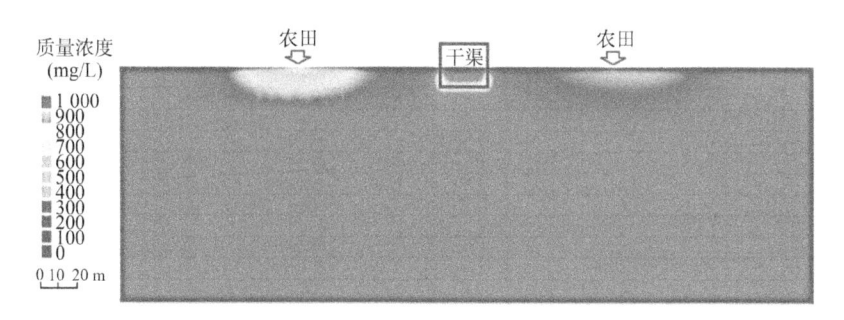

图 5-36 上游段 SO_4^{2-} 运移模型 10 年后迁移情况

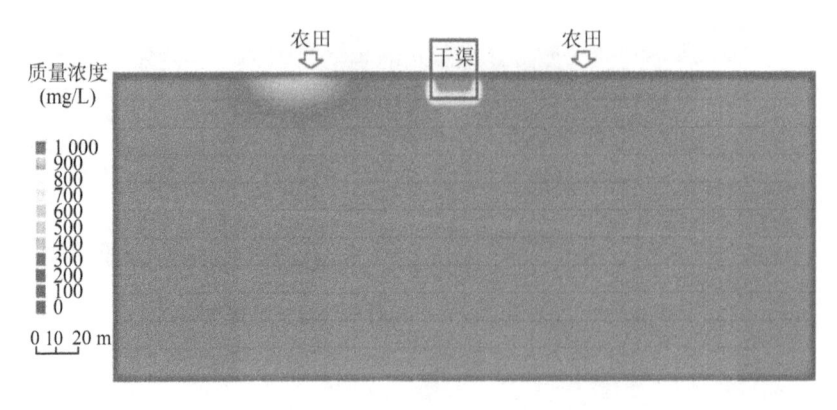

图 5-37　上游段 SO_4^{2-} 运移模型 20 年后迁移情况

上游段的平面扩散情况如图 5-38、图 5-39 所示。随时间的变化,污染物向四周发生扩散。受研究区渗流场的作用,在扩散 5 年之后,SO_4^{2-} 向河渠的扩散程度变大,并且水平扩散位移大于垂向渗透位移。扩散 10 年之后,污染物明显分布在河渠附近,但由于河渠衬砌的渗透系数较低,因此污染物基本不向河渠内部扩散。

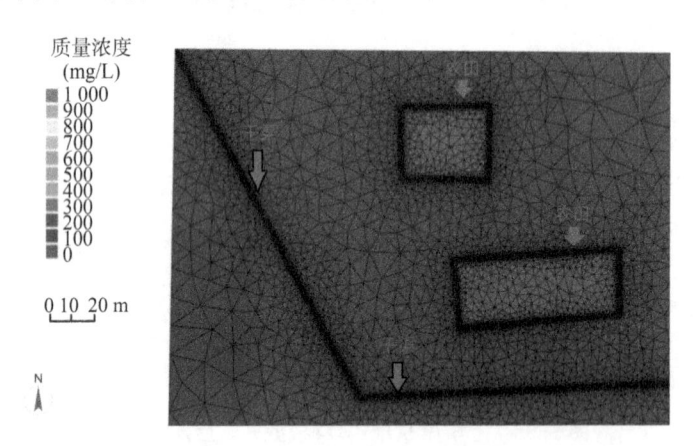

图 5-38　上游段 SO_4^{2-} 运移模型初始状态

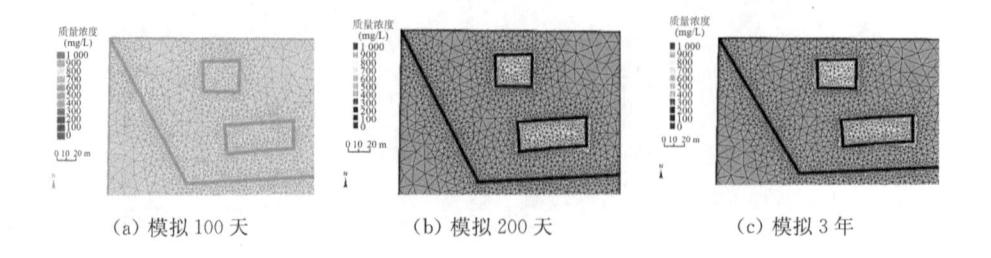

(a) 模拟 100 天　　　(b) 模拟 200 天　　　(c) 模拟 3 年

(d) 模拟 5 年　　　　　　　　(e) 模拟 10 年

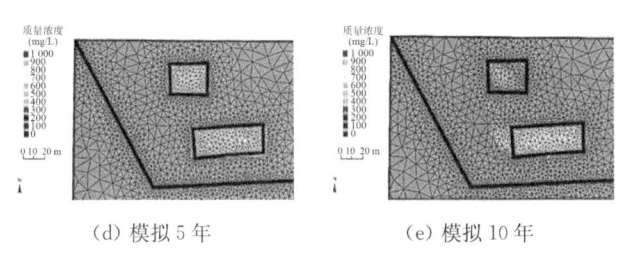

图 5-39　上游段 SO_4^{2-} 运移模型迁移情况图

由图 5-40 可以看出,干渠两侧的农田和中间的河渠有明显的分界,这也在一定程度上体现了河渠对污染物的阻挡作用。

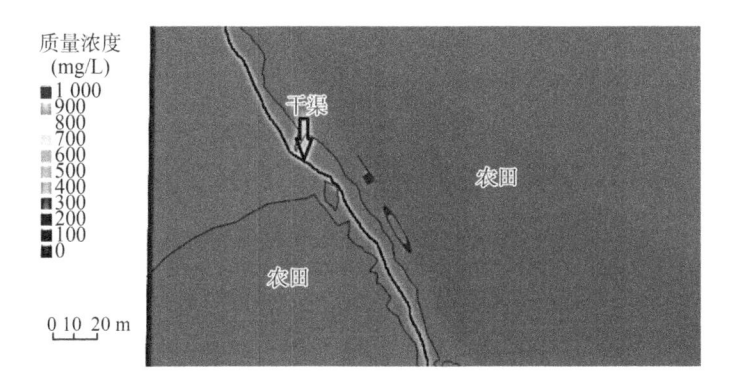

图 5-40　上游段 SO_4^{2-} 运移模型 10 年后迁移情况平面图(局部)

(2) 中游段平面扩散情况

对于中游段,以干渠北岸污染浓度较高的两块农田为污染源,随时间的变化向河渠周围扩散。图 5-41 至图 5-43 的模拟结果显示了剖面中污染物扩散的明显趋势,经过 100 天和 200 天的模拟,SO_4^{2-} 在上层含水层内的横向和垂直方向略微分散。经过 3 年的模拟,污染物在垂直和水平方向上都进一步扩散。经过 5 年的模拟后,从模拟过程可以明显看出横向和纵向的扩散程度都明显降低。经过 10 年的模拟后,由于水的自净、雨水的冲刷稀释等,SO_4^{2-} 的浓度下降,污染范围缩小。

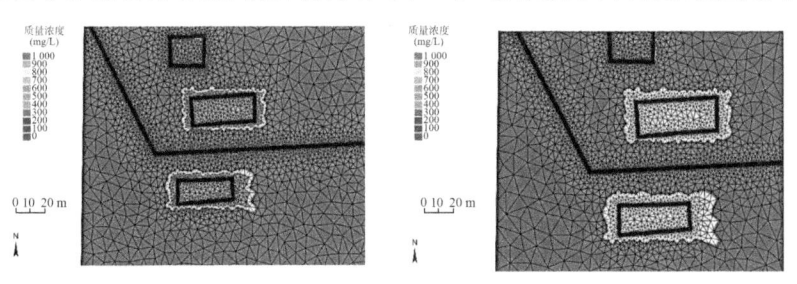

图 5-41　中游段 SO_4^{2-} 运移模型 100、200 后迁移情况平面图

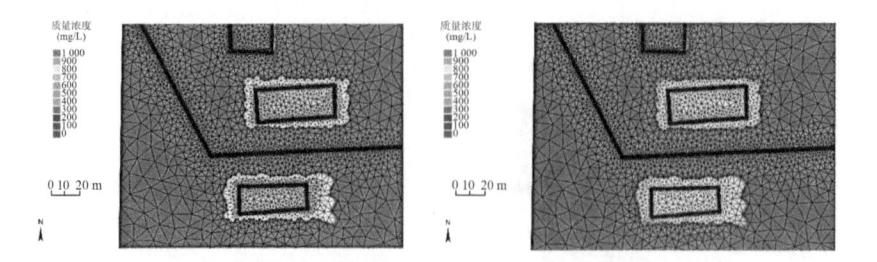

图 5-42　中游段 SO_4^{2-} 运移模型 1 年、3 年后迁移情况平面图

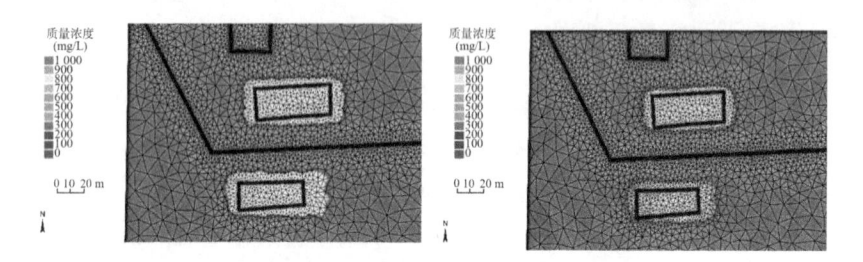

图 5-43　中游段 SO_4^{2-} 运移模型 5、10 年内迁移情况平面图

由图 5-44、图 5-45 可以看出,经过 15 年和 20 年的模拟后,SO_4^{2-} 由上游流经至下游的过程中,质量浓度已降低至 100 mg/L,周边地区降低至 100 mg/L。

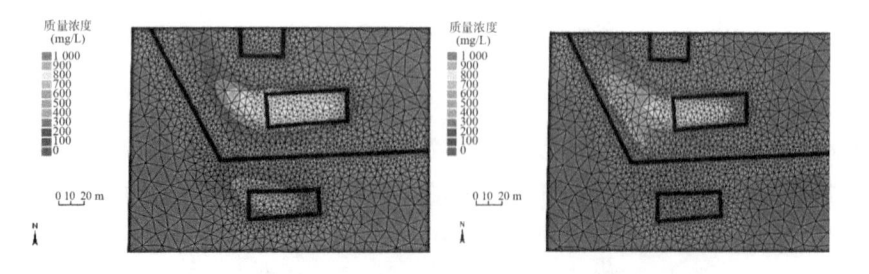

图 5-44　中游段 SO_4^{2-} 运移模型 15、20 年内迁移情况平面图

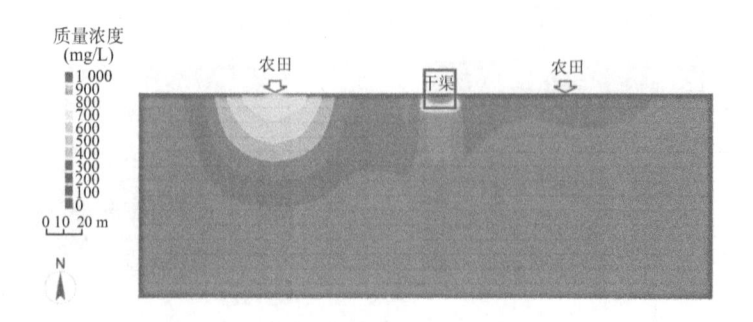

图 5-45　中游段 SO_4^{2-} 运移模型 20 年后迁移情况剖面图

5 典型区段地表水与地下水水化学特征分析及模拟研究

从上述分析总结出一定规律:在模拟前 10 年内,SO_4^{2-} 扩散情况较为明显,在水平方向和垂向上均出现明显的扩散;10 年之后扩散位移涨幅减小,扩散范围较小。

(3) 下游段平面扩散情况

对于下游段,污染源设为干渠两岸 SO_4^{2-} 质量浓度较高的两块农田,随时间的变化污染向河渠周围扩散。图 5-46 至图 5-50 显示了剖面中污染物扩散的明显趋势,经过 100 天和 200 天的模拟,SO_4^{2-} 在上层含水层内的横向和垂直方向略微分散,变化不明显。经过 3 年的模拟,污染物在垂直和水平方向上都进一步扩散,

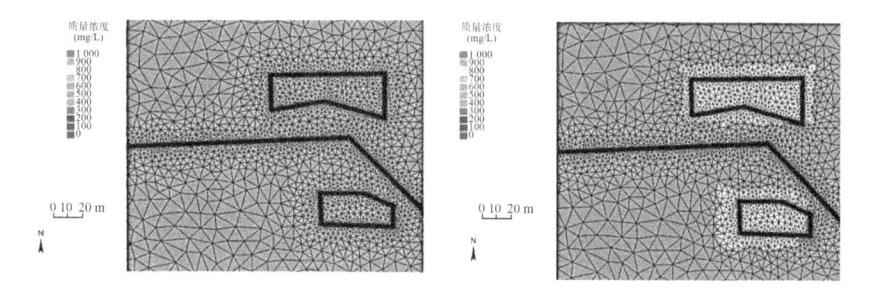

图 5-46 下游段 SO_4^{2-} 运移模型 100 天、200 天内迁移情况平面图

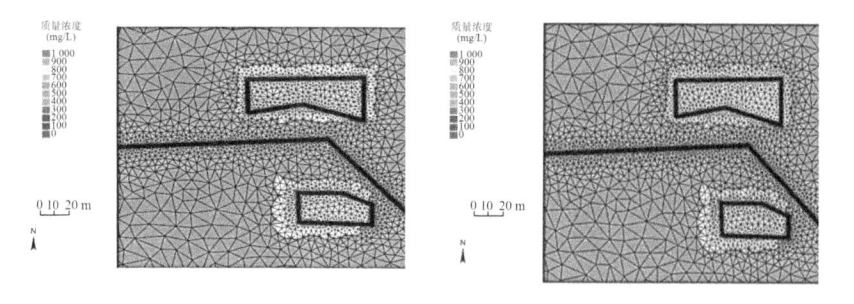

图 5-47 下游段 SO_4^{2-} 运移模型 1 年、3 年内迁移情况平面图

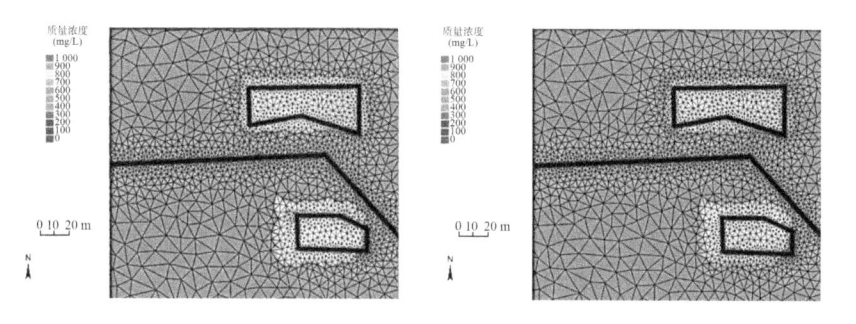

图 5-48 下游段 SO_4^{2-} 运移模型 5 年、10 年内迁移情况平面图

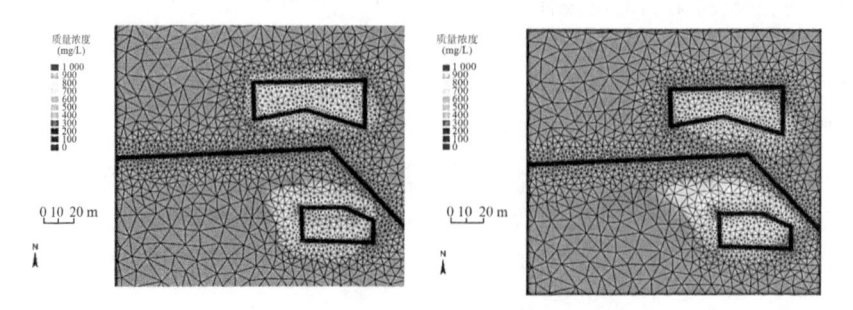

图 5-49　下游 SO_4^{2-} 运移模型 15 年、20 年内迁移情况平面图

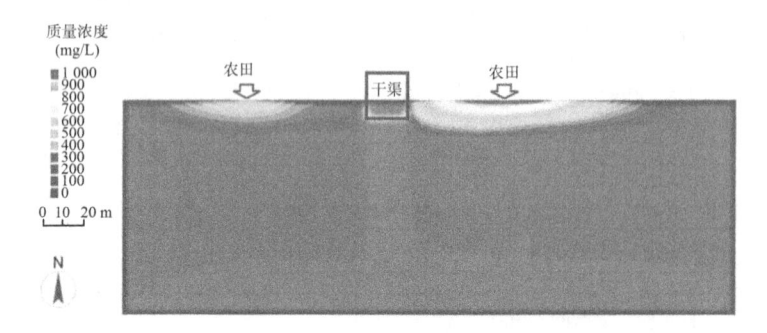

图 5-50　下游段 SO_4^{2-} 运移模型 20 年后迁移情况剖面图

经过 5 年、10 年的模拟,污染物已接近河渠,水平方向的位移扩大,垂向位移变化不明显。经过 15 年、20 年的模拟,污染物几乎全部被河渠隔断,沿河渠两岸进行扩散。

在横向上,以整个河渠自上游至下游不同模拟时段内的变化情况进行对比,观察其水质变化情况,可以更直观地观察出污染物从河渠上游到下游是如何发生变化的。经过 100 天的模拟后,SO_4^{2-} 在横向上的扩散位移在不断减小,但随时间的增加,SO_4^{2-} 的质量浓度不断减小,污染物扩散的速率在不断减小。经过 200 天的模拟后,SO_4^{2-} 污染范围增大,但根据沿程 SO_4^{2-} 扩散情况可以看出,在水从上游到宋庄泵站后的流动过程中,剖面上横向扩散位移变大,但 SO_4^{2-} 不断被稀释变小,一方面是因为水的自净作用,另一方面可能是因为降雨入渗,周边农田中污染物也会通过降水等途径流入干渠使得污染情况变得严重[77]。根据工况和当地水文地质条件,该处附近存在较为明显的农业面源污染,因此水质污染情况存在较为明显的地域差异性。在模拟 20 年后,扩散范围已基本保持稳定。

5.2.4　模拟预测结果影响分析

溶质运移数值模拟结果显示,20 年内,地下水中 SO_4^{2-} 的迁移不会超出地块的边界,也不会超出地块的垂直范围。该区域地下水的硫酸盐不会对周围的地表水环境和周围的人的身体健康构成威胁,也不会对深层地下水产生危害。研究区污染物迁移模拟预测结果总结如下。

(1) SO_4^{2-} 运移 100 天时,运移的最大距离为 6.40 m,污染范围约为 68 m²;SO_4^{2-} 运移 200 天时,运移的最大距离为 23.3 m,污染范围约为 215 m²;SO_4^{2-} 运移 1 年时,运移的最大距离为 47.8 m,污染范围约为 462 m²;SO_4^{2-} 运移 3 年时,运移的最大距离为 59.1 m,污染范围约为 673 m²;SO_4^{2-} 运移 5 年时,运移的最大距离为 67.7 m,污染范围约为 812 m²;SO_4^{2-} 运移 10 年时,运移的最大距离为 70.2 m,污染范围约为 1 004 m²;SO_4^{2-} 运移 15 年时,运移的最大距离为 78.9 m,污染范围约为 1 297 m²;SO_4^{2-} 运移 20 年时,运移的最大距离为 82.3 m,污染范围约为 1 380 m²。由上述数据可知,随时间变化,SO_4^{2-} 的运移距离和污染范围不断增大。这为今后地下水污染范围的确定提供了参考。

(2) 溶质运移模型表明:SO_4^{2-} 在有阻挡和无阻挡情况下的扩散情况不同。在干渠两岸,SO_4^{2-} 以农田为污染源向四周扩散;临近干渠时,SO_4^{2-} 的扩散受到阻挡。此现象说明了干渠对地下水污染物的阻挡效果。但由于干渠衬砌仍存在一定渗透性,因此少量污染物会渗入干渠。

地下水数值模拟中的不确定性分析主要有以下几个方面:地下水本身的复杂程度难以用简单的数学公式精确描述;地下水的数值模型只是一个近似的描述,而模型的参数则来自现场实测与假定,由于试验误差、观测资料少等主客观因素,含水层参数设置及边界条件描述可能与实际情况不能较好地吻合。

5.3 引黄济青干渠典型区段水生态环境评价

本研究在对研究区的地表水和地下水水质特征进行分析后得出,研究区地表水和地下水水质主要受 SO_4^{2-}、Cl^-、NO_3^-、Fe^{2+}、Mn^{2+}、Pb^{2+} 影响。本章将对前文选取的 24 个采样点监测到的这些离子进行相关性分析,进一步研究地表水和地下水之间的关系。在此基础上进行水质综合评价,运用单因子水质评价法和内梅罗综合污染分析法对研究区水质进行分级,得出影响水质的主要因子,以便有针对性地提出相关治理措施。

5.3.1 地表水和地下水水质相关性分析

本节运用统计学分析软件,根据地表水和地下水的水质检测结果,对引黄济青干渠沿程的 24 个监测点处水体的地表水和地下水中的水质参数进行相关性分析,对一年内监测的三期数据的分析结果详见表 5-11 和表 5-12。

由表 5-11、表 5-12 中数据可知:对于地表水,在调水期内,SO_4^{2-} 和 Pb^{2+} 的质量浓度呈显著正相关性,而与其他水质指标无明显相关性。非调水期内,NO_3^- 和 Pb^{2+} 呈显著负相关性,Fe^{2+} 和 Pb^{2+} 呈现显著正相关性。Fe^{2+} 和 Pb^{2+} 具有显著相关性的原因是因为 Fe 和 Pb 常为伴生矿,因此可能来源于矿产开发等工业生产活动;另一方面,Fe、Pb 等生成的金属氧化物组分会促进颗粒物对磷的吸附,所以它们的氧化物和磷会随着泥沙沉降,并在一定条件下重新释放到水体中。对于地下水,调水期内,SO_4^{2-}、Cl^- 和 Fe^{2+} 呈两两显著正相关性,而与其他离子没有相关性。非调水期内,SO_4^{2-} 和 Pb^{2+} 呈显著的正相关性,而与其他离子无显著相关性。

表 5-11　研究区地表水水体中离子间的 Pearson 相关性系数(一期数据)

时期	水质参数	SO_4^{2-}	Cl^-	NO_3^-	Fe^{2+}	Mn^{2+}	Pb^{2+}
调水期	SO_4^{2-}	1					
	Cl^-	−0.296	1				
	NO_3^-	0.055	−0.065	1			
	Fe^{2+}	−0.193	−0.021	−0.163	1		
	Mn^{2+}	0.06	−0.015	0.144	−0.298	1	
	Pb^{2+}	0.452*	−0.075	0.012	−0.202	0.11	1
非调水期	SO_4^{2-}	1					
	Cl^-	−0.271	1				
	NO_3^-	−0.077	−0.22	1			
	Fe^{2+}	−0.346	0.331	0.079	1		
	Mn^{2+}	−0.306	0.147	−0.488*	0.326	1	
	Pb^{2+}	−0.215	0.144	0.111	0.512*	−0.032	1

注：* 表示在 0.05 级别(双尾),相关性显著。

表 5-12　研究区地下水水体中离子间的 Pearson 相关性系数(一期数据)

时期	水质参数	SO_4^{2-}	Cl^-	NO_3^-	Fe^{2+}	Mn^{2+}	Pb^{2+}
调水期	SO_4^{2-}	1					
	Cl^-	0.679**	1				
	NO_3^-	−0.043	−0.161	1			
	Fe^{2+}	0.631**	0.475*	−0.331	1		
	Mn^{2+}	0.049	0.265	−0.253	0.093	1	
	Pb^{2+}	−0.067	0.12	0.001	−0.164	0.298	1

续表

时期	水质参数	SO_4^{2-}	Cl^-	NO_3^-	Fe^{2+}	Mn^{2+}	Pb^{2+}
非调水期	SO_4^{2-}	1					
	Cl^-	0.238	1				
	NO_3^-	−0.194	−0.076	1			
	Fe^{2+}	0.26	0.126	−0.12	1		
	Mn^{2+}	0.022	0.025	−0.057	−0.042	1	
	Pb^{2+}	0.502*	0.296	−0.078	0.18	−0.204	1

注：*表示在0.05级别（双尾），相关性显著；**表示在0.01级别（双尾），相关性显著。

由表5-13、表5-14中数据可知：对于地表水，在调水期内，SO_4^{2-}和Pb^{2+}呈现显著正相关性，相关性为0.455，而与其他水质指标无明显相关性。非调水期内，NO_3^-和Mn^{2+}存在显著负相关性，相关性为−0.491；Fe^{2+}与Pb^{2+}存在明显的正相关性，相关性为0.519。对于地下水，调水期内，Fe^{2+}与SO_4^{2-}存在正相关性，相关性为0.640；Fe^{2+}与Cl^-也存在正相关性，相关性为0.477，而与其他离子没有相关性。SO_4^{2-}与Cl^-存在正相关性，相关性系数为0.682。非调水期内，SO_4^{2-}和Pb^{2+}呈显著的正相关性，相关性为0.513，而与其他离子无显著相关性。

表5-13 研究区地表水水体中离子间的Pearson相关性系数（二期数据）

时期	水质参数	SO_4^{2-}	Cl^-	NO_3^-	Fe^{2+}	Mn^{2+}	Pb^{2+}
调水期	SO_4^{2-}	1					
	Cl^-	−0.288	1				
	NO_3^-	0.046	−0.066	1			
	Fe^{2+}	−0.191	−0.018	−0.165	1		
	Mn^{2+}	0.05	−0.015	0.131	−0.292	1	
	Pb^{2+}	0.455*	−0.074	0.008	−0.202	0.13	1
非调水期	SO_4^{2-}	1					
	Cl^-	−0.277	1				
	NO_3^-	−0.051	−0.24	1			
	Fe^{2+}	−0.330	0.325	0.089	1		
	Mn^{2+}	−0.312	0.151	−0.491*	0.325	1	
	Pb^{2+}	−0.215	0.146	0.114	0.519*	−0.030	1

注：*表示在0.05级别（双尾），相关性显著；**表示在0.01级别（双尾），相关性显著。

表 5-14　研究区地下水水体中离子间的 Pearson 相关性系数（二期数据）

时期	水质参数	SO_4^{2-}	Cl^-	NO_3^-	Fe^{2+}	Mn^{2+}	Pb^{2+}
调水期	SO_4^{2-}	1					
	Cl^-	0.682**	1				
	NO_3^-	−0.045	−0.163	1			
	Fe^{2+}	0.640**	0.477*	−0.332	1		
	Mn^{2+}	0.050	0.263	−0.256	0.083	1	
	Pb^{2+}	−0.065	0.14	0.001	−0.162	0.285	1
非调水期	SO_4^{2-}	1					
	Cl^-	0.248	1				
	NO_3^-	−0.183	−0.075	1			
	Fe^{2+}	0.22	0.123	−0.21	1		
	Mn^{2+}	0.020	0.021	−0.059	−0.041	1	
	Pb^{2+}	0.513*	0.295	−0.080	0.183	−0.201	1

注：*表示在0.05级别（双尾），相关性显著；**表示在0.01级别（双尾），相关性显著。

由表 5-15、表 5-16 中数据可知：对于地表水，在调水期内，SO_4^{2-} 和 Pb^{2+} 呈现显著正相关性，相关性为 0.450，而与其他水质指标无明显相关性。非调水期内，NO_3^- 和 Mn^{2+} 存在显著负相关性，相关性为 −0.492。Fe^{2+} 与 Pb^{2+} 存在明显的正相关性，相关性为 0.518。对于地下水，调水期内，Fe^{2+} 与 SO_4^{2-} 的存在正相关性，相关性为 0.636；Fe^{2+} 与 Cl^- 也存在正相关性，相关性为 0.478，而与其他离子没有相关性。SO_4^{2-} 与 Cl^- 存在正相关性，相关性为 0.677。非调水期内，SO_4^{2-} 和 Pb^{2+} 呈显著的正相关性，相关性为 0.513，而与其他离子无显著相关性。

表 5-15　研究区地表水水体中离子间的 Pearson 相关性系数（三期数据）

时期	水质参数	SO_4^{2-}	Cl^-	NO_3^-	Fe^{2+}	Mn^{2+}	Pb^{2+}
调水期	SO_4^{2-}	1					
	Cl^-	−0.295	1				
	NO_3^-	0.055	−0.064	1			
	Fe^{2+}	−0.191	−0.028	−0.160	1		
	Mn^{2+}	0.06	−0.016	0.149	−0.295	1	
	Pb^{2+}	0.450*	−0.074	0.018	−0.224	0.13	1

续表

时期	水质参数	SO_4^{2-}	Cl^-	NO_3^-	Fe^{2+}	Mn^{2+}	Pb^{2+}
非调水期	SO_4^{2-}	1					
	Cl^-	−0.273	1				
	NO_3^-	−0.084	−0.20	1			
	Fe^{2+}	−0.340	0.331	0.081	1		
	Mn^{2+}	−0.303	0.145	−0.492*	0.324	1	
	Pb^{2+}	−0.219	0.146	0.110	0.518*	−0.030	1

注：*表示在0.05级别（双尾），相关性显著；**表示在0.01级别（双尾），相关性显著。

表5-16 研究区地下水水体中离子间的Pearson相关性系数（三期数据）

时期	水质参数	SO_4^{2-}	Cl^-	NO_3^-	Fe^{2+}	Mn^{2+}	Pb^{2+}
调水期	SO_4^{2-}	1					
	Cl^-	0.677**	1				
	NO_3^-	−0.040	−0.161	1			
	Fe^{2+}	0.636**	0.478*	−0.331	1		
	Mn^{2+}	0.049	0.266	−0.251	0.092	1	
	Pb^{2+}	−0.062	0.12	0.001	−0.166	0.299	1
非调水期	SO_4^{2-}	1					
	Cl^-	0.240	1				
	NO_3^-	−0.196	−0.078	1			
	Fe^{2+}	0.27	0.129	−0.10	1		
	Mn^{2+}	0.018	0.023	−0.058	−0.041	1	
	Pb^{2+}	0.513*	0.297	−0.074	0.184	−0.209	1

注：*表示在0.05级别（双尾），相关性显著；**表示在0.01级别（双尾），相关性显著。

综合以上三期数据可以得出，对于地表水，调水期内，SO_4^{2-}和Pb^{2+}呈现显著正相关性；非调水期内，NO_3^-和Mn^{2+}存在显著负相关性，Fe^{2+}与Pb^{2+}呈明显的正相关。对于地下水，调水期内，Fe^{2+}与SO_4^{2-}呈正相关性，Fe^{2+}与Cl^-呈正相关性，SO_4^{2-}与Cl^-呈正相关性；非调水期内，SO_4^{2-}和Pb^{2+}呈显著的正相关性。

5.3.2 研究区地表水和地下水的水质综合评价

在对研究区地表水和地下水水体中六种离子的质量浓度进行相关性分析之后，还需要对水体整体的水质进行分级和综合评价。在水质评估中，数据的精确度和评估方法的选择是非常关键的。近几年来，国内外学者对水环境质量的评估方法进行了大量的探讨，以求客观、准确地反映出水环境的现状。对于水文生态环境评价方法,目前总的来说有五种:污染指数评价法、模糊评价法、灰色评价法、物元分析法、层次分析法。国内外学者的研究表明,模糊数学与灰色系统理论在水质评价中具有重要作用。本研究在已有资料的基础上,选取了单因子水质评价法与内梅罗综合污染指数法相结合,对该地区的水质进行了综合评价。

5.3.2.1 基于单因子水质评价法的水质评价

单因子评价法的评价原则是在所有参与综合水质评价的指标中,选择水质最差的单项指标所属类别来确定所属水域的综合水质类别。所用公式如下:

$$M = \max(M_i) \tag{5.16}$$

式中,M 为单因子评价水质综合级别,M_i 为评价参数 i 的水质级别,max 表示取 i 项水质参数中评价出的水质最差的一项。

根据地表水质量指标(表 5-17)和地下水质量指标(表 5-18),分别对地表水和地下水水体 24 处采样点的水质进行质量评级,评价结果详见表 5-19 和表 5-20。

表 5-17 地表水质量指标

指标	Ⅰ类	Ⅱ类	Ⅲ类	Ⅳ类	Ⅴ类
氨氮	≤0.15	0.5	1	1.5	2
SO_4^{2-}	≤250		>250		
Cl^-	≤250		>250		
Fe^{2+}	≤0.3		>250		
Pb^{2+}	≤0.01	0.01	0.05	0.05	0.1

表 5-18 地下水质量指标

指标	Ⅰ类	Ⅱ类	Ⅲ类	Ⅳ类	Ⅴ类
氨氮	≤0.02	≤0.10	≤0.50	≤1.50	>1.5
SO_4^{2-}	≤50	≤150	≤250	≤350	>350
Cl^-	≤50	≤150	≤250	≤350	>350
Fe^{2+}	≤0.10	≤0.20	≤0.30	≤2.0	>2.0
Pb^{2+}	≤0.005	≤0.005	≤0.01	≤0.1	>0.1

表 5-19 基于单因子评价法的研究区地表水水质综合评价

采样点	氨氮	SO_4^{2-}	Cl^-	Fe^{2+}	Pb^{2+}	单因子评价法
1	Ⅰ	Ⅱ	Ⅱ	Ⅰ	Ⅰ	Ⅱ
2	Ⅰ	Ⅲ	Ⅱ	Ⅰ	Ⅰ	Ⅲ
3	Ⅰ	Ⅲ	Ⅱ	Ⅰ	Ⅰ	Ⅲ

续表

采样点	氨氮	SO_4^{2-}	Cl^-	Fe^{2+}	Pb^{2+}	单因子评价法
4	I	III	II	I	I	III
5	I	III	II	I	I	III
6	II	III	II	I	I	III
7	II	II	II	I	II	II
8	I	II	II	I	II	II
9	I	II	II	I	I	II
10	I	III	II	I	I	III
11	I	II	II	I	II	II
12	I	II	II	I	II	II
13	I	II	II	I	II	II
14	I	III	I	I	I	III
15	II	II	II	I	I	II
16	II	II	II	I	II	II
17	II	II	II	I	II	II
18	II	II	II	I	II	II
19	I	II	II	I	I	II
20	I	III	II	I	I	III
21	I	III	II	I	II	III
22	I	III	II	I	II	III
23	I	II	II	I	II	II
24	I	II	II	I	II	II

表 5-20　基于单因子评价法的研究区地下水水质综合评价

采样点	氨氮	SO_4^{2-}	Cl^-	Fe^{2+}	Pb^{2+}	单因子评价法
1	III	V	V	I	III	V
2	III	V	V	I	III	V
3	III	V	V	I	III	V
4	III	IV	V	I	IV	V
5	III	IV	III	I	III	IV
6	III	V	III	I	III	V
7	III	V	III	I	III	V
8	III	V	III	I	III	V
9	III	V	III	I	III	V

续表

采样点	氨氮	SO_4^{2-}	Cl^-	Fe^{2+}	Pb^{2+}	单因子评价法
10	Ⅲ	Ⅲ	Ⅲ	Ⅰ	Ⅲ	Ⅲ
11	Ⅲ	Ⅲ	Ⅲ	Ⅰ	Ⅲ	Ⅲ
12	Ⅲ	Ⅲ	Ⅲ	Ⅰ	Ⅲ	Ⅲ
13	Ⅲ	Ⅳ	Ⅲ	Ⅰ	Ⅲ	Ⅳ
14	Ⅲ	Ⅱ	Ⅱ	Ⅰ	Ⅱ	Ⅲ
15	Ⅲ	Ⅴ	Ⅴ	Ⅰ	Ⅳ	Ⅴ
16	Ⅲ	Ⅲ	Ⅲ	Ⅰ	Ⅳ	Ⅳ
17	Ⅲ	Ⅴ	Ⅲ	Ⅰ	Ⅲ	Ⅴ
18	Ⅲ	Ⅴ	Ⅲ	Ⅰ	Ⅲ	Ⅴ
19	Ⅲ	Ⅳ	Ⅲ	Ⅰ	Ⅲ	Ⅳ
20	Ⅲ	Ⅲ	Ⅲ	Ⅰ	Ⅲ	Ⅲ
21	Ⅲ	Ⅲ	Ⅲ	Ⅰ	Ⅲ	Ⅲ
22	Ⅲ	Ⅲ	Ⅲ	Ⅰ	Ⅲ	Ⅲ
23	Ⅲ	Ⅴ	Ⅴ	Ⅰ	Ⅲ	Ⅴ
24	Ⅲ	Ⅲ	Ⅲ	Ⅰ	Ⅲ	Ⅲ

对于地表水，SO_4^{2-} 和 Cl^- 的水质类别较高，而氨氮、Fe^{2+} 和 Pb^{2+} 的水质类别较低，导致单因子评价法求得的整体水质级别受到影响。地表水整体水质较好，大部分采样点的水质类别为Ⅱ类，小部分采样点的水质类别为Ⅲ类。对于地下水，各个因子的水质类别相较于地表水均有所升高，导致整体水质相较于地表水较差，大部分水质类别为Ⅳ类和Ⅴ类，小部分采样点为Ⅲ类。

5.3.2.2 基于内梅罗综合污染评分法的水质评价

内梅罗综合污染评分法以最大污染因子为主要指标，内梅罗指标在权重计算中不受主观因素影响，是一种广泛使用的环境质量指标。计算公式为：

$$N = \sqrt{(N_{i\max}^2 + N_{i\text{Ave}}^2)/2} \quad (5.17)$$

$$N_{\text{Ave}} = \frac{1}{n}\sum_{i=1}^{n} N_i \quad (5.18)$$

式中，$N_{i\text{Ave}}$ 为各单项水质参数的评分值 N_i 的平均值，N_i 值见表 5-21；$N_{i\max}$ 为各单项水质参数评分值 N_i 的最大值；n 为水质参数项数。根据 N 值得分，结合表 5-21 来判断水质级别。综合质量评价结果详见表 5-22 和表 5-23。

5 典型区段地表水与地下水水化学特征分析及模拟研究

表 5-21 水样中各单项水质参数评分值

类别	Ⅰ类	Ⅱ类	Ⅲ类	Ⅳ类	Ⅴ类
N_i	0	1	3	6	10

表 5-22 水样综合水质评分值与水质级别

级别	优良	良好	较好	较差	极差
N_i	<0.8	0.8~2.5	2.5~4.25	4.25~7.2	>7.2

表 5-23 基于内梅罗综合污染评分法的研究区地表水水质综合评价

采样点	氨氮	SO_4^{2-}	Cl^-	Fe^{2+}	Pb^{2+}	内梅罗
1	Ⅰ	Ⅱ	Ⅱ	Ⅰ	Ⅰ	良好
2	Ⅰ	Ⅲ	Ⅱ	Ⅰ	Ⅰ	较好
3	Ⅰ	Ⅲ	Ⅱ	Ⅰ	Ⅰ	较好
4	Ⅰ	Ⅲ	Ⅱ	Ⅰ	Ⅰ	较好
5	Ⅰ	Ⅲ	Ⅱ	Ⅰ	Ⅰ	较好
6	Ⅱ	Ⅲ	Ⅱ	Ⅰ	Ⅰ	较好
7	Ⅱ	Ⅱ	Ⅱ	Ⅰ	Ⅱ	较好
8	Ⅰ	Ⅱ	Ⅱ	Ⅰ	Ⅱ	良好
9	Ⅰ	Ⅱ	Ⅱ	Ⅰ	Ⅰ	良好
10	Ⅰ	Ⅲ	Ⅱ	Ⅰ	Ⅱ	较好
11	Ⅰ	Ⅱ	Ⅱ	Ⅰ	Ⅱ	良好
12	Ⅰ	Ⅱ	Ⅱ	Ⅰ	Ⅰ	良好
13	Ⅰ	Ⅱ	Ⅱ	Ⅰ	Ⅰ	良好
14	Ⅰ	Ⅲ	Ⅰ	Ⅰ	Ⅰ	较好
15	Ⅱ	Ⅱ	Ⅱ	Ⅰ	Ⅰ	良好
16	Ⅱ	Ⅱ	Ⅱ	Ⅰ	Ⅰ	良好
17	Ⅱ	Ⅱ	Ⅱ	Ⅰ	Ⅰ	良好
18	Ⅱ	Ⅱ	Ⅱ	Ⅰ	Ⅰ	良好
19	Ⅰ	Ⅱ	Ⅱ	Ⅰ	Ⅰ	良好
20	Ⅰ	Ⅲ	Ⅱ	Ⅰ	Ⅰ	较好
21	Ⅰ	Ⅲ	Ⅱ	Ⅰ	Ⅱ	较好
22	Ⅰ	Ⅲ	Ⅱ	Ⅰ	Ⅱ	较好
23	Ⅰ	Ⅱ	Ⅱ	Ⅰ	Ⅱ	良好
24	Ⅰ	Ⅱ	Ⅱ	Ⅰ	Ⅱ	良好

表 5-24 基于内梅罗综合污染评分法的研究区地下水水质综合评价

采样点	氨氮	SO_4^{2-}	Cl^-	Fe^{2+}	Pb^{2+}	内梅罗
1	Ⅲ	Ⅴ	Ⅴ	Ⅰ	Ⅲ	极差
2	Ⅲ	Ⅴ	Ⅴ	Ⅰ	Ⅲ	极差
3	Ⅲ	Ⅴ	Ⅴ	Ⅰ	Ⅲ	极差
4	Ⅲ	Ⅳ	Ⅴ	Ⅰ	Ⅳ	极差
5	Ⅲ	Ⅳ	Ⅲ	Ⅰ	Ⅲ	极差
6	Ⅲ	Ⅴ	Ⅲ	Ⅰ	Ⅲ	极差
7	Ⅲ	Ⅴ	Ⅲ	Ⅰ	Ⅲ	极差
8	Ⅲ	Ⅴ	Ⅲ	Ⅰ	Ⅲ	极差
9	Ⅲ	Ⅴ	Ⅲ	Ⅰ	Ⅲ	极差
10	Ⅲ	Ⅲ	Ⅲ	Ⅰ	Ⅲ	极差
11	Ⅲ	Ⅲ	Ⅲ	Ⅰ	Ⅲ	极差
12	Ⅲ	Ⅲ	Ⅲ	Ⅰ	Ⅲ	极差
13	Ⅲ	Ⅳ	Ⅲ	Ⅰ	Ⅲ	极差
14	Ⅲ	Ⅱ	Ⅱ	Ⅰ	Ⅱ	较差
15	Ⅲ	Ⅴ	Ⅴ	Ⅰ	Ⅳ	极差
16	Ⅲ	Ⅲ	Ⅲ	Ⅰ	Ⅳ	极差
17	Ⅲ	Ⅴ	Ⅲ	Ⅰ	Ⅲ	极差
18	Ⅲ	Ⅴ	Ⅲ	Ⅰ	Ⅲ	极差
19	Ⅲ	Ⅳ	Ⅲ	Ⅰ	Ⅲ	极差
20	Ⅲ	Ⅲ	Ⅲ	Ⅰ	Ⅲ	极差
21	Ⅲ	Ⅲ	Ⅲ	Ⅰ	Ⅲ	极差
22	Ⅲ	Ⅲ	Ⅲ	Ⅰ	Ⅲ	极差
23	Ⅲ	Ⅴ	Ⅴ	Ⅰ	Ⅲ	极差
24	Ⅲ	Ⅲ	Ⅲ	Ⅰ	Ⅲ	极差

根据表 5-23 和表 5-24，对于地表水，SO_4^{2-} 和 Cl^- 的水质类别较高，为Ⅱ类或Ⅲ类，而氨氮、Fe^{2+} 和 Pb^{2+} 的水质类别较低，为Ⅰ类或Ⅱ类，导致单因子评价法求得的整体水质级别受到影响。地表水整体水质较好，采样点的水质为较好或良好。对于地下水，各个因子的水质类别相较于地表水均有所升高，导致整体水质相较于地表水较差。

对比可知，单因子评价法和内梅罗综合污染分析法得到的水质情况基本相符，并且地表水水质良好，地下水水质相对较差。并且，影响水质的主要因子为 SO_4^{2-} 和 Cl^-。

5.3.2.3 干渠沿线生态保护建议

综合研究区地表水和地下水的水质变化特征,可对干渠沿线的生态环境保护提出下列建议。

(1) 重点注意农业用品的正确使用。由单因子评价法和内梅罗综合污染评分法结果可知,干渠沿线地下水水质级别较低,这是由于干渠两岸分布有面积广阔的农田,农业生产造成的污染对干渠周围地下水影响较大。为控制干渠周围地下水污染,需要对农业生产所产生的污染进行人为干预,提倡合理使用化肥。

(2) 由分析结果可知,干渠内地表水水质相对于地下水水质明显更好,整体水质处于良好至较好状态。但水体中 SO_4^{2-} 含量偏高,是由于干渠周围农田化肥产生的污染渗入干渠。针对干渠内地表水的水污染防治,可限制干渠周边一定范围内农田的化肥使用量,达到减少污染的目的。

(3) 在兼顾经济发展与环保的前提下,必须加强对环境的保护。环境损害是不可逆转的,水质一旦受到污染,想要恢复就变得非常困难。只有在不损害生态环境的前提下,实现经济的发展,才能获得最大的效益。

(4) 要提高干渠沿线水生态环境保护的宣传能力。生态环境的保护与人类息息相关,生活在干渠两岸的老百姓应知晓如何正确地使用农业用品,减少农肥等的大量使用,以减少农业面源污染,从自身做起,投身生态环境的保护和治理。

6 典型区段面源污染迁移与调水水质响应规律研究

本章基于引黄济青工程沿线气象、水文、地质等方面的资料，针对引黄济青工程面源污染和水质响应规律展开研究，在引黄济青工程沿线选取典型的地下水环境监测剖面开展地下水样采集工作，获取试验场地水质监测数据和水文地质参数，进行地下水环境质量现状评价，构建研究区三维地下水流及溶质运移模型，分析和预测研究区面源污染迁移特征，结合地下水和干渠的补排关系，构建研究区干渠水动力-水质耦合模型，揭示干渠调水水质响应规律，具体内容如下。

（1）地下水环境现状监测

在资料收集和现场踏勘的基础上，结合研究区现有的地形地貌、地质构造、水文地质等资料，选定典型监测剖面，开展水样采集、水质检测和现场试验，根据水质检测结果，对研究区地下水环境进行评价和分析，明确研究区地下水环境现状。

（2）面源污染迁移特征研究

结合研究区地下水的赋存情况、含水层类型、补径排特征，分析干渠与地下水的补排关系，采用地下水数值模拟软件 FEFLOW 建立地下水流模型及溶质运移模型，研究面源污染通过含水层进入干渠的迁移特征，分析和预测演变趋势，进而研究地下水对干渠水质的影响。

（3）调水水质响应规律研究

结合研究区的水文特征、水质监测资料等，采用地表水数值模拟软件 MIKE 11 建立干渠一维水流模型，模拟干渠的水循环特征，基于面源污染对干渠的影响，建立干渠水动力-水质耦合模型，模拟预测在不同水动力条件下，干渠调水水质响应规律。

6.1 基于地下水溶质运移模型水质演变趋势研究

6.1.1 概念模型

6.1.1.1 模型边界的概化

研究区边界条件的概化是十分重要的，关乎地下水数值模型的准确性，直接影响地下水数值模型均衡要素的计算。研究区含水层边界主要有垂向边界、侧向边界和河流边界,如图 6-1 所示。

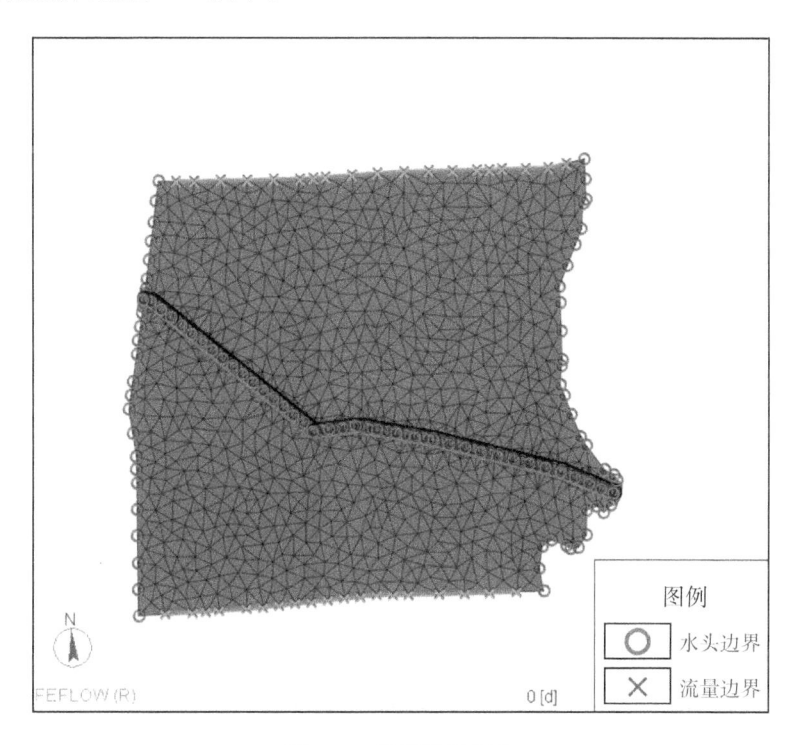

图 6-1 模型边界概化

(1) 垂向边界

结合研究区地质资料,该区域浅层地下水类型为第四系孔隙潜水,其底部边界主要为第四系黏土层,透水性较差,属于相对隔水边界。潜水含水层的上部边界为自由水面,也就是水量交换边界。含水层通过潜水面与含水层系统外发生垂向上的水量交换,如降雨径流补给、河流沟渠入渗补给及蒸发排泄等。

(2) 侧向边界

结合研究区的水文地质资料,该区域东部、西部均为地表河流,并且河流水位较为稳定,水位变化不大,故本次模拟将东、西边界概化为给定水头边界。由于研究区资料的限制,本次模拟将北部边界和南部边界概化为流量边界。

(3) 河流边界

研究区位于引黄济青调水工程塌河至弥河段,由于该区段内部分渠道未衬砌,干渠与区内地下水的水力联系十分密切,本次模拟将干渠概化为给定水头边界。

6.1.1.2 含水层结构概化

研究区处于冲积平原、海积平原,地形起伏较小,松散层厚度不大,地势总体东南高西北低,地面高程在 4~12 m,宋庄泵站高程为 7.5 m。研究区地下水类型为第四系松散岩类孔隙水,冲积平原及海积平原的含水层岩性分别是粉土、粉质黏土以及部分粉砂。潜水含水层厚度为 10~50 m,地下水位埋深为 15~40 m,含水层渗透性偏小,研究区含水层主要通过降雨入渗、河流、干渠渗漏等方式进行补给。

6.1.1.3 均衡要素概化

地下水系统的均衡要素指的是含水层的补排项,主要包括降雨、蒸发、侧向径流、河渠渗漏以及人工开采,研究区地下水含水层主要接受大气降水入渗补给和侧向边界径流补给,并通过干渠及侧向边界进行排泄。

(1) 降雨和蒸发

研究区地下水含水层主要接受大气降水入渗补给,其入渗补给的量受到诸多因素影响,包括研究区地形地貌、年际降雨量、地下水位埋深、潜水含水层岩性等。根据研究区地下水含水层岩性和地下水位埋深,并通过查阅相关文献(见表 6-1),本次模拟综合得出研究区的降雨入渗系数,计算公式如下:

$$Q = \alpha \cdot F \cdot X \tag{6.1}$$

式中,Q 为大气降水入渗补给地下水量(m^3/a),α 为降雨入渗系数,F 为大气降水入渗补给区面积(m^2),X 为年降水量(m/a)。

表 6-1 降雨入渗系数

岩性	地下水埋深(m)		
	<2	2~4	4~6
粉土	0.14~0.23	0.23~0.33	0.33~0.38
粉质黏土	0.11~0.16	0.16~0.24	0.18~0.22
黏土	0.9~0.13	0.14~0.16	0.12~0.16

蒸发量采用 FEFLOW 自带的 ET 模块,最大蒸发量通过查阅研究区多年平均蒸发量得出。

(2) 侧向径流

受到研究区含水层水文地质资料的限制,本次模拟结合达西定律和初始流场计算出侧向边界的流量值,理论计算公式如下:

$$Q_c = K \cdot I \cdot B \cdot M \tag{6.2}$$

式中,Q_c 为地下水侧向补给排泄量($10^4 m^3/a$),流入为正,流出为负;K 为侧向边界断面附近渗透系数(m/a);I 为侧向边界断面垂向上的水力梯度;B 为侧向边界断面的宽度(10^4m);M 为研究区含水层厚度(m)。

在地下水数值模型中,根据过水断面控制的面积,可计算出侧向边界断面的流入量和流出量。

6.1.1.4 水力特征概化

研究区地下水流整体上以水平运动为主,垂向运动为辅;在常温和常压下,地下水流运动遵循达西定律;考虑到相邻含水层之间存在水量交换,含水层之间的水头差引起地下水流进行垂向运动,可将其概化为空间三维流;地下水系统的输入、输出伴随着时空变化,可将研究含水层概化为非稳定流;地下水系统的各项参数随空间发生变化,体现了研究区地下水系统的非均质性,但并没有明确的方向性,可将含水层概化为非均质、各向同性。综上所述,研究区地下水系统可概化为非均质、各向同性、非稳定三维地下水流系统。

6.1.1.5 干渠与地下水补排关系

下文在地下水位监测数据的基础上,研究干渠与地下水的补排关系。根据2021年7月和2021年9月地下水监测井水位数据显示(图6-2),SW剖面、NW剖面水位由两侧向干渠逐渐降低,说明泵站上游干渠与地下水的水力联系为地下水补给干渠;SE剖面、NE剖面水位由两侧向输水干渠逐渐升高,说明泵站下游干渠

(a) SW剖面地下水监测井水位

(b) SE剖面地下水监测井水位

(c) NW剖面地下水监测井水位

(d) NE剖面地下水监测井水位

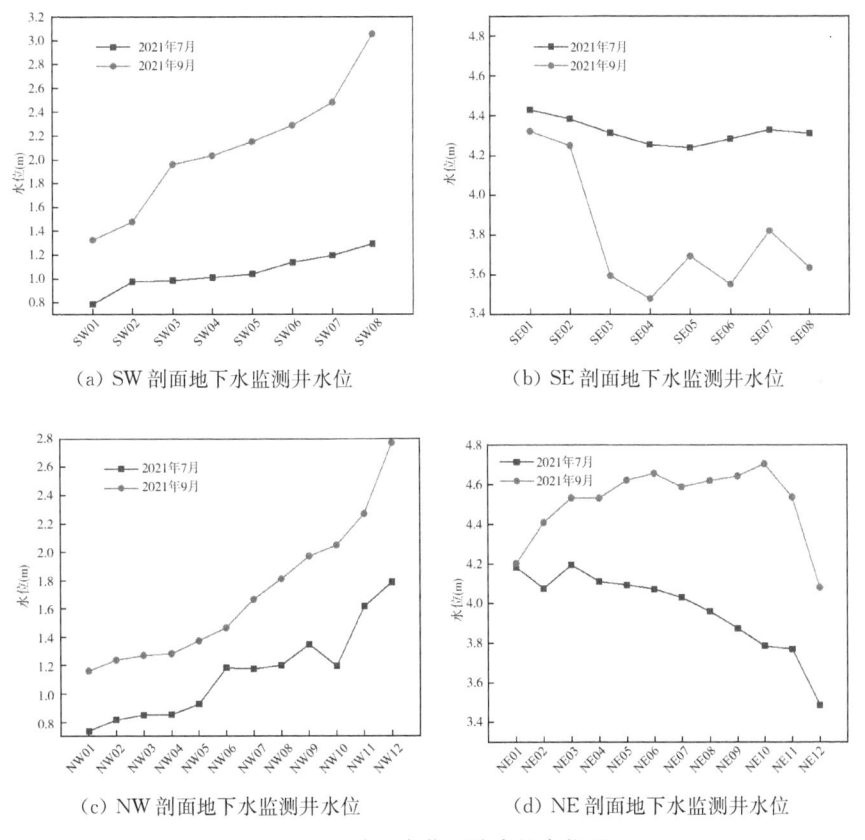

图6-2 地下水监测井水位变化图

与地下水的水力联系为干渠补给地下水。与2021年7月的地下水监测井水位相比，2021年9月的监测井水位基本上高于2021年7月的监测井水位，可能是由于9月份遭遇连续降雨，降雨补给地下水，从而使监测井水位升高。2021年9月的SE剖面、NE剖面地下水监测井水位存在一定的波动。SE剖面监测井水位存在一定程度的下降并逐步趋于稳定，可能是由于SE01、SE02附近的池塘与地下水发生了水力联系。NE剖面在距离干渠较近的监测井，水位有较为明显的下降，距离干渠较远的监测井下降量相应减小，可能是因为干渠水位较低，丧失对地下水的补给。

6.1.2 数学模型

6.1.2.1 水流模型

在水文地质概念模型的基础上，本次模拟对研究区非均质各向同性非稳定三维地下水系统，采用偏微分方程及其定解条件来描述：

$$\begin{cases} \dfrac{\partial(K_x \frac{\partial h}{\partial x})}{\partial x} + \dfrac{\partial(K_y \frac{\partial h}{\partial y})}{\partial y} + \dfrac{\partial(K_z \frac{\partial h}{\partial z})}{\partial z} + \varepsilon = \mu \dfrac{\partial h}{\partial t}(x,y,z \in \Omega), t \geqslant 0 \\ h(x,y,z,t)\mid_{t=0} = h_0(x,y,z \in \Omega), t \geqslant 0 \\ h(x,y,z,t) = h_1(x,y,z,t)(x,y,z \in \Gamma_1), t \geqslant 0 \\ K_n \dfrac{\partial h}{\partial n} \mid_{\Gamma_2} = q(x,y,z,t)(x,y,z \in \Gamma_2), t \geqslant 0 \end{cases} \quad (6.3)$$

式中，Ω为渗流区域；x、y、z为笛卡尔坐标(m)；h为含水层的水位标高(m)；h_1为第一类水头边界(m)；t为时间(d)；K_x、K_y、K_z为分别为x、y、z方向的渗透系数(m/d)；K_n为边界法向渗透系数(m/d)；μ为潜水含水层的重力给水度；ε为源汇项(1/d)；h_0为初始水位(m)；Γ_1为渗流区的一类边界；Γ_2为渗流区的二类边界；$\overline{n}$为边界外法线方向；p为潜水蒸发、大气降水等(m/d)；$q(x,y,z,t)$为二类边界的单宽流量(m^2/d)，流入模型为正，流出模型为负，隔水边界的流量为零。

6.1.2.2 溶质运移模型

本次模拟的含水层为潜水含水层，假定地下水的溶质运移符合Fick定律，在地下水流模型的基础上，通过运动方程耦合地下水溶质运移模型。地下水中溶质运移的数学模型可表示为：

$$n\frac{\partial C}{\partial t} = \frac{\partial(nD_{ij}\frac{\partial C}{\partial x_j})}{\partial x_i} - \frac{\partial(nCV_i)}{\partial x_i} + C'q_s \quad (6.4)$$

式中，C为模拟污染质的浓度(mg/L)，n为多孔介质的孔隙度，t为时间(d)，x_i、x_j为直角坐标系横向、纵向的距离(m)，V_i为孔隙水平均流速(m/d)，D_{ij}为水动力弥散系数(m^2/d)，q_s 为单位体积含水层的流量(L/d)，C' 为源汇的污染质浓度(mg/L)。

在对水流方程和溶质运移方程进行求解的基础上，可得到溶质的空间分布。

6.1.3 网格划分与水流模型计算

6.1.3.1 网格剖分

与基于有限差分法的地下水模拟软件相比，FEFLOW 软件在剖分研究区网格方面具有很大的优势。常用的地下水模拟软件，如地下水模拟系统(Groundwater Modeling System，后文简称 GMS)等地下水数值模拟软件，只能加密处理矩形网格，而 FEFLOW 可以加密处理研究区域内任意形状的线或点。同时，FEFLOW 还可以将复杂的区域离散化成三角形或四边形单元。FEFLOW 所能够生成的网格类型为三角形与四边形，并提供了 Triangle 算法、Transport Mapping 算法等其他多种算法，各个算法优劣不同，主要依据需求进行选择。

基于精度的要求，本次模拟采用 Triangle 算法进行网格剖分，并对引黄济青工程典型区段干渠进行加密处理，共计 42 296 个网格节点，96 190 个有效单元格，如图6-3、图 6-4 所示。

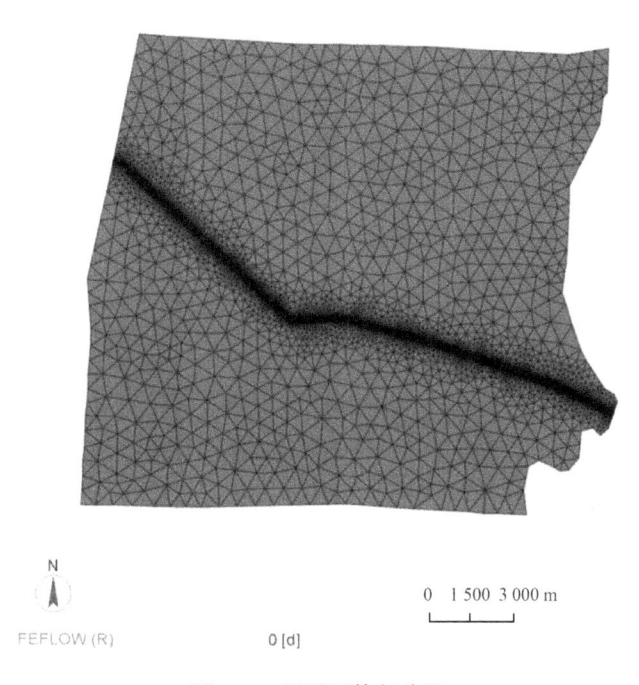

图 6-3 平面网格剖分图

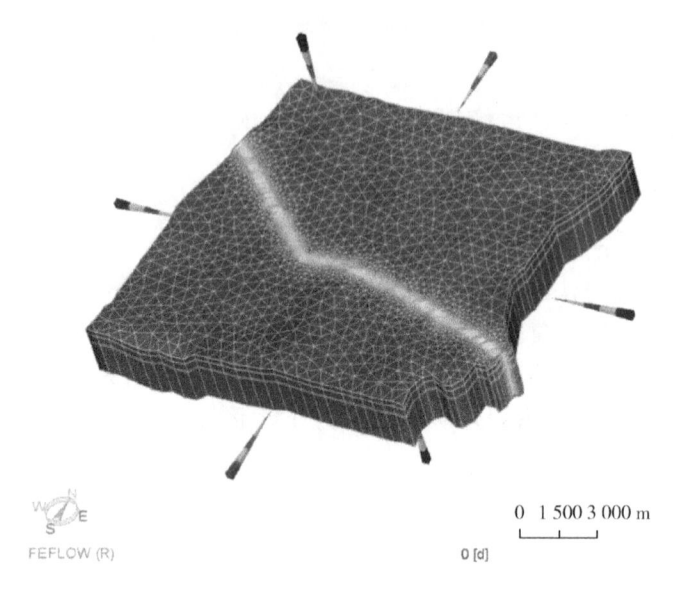

图 6-4　3D 网格剖分图

6.1.3.2　源汇项设置

地下水系统的源汇项,即地下水的补给和排泄因子,是导致地下水动态变化的主要因素。模型中源汇项水量是研究区重要的水量输入输出项,在 FEFLOW 模型中,研究区垂直方向上的水量交换量都是通过源汇项参数值的设置来体现的。浅层地下水的源汇项包括大气降水入渗补给、蒸发排泄、河流干渠渗漏补给等,其中大气降水为主要补给来源,潜水蒸发为主要排泄来源。大气降水为面状分布,根据降雨入渗系数带入理论公式进行求解计算;蒸发主要通过研究区的年均蒸发量进行换算求出。引黄济青工程典型区段干渠采用给定水头边界进行设置。

6.1.3.3　水文地质参数设置

模拟结果的精度是受含水层各向异性程度的影响,粒度、结构、岩层特性等因素都会造成地下水渗透系数、储水系数和给水度的变化,是模型计算和补给估计的主要控制因子。研究区含水层的水文地质参数主要是渗透系数和给水度。渗透系数 K 体现了含水层透水的特点,是衡量含水层传导地下水能力的参数。给水度是指单位体积的含水层因重力疏干而排除的水的体积,是反映地下水含水层给水能力的参数。研究区域的给水度在查阅相关文献的基础上,根据实际情况给定,研究区内不同岩性的给水度值见表 6-2。研究区渗透系数通过对研究区已有的水文地质资料进行分析,结合地下水动态特征,并查阅相关参考文献,依据研究区含水层岩性特征和微水试验结果确定,详见表 6-2。由于研究区以粉土和黏土为主,渗透系数相对较小。

6.1.3.4 生成初始流场

结合2021年7月地下水监测井水位标高数据,在FEFLOW中模拟生成研究区的初始流场,如图6-5所示。

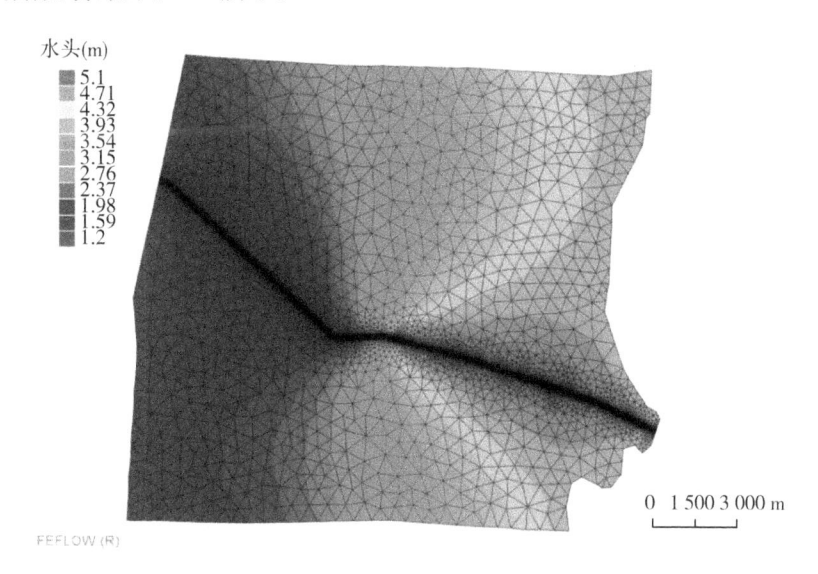

图6-5 地下水初始流场

6.1.3.5 模型的识别与验证

在地下水数值模拟中,模型的识别与验证是必不可少的,需要反复调整和计算含水层的水文地质参数以及源汇项,从而让模拟的流场与实测的流场最大限度地拟合。本次模拟采用试估校正法,基于源汇项和水文地质参数,得到研究区地下水流场分布,并与实测流场或监测孔水位相拟合,识别和验证含水层的水文地质参数、源汇项及其他均衡要素,进而让数值模型更符合研究区的实际情况。在反复调整各项参数的基础上,识别和验证研究区含水层的水文地质条件,确定研究区含水层的各项参数和均衡要素,水文地质参数识别结果见表6-2。识别后的渗透系数与现场试验所得的渗透系数存在差别的原因可能有两个:一是现场试验人为操作产生的误差;二是现场试验获取的是某一点的渗透系数,无法代表研究区的渗透系数。通过调整地层渗透系数的数值,尽可能缩小模拟水位与实测水位的差值,从而验证各项参数的合理性。分别对试验场地NW剖面、NE剖面、SE剖面、SW剖面上的地下水监测井的水位观测数据与地下水水流模型所得水位数据进行拟合,通过反复调整水文地质参数,取得了满意的结果。试验场地40口地下水监测井实测水位和模拟水位拟合如图6-6所示。研究区实测值与模拟值整体拟合误差的绝对值小于1 m,表明各个监测井地下水位的模拟结果与实测结果吻合较好,说明选取的参数较为合适。

综上所述，研究区地下水流数值模型已建立，水文地质参数和均衡要素均合理，基本符合实际情况，基本体现了研究区地下水流动的趋势及特征，建立的模型达到精度要求，可用来进行研究区地下水模拟预测等工作。

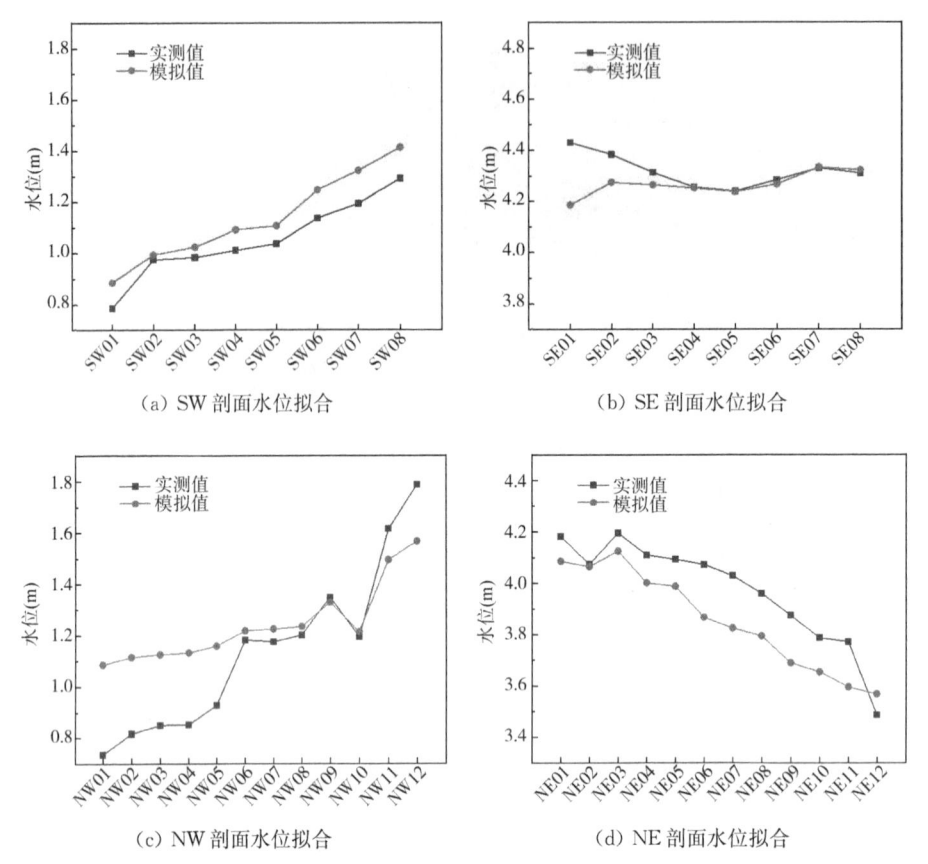

(a) SW 剖面水位拟合

(b) SE 剖面水位拟合

(c) NW 剖面水位拟合

(d) NE 剖面水位拟合

图 6-6　监测剖面水位拟合

表 6-2　水文地质参数识别结果

地层岩性	渗透系数 K(cm/s)	μ
粉土	1.5×10^{-3}	0.06
粉质黏土	1.2×10^{-4}	0.04
粉土夹粉砂	7.1×10^{-3}	0.09
淤泥质粉质黏土	2.2×10^{-4}	0.05

6.1.4　地下水溶质运移模型计算

研究区位于潜水含水层，该含水层受人为因素的影响较大，尤其在农业生产生活中，大量污染物通过施肥、灌溉等方式进入周围生态环境，引发严重的土壤盐渍化、地下水污染等问题。在引黄济青干渠两侧,广泛分布农业用地,面源污染较为严重,如图 6-7 所示。根据研究区的地下水监测原始数据可知,研究区硫酸盐、氯化物、铁、锰、铅等无机污染物含量高,导致该区水质较差。为进一步查明研究区内地下水对干渠水质的影响,本研究基于研究区地下水流数值模型,建立地下水溶质运移模型,以预测研究区水质的变化趋势以及可能造成的影响。

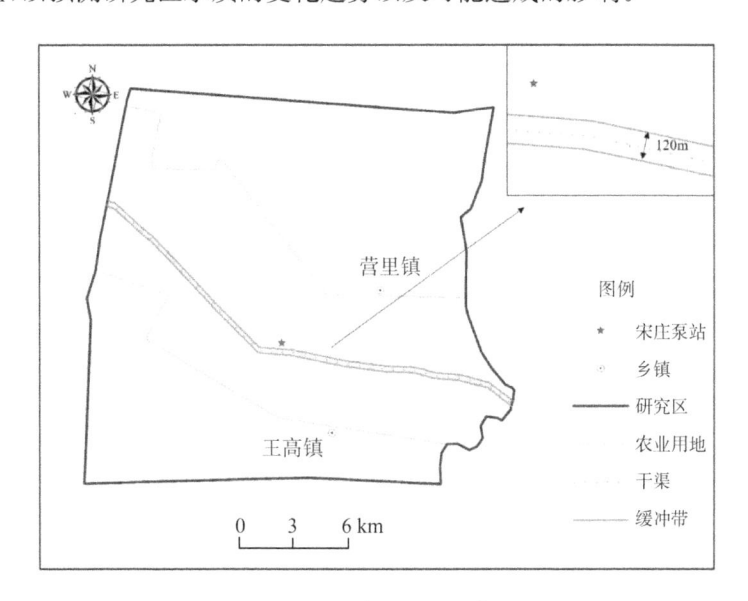

图 6-7 污染源概化示意图

6.1.4.1 边界条件的概化

在本次模拟中,模型的溶质以典型重金属污染物为例,模拟范围以及持续时间和研究区地下水流模型保持一致,基于含水系统互相连通和地下水可流动的前提,溶质可完全运移至含水层。将模型的侧向边界概化为零通量边界;在垂向上,研究区含水层接受大气降水入渗和干渠的渗漏补给,将其概化为零通量边界;由于模型底部边界为粉质黏土,将其概化为零通量边界。

6.1.4.2 初始浓度及模拟时间设置

在对 2021 年的 40 口地下水监测井水质监测数据进行分析后,可以发现干渠周边地下水中重金属锰超标严重,且监测井中锰浓度达到Ⅴ类水质标准的比例高,与同期其他水质指标相比,超标倍数较大。另外,由于受到监测资料的限制,得到研究区的初始浓度场十分困难,因此,根据地下水监测井的水质数据,取锰浓度的平均值作为初始浓度,导入到 FEFLOW 模型中进行模拟。本次模拟时间开始于 2021 年 8 月 1 日,终止于 2041 年 7 月 27 日,模拟时长为 7 300 天。

6.1.4.3 溶质运移参数设置

在地下水溶质运移模型运行的过程中,忽略含水层中污染物的物理、化学以及微生物的相互作用,主要理由如下:①地下水中污染物的迁移是非常复杂的,不仅受到对流弥散的影响,还与物理、化学以及微生物的相互作用密切相关,这些因素往往会影响污染物的总量,减缓污染物迁移和扩散的速度。目前,获取这些作用参数是比较困难的。②假设污染物在含水层迁移扩散时,不发生物理、化学和微生物的相互作用,认定污染物在运移过程中只受到对流和弥散的作用,利用保守型污染物作为模拟因子,国际上也有很多模拟效果较好的实例。

地下水中的溶质可以随着地下水运动进行迁移,也可以在本身的浓度梯度的作用下进行运移,即溶质的弥散现象。弥散度是衡量地下水溶质弥散作用强弱的参数,主要通过野外现场弥散试验和室内弥散实验获取。然而,由于水动力弥散的尺度效应,弥散度是地下水溶质运移模型中较难确定的参数。本次模拟结合相关文献资料,并在前人的成果上反复修正,确定该模型中的纵向弥散度为 5 m,横向弥散度和垂向弥散度分别为纵向弥散度的 0.1 和 0.01 倍。

6.1.5 水质演变趋势预测及其结果分析

本次研究主要分析干渠两侧农业用地污染对渠道水质的影响,将干渠两侧各 3 km 内的农田设为污染源,并在上游干渠离泵站 5 km 以及下游干渠距离泵站 5 km 处设置剖面,研究地下水水质的时空演变趋势,如图 6-8 所示。基于研究区水质资料的局限性,在运移地下水溶质运移模型时,不考虑污染物与含水层介质的物理、化学、生物等反应,模型中的参数均从保守性角度考虑。基于模型的识别和验证,保持模型源汇项、均衡要素以及水文地质参数不变,依据宋庄泵站上下游干渠与地下水的补排关系,模拟预测研究区在不同工况下,未来 5 年、10 年、20 年地下水水质的时空演变趋势。

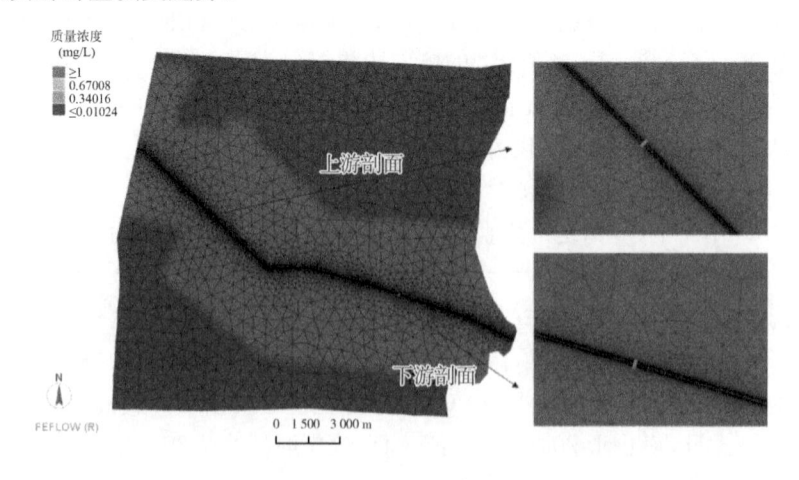

图 6-8 上下游干渠剖面位置图

6.1.5.1 干渠有防渗的影响

在干渠设置防渗的情况下,将初始浓度赋给干渠两侧污染源,并设置好弥散系数,模拟预测研究区在该工况下,未来 5 年、10 年、20 年地下水对干渠水质的影响,如图 6-9、图 6-10 所示。

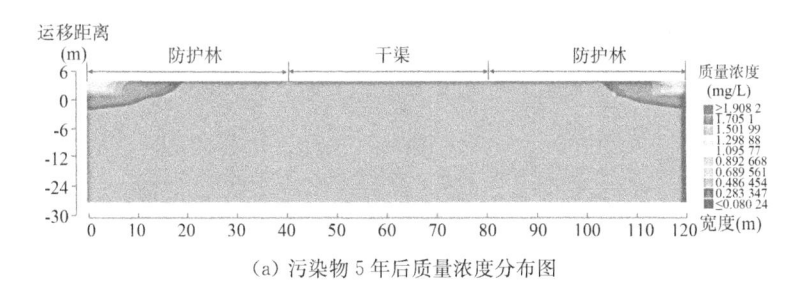

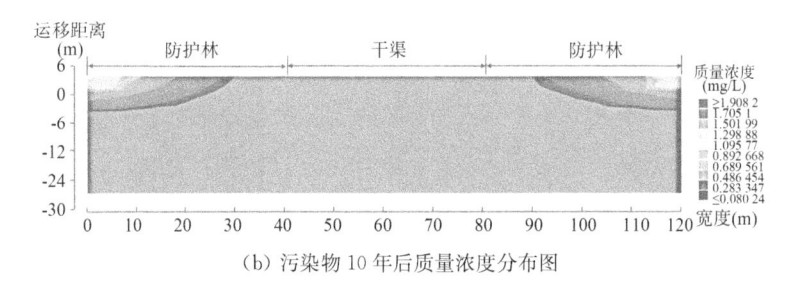

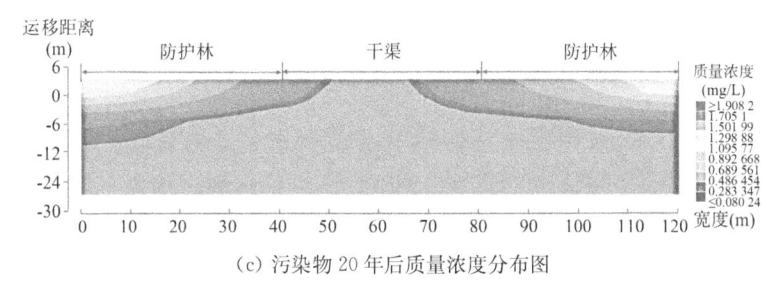

(a) 污染物 5 年后质量浓度分布图

(b) 污染物 10 年后质量浓度分布图

(c) 污染物 20 年后质量浓度分布图

图 6-9 泵站上游干渠水质演变趋势预测

模型运行 5 年、10 年、20 年的预测结果显示,泵站上游干渠两侧污染物随着时间的增长,污染物在横向和纵向上均产生了迁移扩散现象。地下水监测井水位数据显示,宋庄泵站上游地下水监测井水位越靠近输水干渠,水位越低,即干渠西侧的水力联系为地下水补给干渠。干渠两侧的污染物进入含水层后,随着地下水的流动而运移,同时它们也在自身浓度梯度的作用下进行迁移扩散,影响范围和超标范围在不断扩大,并随着渗漏补给等方式进入干渠中。

模型运行 5 年、10 年、20 年的预测结果显示,泵站下游干渠两侧污染物随着时间的增长,发生了一定程度的迁移扩散现象,并有向干渠迁移扩散的趋势。地下水

(a) 污染物 5 年后质量浓度分布图

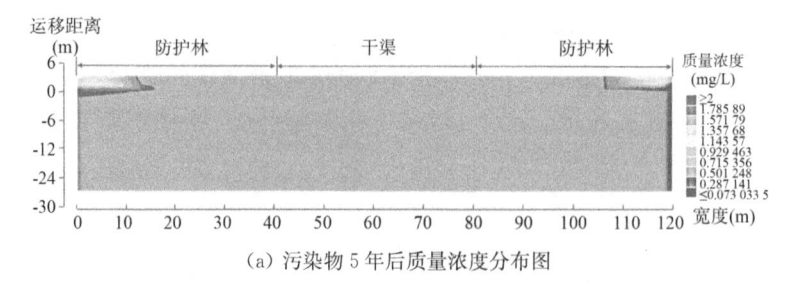

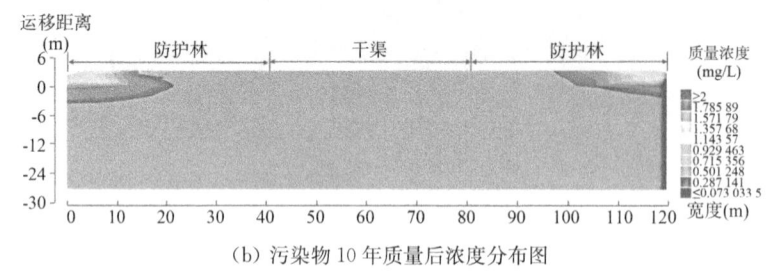

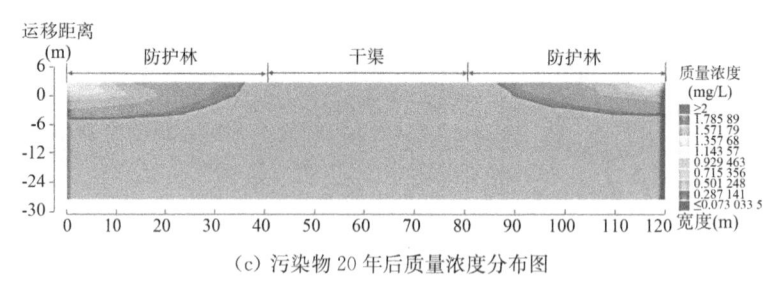

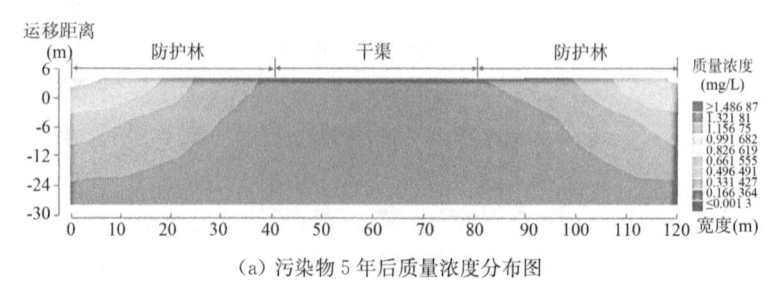

(b) 污染物 10 年质量后浓度分布图

(c) 污染物 20 年后质量浓度分布图

图 6-10　泵站下游干渠水质演变趋势预测

监测井水位数据显示,宋庄泵站下游地下水监测井水位越靠近输水干渠,水位越高,即干渠西侧的水力联系为干渠补给地下水。渠道水通过渗漏补给周边地下水,改善周边的地下水环境。

6.1.5.2　干渠无防渗的影响

在干渠渠道无防渗的情况下,将初始浓度赋给干渠两侧污染源,并设置好溶质运移系数,模拟预测研究区在该工况下,未来 5 年、10 年、20 年地下水对干渠水质的影响,如图 6-11、图 6-12 所示。

(a) 污染物 5 年后质量浓度分布图

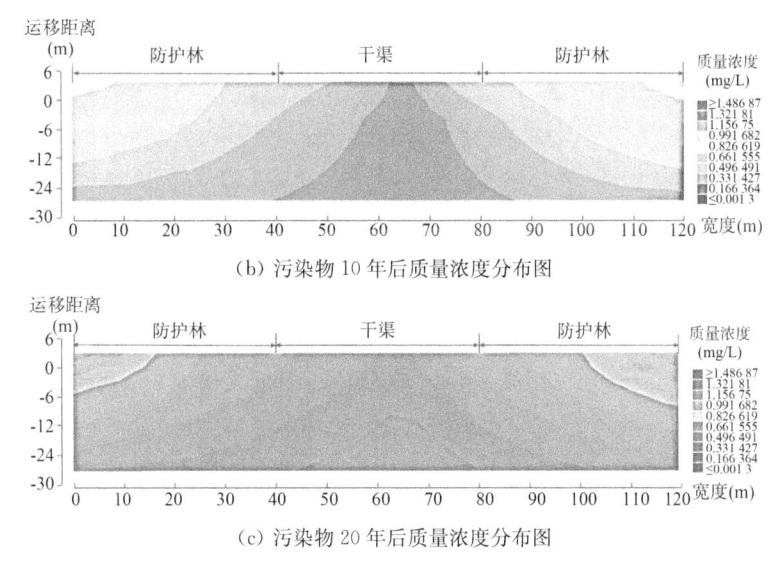

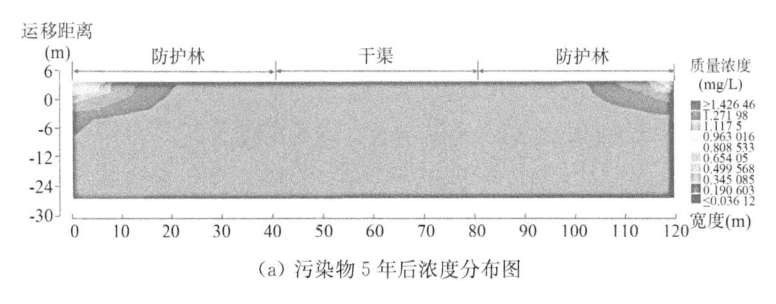

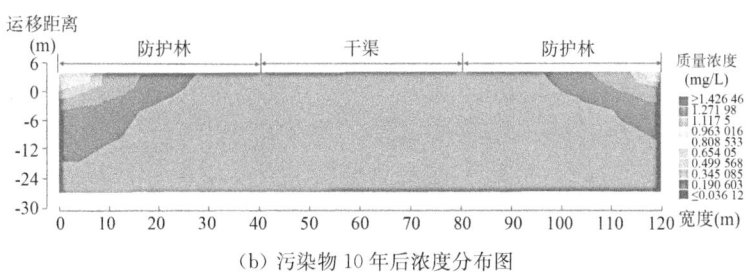

(b) 污染物 10 年后质量浓度分布图

(c) 污染物 20 年后质量浓度分布图

图 6-11　泵站上游干渠水质演变趋势预测

模型运行 5 年、10 年、20 年的预测结果显示,泵站上游干渠两侧污染物随着时间的增长,污染物在横向和纵向上发生明显的迁移扩散现象。地下水监测井水位数据显示,宋庄泵站上游地下水监测井水位越靠近输水干渠,水位越低,即干渠西侧的水力联系为地下水补给干渠。干渠两侧的污染物进入含水层后,随着地下水的流动而运移,同时它们也在自身浓度梯度的作用下进行迁移扩散,影响范围和超标范围在不断扩大,并随着渗漏补给等方式进入干渠。与干渠防渗情况相比,干渠中的污染物质量浓度高,污染程度较大。

(a) 污染物 5 年后浓度分布图

(b) 污染物 10 年后浓度分布图

(c) 污染物 20 年后浓度分布图

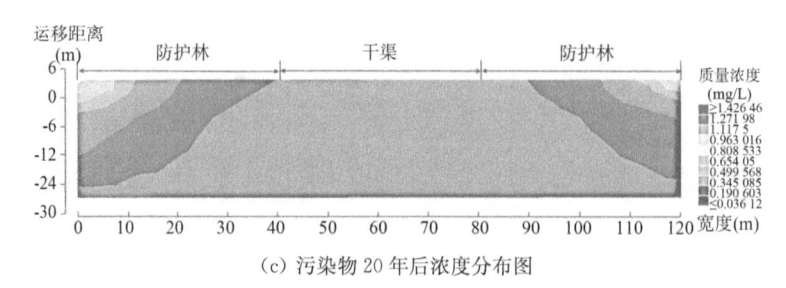

图 6-12　泵站下游干渠水质演变趋势预测

模型运行 5 年、10 年、20 年的预测结果显示,泵站下游干渠两侧污染物随着时间的增长,发生了一定程度的迁移扩散现象,但对干渠的影响偏小。地下水监测井水位数据显示,宋庄泵站下游地下水监测井水位越靠近输水干渠,水位越高,即干渠西侧的水力联系为干渠补给地下水。与干渠防渗段相比,污染物在纵向上迁移扩散的影响范围更广。

6.2　基于水动力水质模型的水质响应研究

6.2.1　模拟软件简介

MIKE ZERO 模型是由丹麦水动力研究所开发的,其所包含的计算模块主要为 MIKE11、MIKE21 等,其中 MIKE11 是进行河道水力学的一维计算的常用模型,MIKE21 是利用浅水方程组进行水流二维计算的常用模型。MIKE11 模块功能十分强大,可以模拟一维河流的多种特征,包括水动力学模型、对流扩散模块等,其水动力以及水质的计算精度高,对各种情况下的计算模拟效果高,稳定性高,是一维河道水动力水质模拟的常用工具。

MIKE11 被广泛应用于河网水动力水质耦合的研究中,可以利用降雨径流模型模拟流域水循环全过程,也可以采用 MIKE BASIN 建立水资源分配、供需平衡模型。MIKE11 模型的主要优势如下。

(1) 模型可扩展性。MIKE11 模型不但可以对水动力进行模拟,还可以加入 AD 模块以及 ECOLAB 等水质模块,对于明渠、河网等复杂条件下的情况进行很好的模拟。

(2) 界面友好性。该模型的工作流程和设计结构较为合理,易学易用。

(3) 广泛适用性。该模型在国际上有许多成功的应用,并且成为许多国家(英国、澳大利亚、丹麦等)的标准工具,也充分证明了该模型具有较好的适用性。

(4) 数据输出输入多元化。软件提供有效的演示工具,如 MIKE View 等,并以各种方式表达,容易为公众所理解。

6.2.2 数学模型及计算方法

MIKE11 水动力模块主要基于圣维南(Saint-Venant)方程组,即质量守恒连续性方程和动量守恒运动方程。水动力模块主要用于模拟河道的水位和流量,获取河道中所有位置的水动力条件。在获取水动力条件后,就可以基于这些条件构建干渠水质模块。其结果可以模拟水质模块中污染物的迁移,为水质提供基本的流场条件。圣维南方程是常用模拟一维条件下水动力条件的方程组,其控制方程如下:

$$\frac{\partial A}{\partial t} + \frac{\partial Q}{\partial x} = q \tag{6.5}$$

$$\frac{\partial Q}{\partial t} + \frac{\partial}{\partial x}\left(\frac{Q^2}{A}\right) + gA\frac{\partial h}{\partial x} + g\frac{Q|Q|}{C^2 AR} = 0 \tag{6.6}$$

式中,h 为河流水位(m),Q 为河流流量(m^3/d),A 为过水断面面积(m^2),R 为水力半径(m),C 为谢才(Chézy)系数,q 为单位长度河流侧向流入量(m^2/d),g 为重力加速度(m/s^2),x、t 为位置和时间的坐标。

采用 Abbott 六点隐式方法对上述方程组求解,这种方法按照顺序对水位和流量进行交替计算,即水位计算点(h 点)和流量计算点(Q 点),如图 6-13 所示。MIKE11 计算河网中每个水位计算点的水位,流量计算点的位置位于水位计算点的中间,所以流量计算点与水质计算点的排列为间断排列。这种方法是无条件稳定的,可以在较大的库朗数(Courant)下保持计算的稳定性,并且可以通过采用较大的时间步长来节省时间。

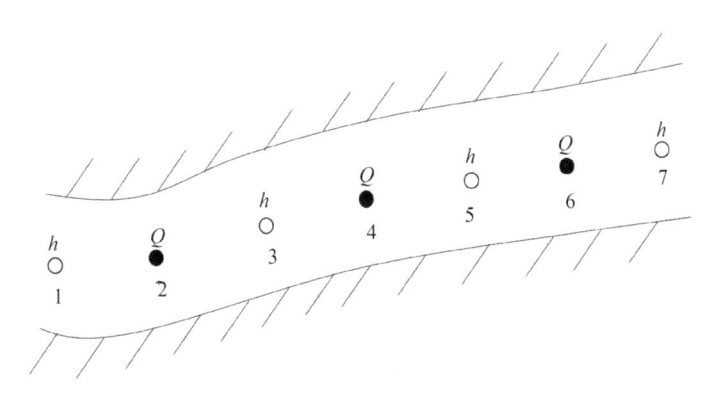

图 6-13 Abbott 六点隐式法示意图

MIKE11 对流扩散模块主要应用于在水动力条件下,模拟污染物迁移扩散后的时间和空间特征。针对干渠的水动力情况,率定水质模块的衰减系数和扩散系

数,提高模拟精度。AD 模块对流扩散方程为:

$$\frac{\partial C}{\partial t} + \mu \frac{\partial C}{\partial x} = \frac{\partial \left(E_x \frac{\partial C}{\partial x}\right)}{\partial x} - KC \qquad (6.7)$$

式中,C 为污染物的浓度,t 为时间,μ 为平均流速,x 为空间坐标,E_x 为污染物扩散系数,K 为污染物衰减系数。

从式(6.7)可以看出,对流扩散所能够反映出的污染物的运移规律主要包括两种:一是污染物随水流的整体运动而运动,另一种是污染物的扩散是由浓度差造成的。

6.2.3 一维水流模型的建立

MIKE 11 一维水流模型的数据文件包含河网文件、断面文件、模型参数文件、边界文件以及时间序列文件(见图 6-14),在研究区干渠的数值模拟中,分别建立了上述几种文件。

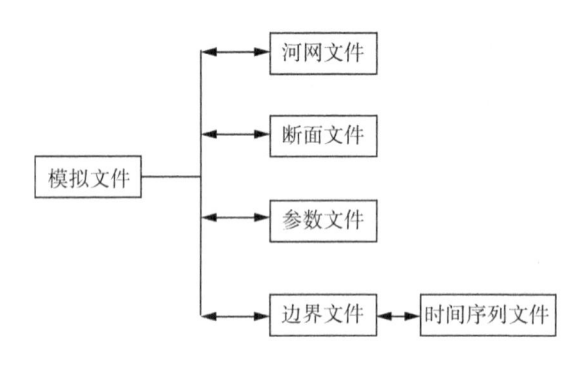

图 6-14 MIKE 11 建模关键步骤

6.2.3.1 河网文件

河网文件创建于河网编辑器,该编辑器包含大量属性页,可以对不同对象(如点、河流以及构筑物等)进行编辑和绘制,生成流程如下。

(1) 提取干渠河道中心线的位置,主要信息为河道走势信息,并定义投影坐标系,将河道中心线导入 MIKE 11 的河网编辑器中。

(2) 在干渠 shp 文件的基础上,自动概化形成渠道,并根据实际情况定义起点、终点、里程以及 TOPO ID,河网文件图像结果生成。

(3) 考虑到计算的稳定性,空间步长不宜取过大,根据 CFL 数计算,取空间步长的上限为 200 m。

(4) 根据工程实际情况,需添加可控建筑物。本次模拟将可控建筑物设为流量型闸门,相当于一个泵,发挥提水的作用。

6.2.3.2 断面文件

渠道的断面文件(图 6-15)所包含的信息主要有断面的宽度方向与深度方向的尺寸以及断面形状等。在本次模拟中,生成渠道断面的数据共有两类:一类是工程实际的断面数据,主要包含渠道高程的 x、z 数据以及断面的起始距离;x 是横向距离,z 是高程数据。另一类是采用线性插值法自动生成的断面数据。断面文件生成步骤如下:

(1) 按照 MIKE 11 计算所要求的断面格式,制定合适的坐标系,将断面的实测资料转换为 MIKE 11 导入断面所要求的文件格式;

(2) 对导入后的断面形状检查其合理性。

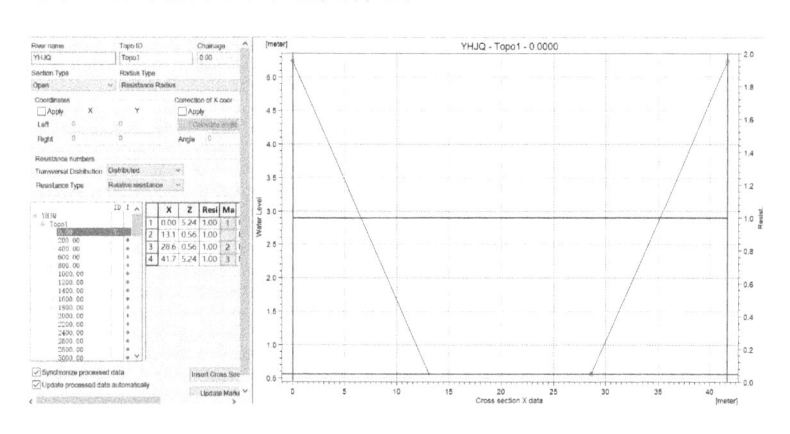

图 6-15 断面文件示意图

6.2.3.3 边界文件

模型边界主要分为外部边界和内部边界,两者都是通过边界文件中相关设置进行设置的。外边界一般为河道的端点,外部边界必须提供水位或流量等水文条件,否则模型无法运行。内部边界一般为水流的流入与流出点、点源,或者降雨径流等情况。要根据研究区的实际情况,合理确定模型的内部边界条件,最大程度提高模拟结果的可靠性和精确性。在确定边界条件时,应遵循以下原则:

(1) 为了避免边界条件的变化对于关注的重点区域的影响,设置边界条件应距离关注的重点区域一段距离;

(2) 一般设置上游边界条件为流量条件,下游边界条件为水位条件;

(3) 保证边界条件与有实测资料的断面距离足够近,可以方便地进行赋值与估算。

本次模拟主要设置干渠的外部边界。将干渠的上游边界设置为流入边界,流量采用时间序列文件,如图 6-16 所示,总干渠的下游边界设置为流出边界,水位采用时间序列文件,如图 6-17 所示。

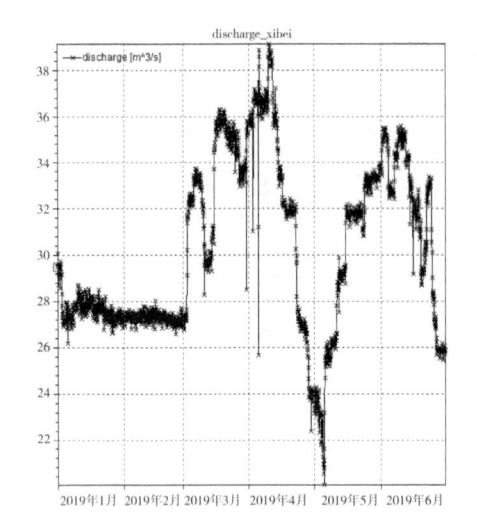

图 6-16 时间-流量序列文件

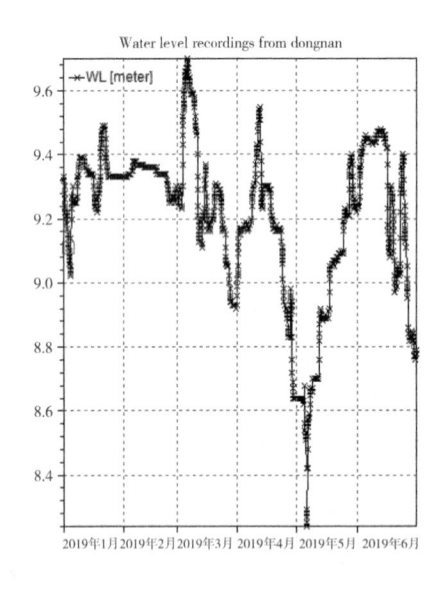

图 6-17 时间-水位序列文件

6.2.3.4 水动力参数文件

水动力参数文件的设置包含两个方面：一是设置好模型的初始条件，也就是水位和流量，确保模型能够正常运行。当初始水位取为常数时，水位取值太小，会导致上游部分最初没有水（假设上游河床高）；若水位取值太大，下游初始水位过高，就会导致模型失真。在设置时，应根据上下游坡度比的不同，进行多次尝试。通常

6 典型区段面源污染迁移与调水水质响应规律研究

情况下,初始流量设置为 0。二是确定河床糙率。河床糙率反映了河床对水流的阻力程度,结合模拟河道的相关资料和参数率定结果,确定河道的糙率值。河道的初始糙率设为 0.03。在很大程度上,糙率 n 决定了水动力模型的精度,也是水动力模拟的关键参数。在实际计算中,渠道的糙率值与很多因素相关,主要通过渠道实际情况和模拟结果来确定。

本次模拟初始条件选取水深,赋值 2.85 m。河道糙率在查阅引黄济青工程相关资料基础上,结合施工方案数据和后期运行情况,在干渠 0~10 km 处,设置为 0.016,在干渠 10~20 km 处,设置为 0.029。

6.2.3.5 模拟文件

模拟文件的建立主要包含了输入参数文件、设置存储频率、设定时间步长等。在设置时间步长时,需要根据断面最大、最小空间步长来匹配时间步长,否则模型极易发散。在多次调试后,将时间步长设为 5 秒,并运行模拟文件。至此,MIKE 11 水动力模型构建完成。

6.2.4 干渠水流模型率定与验证

6.2.4.1 干渠水流模型结果

在模拟结束后,得到干渠的各项参数,并得到引黄济青工程典型区段干渠纵向剖面图,如图 6-18 所示。

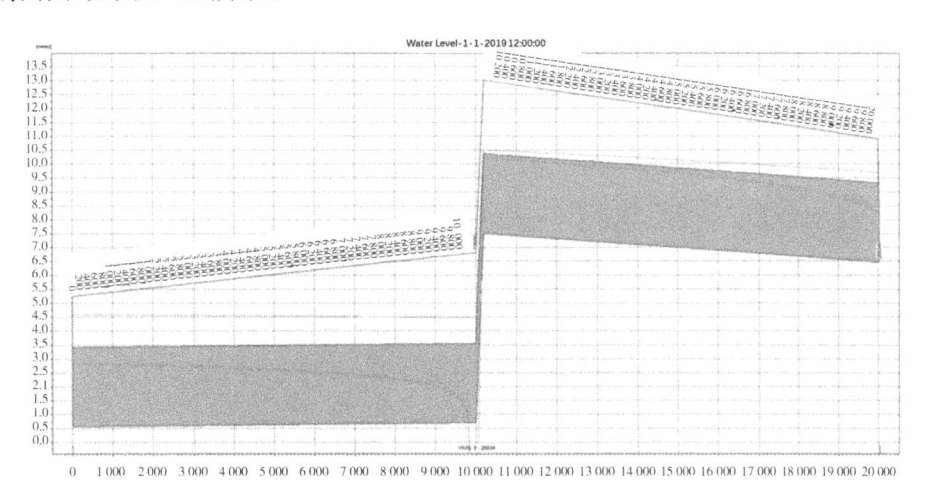

图 6-18 干渠纵向剖面图

6.2.4.2 干渠水流模型率定

根据已有的数据,对水动力模型的参数进行校准,使模拟结果与实测水位、流量相吻合。基于提高水动力模型精度的目的,需要确定不同渠段的糙率参数。本研究将塌河分水闸—宋庄泵站分为一段,宋庄泵站—弥河分水闸分为另一段,分别确定糙率的值。在本次模拟中,结合前人的经验值和工程实际,对糙率参数进行多次调试,并确定最终的糙率值。

河床糙率是反映河床边界对水流阻力大小的指标,也是表征水流与河床相互作用的参数。本研究参考引黄济青工程相关图书资料,查阅渠道的曼宁系数值,并结合数据资料对糙率进行反复率定,以减少模拟值和实测值的误差。根据模型率定结果,在塌河分水闸—宋庄泵站段,糙率设置为0.018;在宋庄泵站—弥河分水闸段,糙率设置为0.028。

模型的验证是非常必要的,合适的估算标准也十分重要。评估估算标准的最佳方法是将实测值与预测值进行比较,可通过以下三种方法来评价模型的精度。

(1) 均方根误差(RMSE)

$$\text{RMSE} = \sqrt{\frac{\sum_{i=1}^{N}(\hat{y}-y_i)^2}{N}} \tag{6.8}$$

式中,$\hat{y}$为预测值,y_i为真实值。

(2) 决定系数(R^2)

决定系数(R^2)反映了因变量的全部变异能被自变量以回归关系进行解释的比例。R^2越大,表示模型的拟合效果越好。其计算公式如下:

$$R^2 = 1 - \frac{\sum_i (\hat{y}-y_i)^2}{\sum_i (\bar{y}-y_i)^2} \tag{6.9}$$

式中,$\hat{y}$为预测值,y_i为真实值,$\bar{y}$为均值,$R^2 \in [0,1]$。

(3) 相对误差(RE)

$$\text{RE} = \frac{\sum_{i=1}^{N}(\hat{y}-y_i)}{\sum_{i=1}^{N} y_i} \tag{6.10}$$

式中,$\hat{y}$为预测值,y_i为真实值。

本研究根据引黄济青工程实际水位、流量资料,确定将宋庄泵站设为水位验证点,其监测值与模拟值对比如图6-19所示。

从图6-19可以较明显地看出,率定结果较为准确,过程线拟合得较好。经计算可得,RMSE值为0.1979,R^2值为0.99,RE值为0.014,模拟值与实测值拟合程度较好,MIKE 11水流模型达到预期效果。

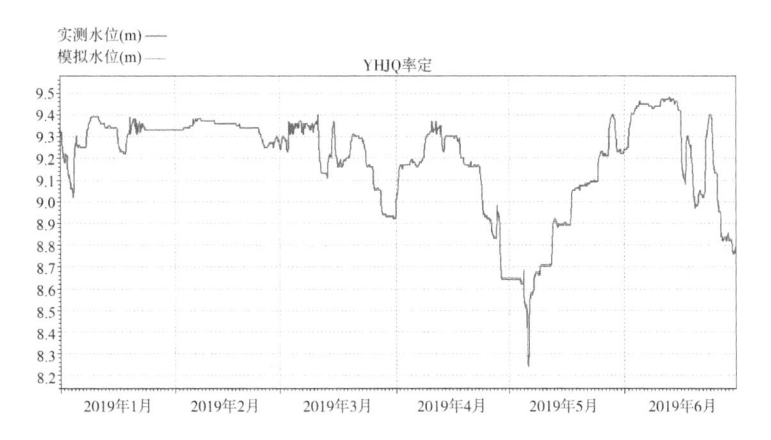

图 6-19 宋庄泵站实测水位与模拟水位对比图

6.2.5 水质模型的建立

下文以 MIKE 11 水动力模型为基础,建立干渠水质模型。水质模型的关键在于运用数学模型定量描述各要素的演化规律以及相互关系,在水动力模型模拟出渠道水动力条件的基础上,构建干渠水质模型,主要包括设置水质模块参数文件、设置水质边界条件以及运行模拟文件。

6.2.5.1 模块参数文件设定

水质模块参数文件与水动力模块参数文件基本相仿,包括定义水质组分、扩散系数、衰减系数和附加输出结果。

下面根据干渠水质的实际情况,定义干渠的水质组分。本次模拟的研究对象为总氮,扩散系数需要进行反复率定。相关文献资料显示,小溪的扩散系数为 1~5 m^2/s,河流的扩散系数为 5~20 m^2/s。在本次模拟中,将塌河断面、宋庄泵站断面的水质检测数据作为模型初始浓度。对流扩散系数 M 值指的是污染物的综合衰减系数,反映了各项物理、化学及生物反应对河流污染物的降解。不同的水动力条件以及不同的污染物类型,渠道水质衰减系数也是有差别的,衰减系数主要根据前人的研究成果或者参数率定结果确定。

6.2.5.2 边界条件设定

本研究主要对塌河到弥河段干渠的水质状况进行研究,在塌河分水闸处设置了模型的上边界,在弥河分水闸处设置了模型的下边界。水动力模块基于两小时一次的水位和流量数据进行设定,其中,模型的上边界采用时间-流量边界,模型的下边界采用时间-水位数据。结合 2019 年上半年水质监测数据,对水质模型的边界条件进行设置。

6.2.5.3 生成模拟文件

在设置好参数文件、边界文件后,将这些文件导入 MIKE11 模拟文件,就可完成初始条件、结果属性文件及保存频率的设定。为了提高水质模块的准确性和稳定性,将时间步长设为 5 秒,数据采集频率设为 2 小时。

6.2.6 模型参数的率定与验证

本次模拟结合水质监测断面的污染物浓度,构建水动力-水质耦合模型,模拟干渠水质状况。基于已有的数据资料,率定水质模块的主要参数,以便更好地拟合实测值和模拟值。水质模型中的率定参数包括扩散系数 D 和衰减系数 M,水流改变了污染物的空间位置,并引起污染物的衰减,该过程由衰减系数表示。

(1) 扩散系数

扩散系数是反映河流污染物纵向混合特征的重要水动力参数,它直接影响到污染物的迁移扩散及空间分布,确定该系数的主要方法有理论公式法、示踪实验法及经验公式法。与其他方法相比,示踪实验可以准确反映河道的水力特征,其缺点在于实验成本高。经验公式法虽然具有一定的局限性,但参数少、使用方便,可用于估算离散参数。本次模拟采用经验公式法,具体公式如下:

$$D = a u^2 \tag{6.11}$$

式中,u 为断面平均流速,a 为需要确定的比例系数,D 为扩散系数。根据水质监测断面的污染物浓度反复调整参数,最终确定扩散系数为 8 m²/s。

(2) 衰减系数

衰减系数是构建干渠水质模型的关键参数,该参数主要反映河流水质的净化状况。确定衰减系数 M 的方法主要有分析借用法、理论公式法以及实际测量法。理论公式法和分析借用法的使用具有一定的局限性,无法确保衰减系数的精度。与这两种方法相比,实际测量法的适用性较差,不方便进行具体操作。在本次模拟中,不断调整和率定衰减系数,对污染物质量浓度变化的模拟值和实测值进行比较,选择拟合效果最好的参数,作为渠道污染物的衰减系数。本研究通过收集和查阅相关参考文献,不断调整衰减系数 M 的大小,拟合实测值和模拟值,得出水质衰减系数为 0.115/d。根据引黄济青工程的水质监测资料,将宋庄泵站水质监测断面设为水质验证点,其监测值与模拟值如图 6-20 所示。

由图 6-20 可知,总氮质量浓度模拟整体趋势较好,采用水质模拟中常用的模拟与实测浓度相对误差对模型的精度进行评估。计算可知,总氮质量浓度实测值与模拟值的相对误差为 5.32%,模拟结果与实测数据匹配度高,模拟值与实测值的误差在合理的范围内。

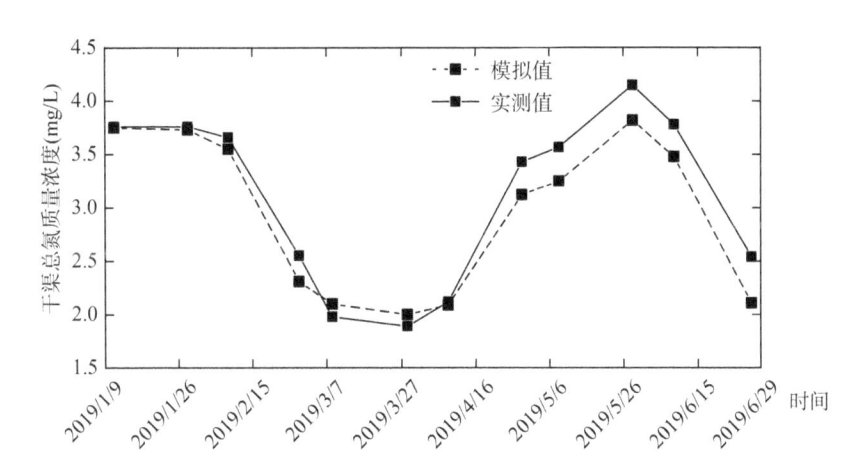

6 典型区段面源污染迁移与调水水质响应规律研究

图 6-20 宋庄泵站水质监测断面实测值与模拟值对比图

6.2.7 水质模拟应用

6.2.7.1 水动力工况模拟

在对参数进行率定和验证的基础上，可运用水动力-水质耦合模型对干渠水质进行模拟应用研究。通过搜集和分析宋庄泵站 2019 年至 2021 年调水的流量数据（见表 6-3），选取流量为 25 m³/s、30 m³/s、35 m³/s 三种工况（表 6-4），模拟不同流量下干渠污染物质量浓度变化特征，探究宋庄泵站的流量变化对于下游干渠水质的影响，为引黄济青工程调水提供参考。

表 6-3 宋庄泵站 2019—2021 年调水流量数据

月份	最小流量(m³/s)			最大流量(m³/s)			平均流量(m³/s)		
	2019	2020	2021	2019	2020	2021	2019	2020	2021
1月	26	30	22	30	33	26	27	30	24
2月	26	27	23	27	31	28	27	30	25
3月	26	34	27	34	35	31	31	32	28
4月	23	34	29	34	37	35	29	35	32
5月	17	33	27	33	34	36	23	29	33
6月	25	33	25	33	28	42	29	25	31

在宋庄泵站下游 5 km 处设置监测断面，模拟该断面的典型污染物浓度的变化情况。将地下水溶质运移模型运行 20 年后，泵站上游干渠(无防渗)断面平均浓度作为初始浓度，赋给模型水质参数文件，河床糙率为水动力模型率定值，在塌河分水闸—宋庄泵站段，糙率设置为 0.018，在宋庄泵站—弥河分水闸段，糙率设置为 0.028。本次模拟时间步长为 5 s，渠道断面最大空间步长为设 200 m，扩散系数采

用率定值 8 m/s，为保证模型的稳定性，库朗数(Courant)取值应小于 1。

表 6-4　不同工况下水动力情况

工况编号	流量(m³/s)
1	25
2	30
3	35

6.2.7.2　模拟结果分析

根据宋庄泵站工况一、工况二、工况三的模拟结果，在三种工况下，干渠中污染物的质量浓度有一个小的上升，分析其中的原因可能是泵站上游的污染物持续进入下游干渠，引起污染物的质量浓度上升。随着时间推移，污染物质量浓度又会降到《地表水环境质量标准》(GB 3838—2002)中水质标准限值 0.1 mg/L 以下。当流量达到 25 m³/s 时，污染物的质量浓度在 1 小时内上升到 0.69 mg/L，在 36 小时后污染物质量浓度达到 0.1 mg/L 以下，如图 6-21 所示；当流量达到 30 m³/s 时，污染物的质量浓度在 50 分钟内上升到 0.69 mg/L，在 32 小时后下降到 0.1 mg/L 以下，如图 6-22 所示；当流量达到 35 m³/s 时，污染物的质量浓度在 45 分钟后内上升到 0.69 mg/L，在 29 小时后污染物质量浓度在 0.1 mg/L 以下，如图 6-23 所示。

通过模拟结果可以发现，改变干渠水动力条件可以有效改善水质，降低干渠下游污染物的浓度。随着宋庄泵站流量的增大，水体的流动性得到提升，干渠水体的流速也相应增大，一方面加快干渠水体的稀释作用，另一方面流量增大后，干渠的流速也相应增大，增强了 DO 的复氧作用，提高了水体中的 DO 质量浓度，从而增强干渠水体的自净，导致干渠污染物质量浓度降低。

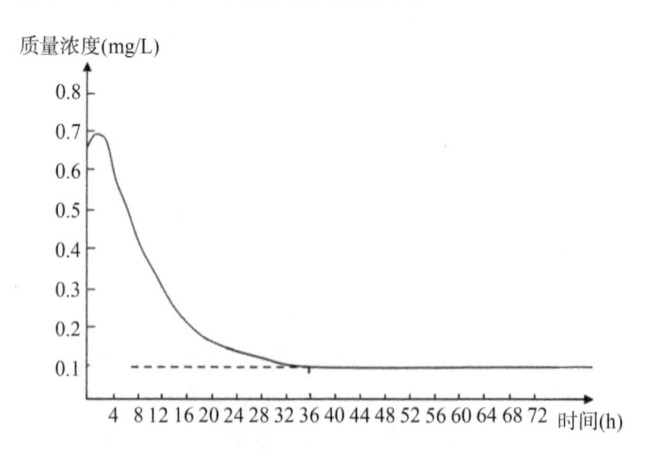

图 6-21　流量为 25 m³/s 的污染物质量浓度变化

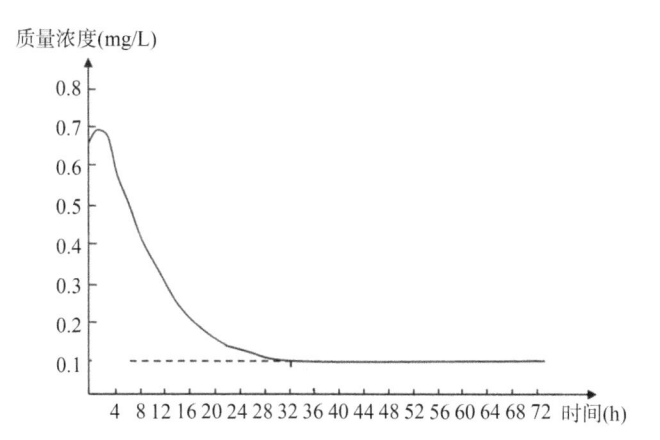

图 6-22 流量为 30 m³/s 的污染物质量浓度变化

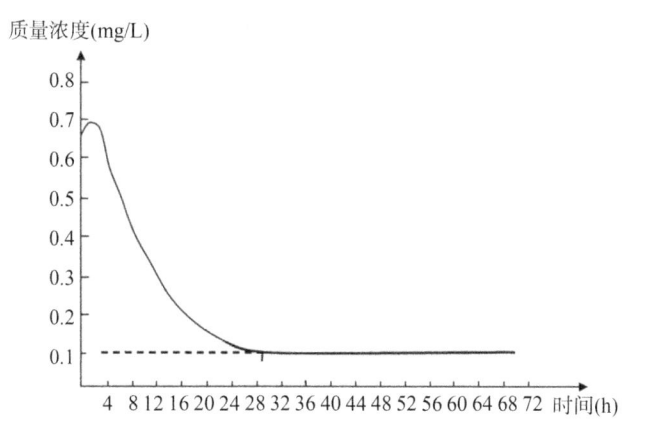

图 6-23 流量为 35 m³/s 的污染物质量浓度变化

7 典型海水入侵区域地下水对调水水质影响实验与数值模拟研究

本章选择引黄济青调水工程穿越海水入侵区域的渠段作为典型研究区，建立地下水监测剖面，对地下水进行水位、水质监测，从而分析在研究区内，引黄济青输水干渠的不同区段渠道水与地下水之间的补排关系，探究在海水入侵典型地区，地下咸(卤)水中的盐分(以氯化物计)在渠道水-地下水系统中的运移规律，以及在不同的引水调度下，渠道水与地下水的水质、水量的动态变化特征。具体研究内容如下。

(1) 不同渠段渠道水与地下水的补排关系

在典型研究区的上下游分别建立地下水环境监测剖面，通过定期取样对地下水位、水质进行监测，结合输水干渠以及沿岸的地理条件、地形地貌、水文气象、调水水质等资料，明确在不同渠段，渠道水-地下水系统中两者的补排关系。

(2) 盐分在渠道水与地下水中的运移规律

建立地下水数值模型，对研究区内渠道水-地下水系统的水流进行模拟，研究海水入侵典型区域内，地下水中盐分(以氯化物计)在渠道水-地下水系统中，从地下水中向渠道水中扩散的能力、范围、与渠道水位的关系等，分析引黄济青调水工程输水干渠对沿线地下水环境的正面效应。

(3) 不同情景下渠道水-地下水系统中盐分迁移影响因素研究

在不同的预设情景下，对渠道水-地下水系统中盐分运移的规律进行模拟与分析，对比研究区内地下水水质的变化情况，以及咸淡水界面的运移情况，预测在引黄济青输水干渠的两侧，渠道水-地下水系统的水质变化情况。

7.1 典型海水入侵区域渠道水-地下水水质影响实验研究

7.1.1 实验场地的选择

本次研究选择引黄济青工程第一级提水泵站，即宋庄泵站作为典型研究区，主要是基于以下几个方面的考量。

（1）咸淡水交界面位置

《黄河三角洲自然资源图集》中对山东省滨海地区，尤其是莱州湾沿岸地区海水入侵情况的调查表明，宋庄泵站区域位于海水入侵范围内，地下水水质较淡水水质较差，在研究区内广泛分布有淡水(TDS<1 g/L)、微咸水(TDS 值为 1～3 g/L)、咸水(TDS 值为 3～50 g/L)。

（2）输水干渠工况差别

以宋庄泵站为界，可将研究区内输水干渠分为上游和下游两部分，在泵站的下游渠段，对输水干渠底板进行衬砌，衬砌混凝土平均厚度 0.06 m。而在泵站的上游渠段则未进行衬砌工作，这就使得泵站上游渠段渠道水与地下水之间的水力联系较泵站下游渠段更加密切。

（3）地下水的补排关系区别

仍以宋庄泵站为界，泵站的上游渠段引水干渠底板高程要低于两侧河岸，泵站的下游干渠底板高于两侧河岸，根据宋庄泵站内地形地貌的分布特征，粗略判断研究区内泵站上游地下水对渠道水进行补给；在泵站的下游则相反。并且渠道中输水水位的变化幅度较大，在停止调水时期，渠道水-地下水之间的水量、水质联系更加密切。

综上所述，由于宋庄泵站位于海水入侵地区，地下水表现为咸（卤）水，由于在泵站的两侧，渠道底板高程与两岸的地表高程关系不同，因而在泵站的上下游渠道水与地下水之间的补排关系可能存在差别，并且泵站上下游输水干渠的衬砌情况不同，使得地下水中的盐分向渠道中进行迁移，尤其是在未进行衬砌的渠段，这种运移趋势可能更加明显，在泵站的两侧，渠道水与地下水之间的水力联系如图 7-1 和图 7-2 所示。

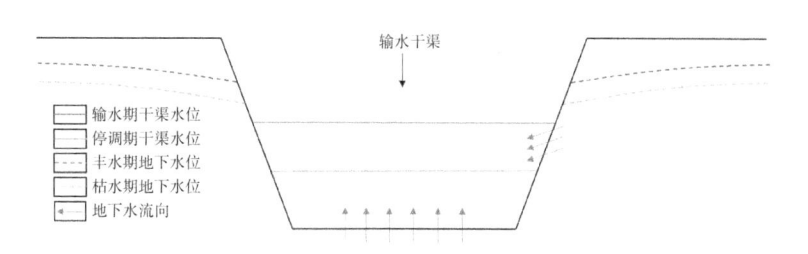

图 7-1　泵站上游渠道水-地下水系统补排关系示意图

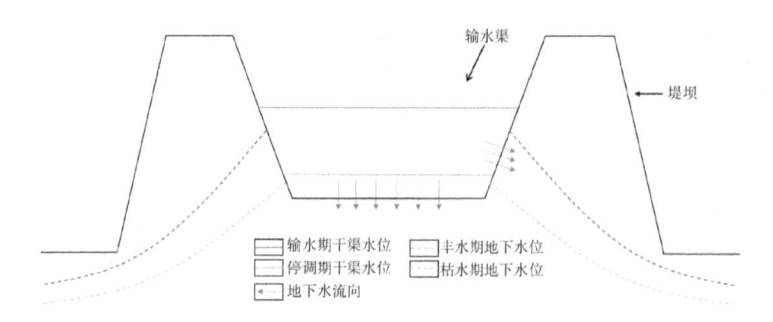

图 7-2　泵站下游渠道水-地下水系统补排关系示意图

7.1.2　实验场地建立

本节依据《区域地下水质监测网设计规范》(DZ/T 0308—2017)以及《地下水环境监测技术规范》(HJ 164—2020)中相关规定,在本次研究范围内,分别于引黄济青工程输水干渠的南北两侧,布设水文监测剖面线以及地下水文监测孔。主要遵循以下几点规定。

(1) 水文监测剖面与地下水主流基本同向,并且与引黄济青输水干渠基本垂直,以便研究渠道-地下水系统中水量、水质和与输水渠与离之间的关系,进而探究水量、水质的运移转换规律。

(2) 水文监测剖面应该在河流对地下水的影响范围内,对上下游位置均有覆盖,需要反映出宋庄泵站范围内地下水环境的整体质量状况等。

(3) 在水文监测剖面上,地下水文监测孔的布置应当由远及近依次进行,并且监测孔间距向输水干渠方向应当逐渐缩短。

根据上述原则,本次研究拟定布设水文监测剖面 4 条,通过现场踏勘,最终确定水文监测剖面的位置分别在宋庄泵站上游距泵站 2 km 处、下游距泵站 0.5 km 处各两条。4 条剖面均大致垂直于引黄济青输水干渠,向南北两侧延伸,以期研究引黄济青干渠两侧地下水水质和与干渠距离之间的关系。

4 条剖面按方位分别编号为 NW 剖面、NE 剖面、SW 剖面、SE 剖面。其中,干渠北侧的两条剖面(NW 剖面、NE 剖面)长约 0.8 km,每条剖面分别布置地下水文监测孔 12 口;南侧两条剖面(SW 剖面、SE 剖面)向南延伸至荣乌高速附近,长约 0.3 km,每条剖面分别布置地下水文监测孔 8 口。

地下水文监测孔钻进深度 10 m,使用 PVC 管进行支护,上部为 2 m 实管,底部为 8 m 滤管,监测孔半径为 0.035 m,地下水文监测孔结构如图 7-3 所示。

本次研究共布设地下水文监测孔 40 口,另有地表水采样点 3 个,分别布置在泵站上下游渠道处和 SE 剖面一侧池塘处,具体水文监测剖面位置如图 7-4 所示。在地下水文监测孔转进过程中对研究区内地层情况进行编录,钻孔柱状图见图 7-5、图 7-6。

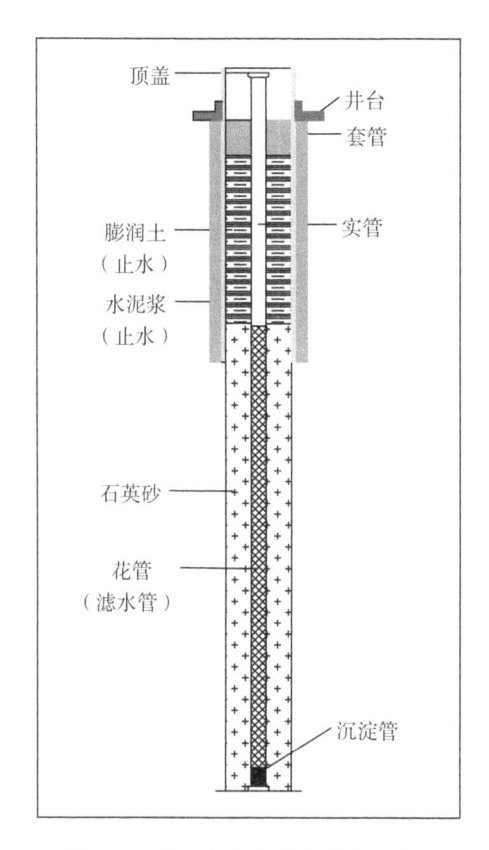

7 典型海水入侵区域地下水对调水水质影响实验与数值模拟研究

图 7-3 地下水文监测孔结构示意图

图 7-4 水文监测剖面布置图

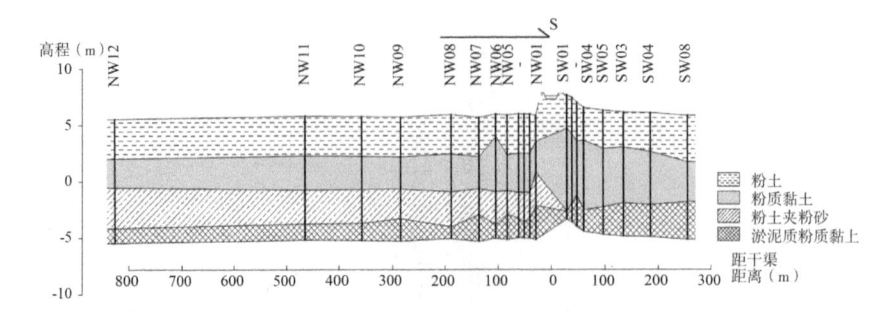

图 7-5　NW(左)、SW(右)两剖面钻孔剖面图

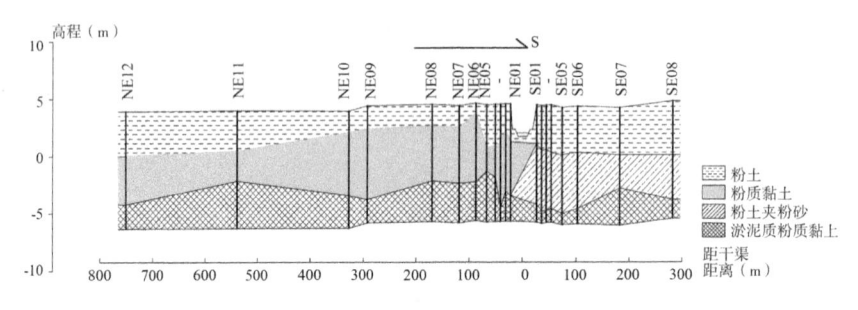

图 7-6　NE(左)、SE(右)两剖面钻孔剖面图

7.1.3　实验场地地下水位监测

三次现场取样均采用 20 m 便携式监测井水位埋深电测量仪器对地下水位埋深进行测量,三次取样工作中测得的水位标高如图 7-7 所示。

根据 7 月对宋庄泵站区域地下水位测量的结果,SW 剖面、NW 剖面地下水位标高由干渠向两侧逐渐升高;SE 剖面、NE 剖面水位则相反,由干渠向两侧逐渐降低。根据地下水位分布可以初步判定,在 7 月,泵站上游干渠与地下水的水力联系可能为地下水补给渠道水,下游则为渠道水补给地下水。

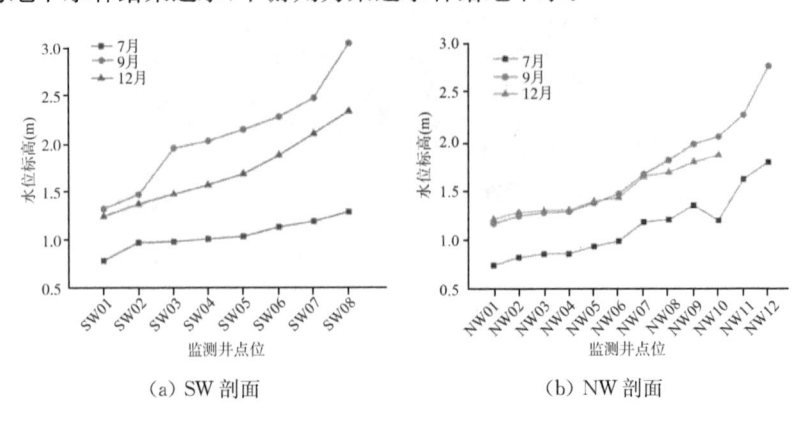

(a) SW 剖面　　　　　(b) NW 剖面

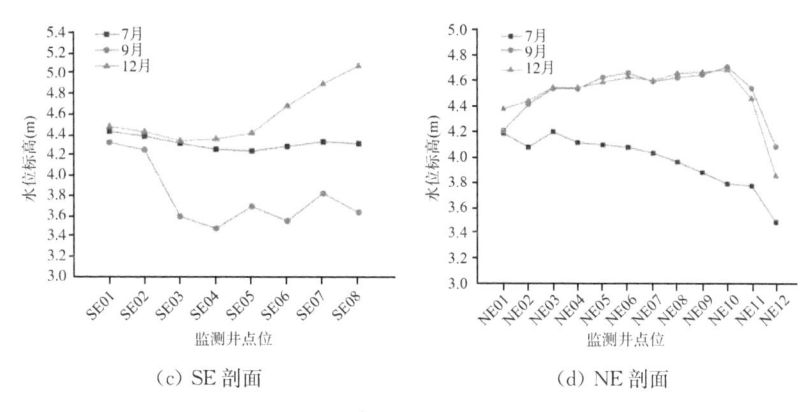

7 典型海水入侵区域地下水对调水水质影响实验与数值模拟研究

(c) SE 剖面

(d) NE 剖面

图 7-7 三次取样水位标高统计图

在 9 月取样时,SW 剖面、NW 剖面的地下水标高仍然遵循由干渠向两侧逐渐升高的规律,说明在泵站的西侧,依然是地下水补给渠道水。但是水位标高均大于第一次取样时,这大概是因为 9 月取样时遭遇连续强降水,降水下渗对潜水地下水进行补给导致地下水位升高。泵站下游的地下水位分布较为复杂。对于 NE 剖面,地下水标高明显高于 7 月,与上述原因相同。但是不再遵循由干渠向两侧逐渐降低的规律,而是先升高后降低,其原因是:在 9 月取样时,引黄济青工程处于停调时期,在泵站的东侧,渠道内基本干涸,两岸地下水丧失了输水干渠的补给,因而在距离输水渠较近的地区,水位有一个显著下降过程,而对于较远的地区,地下水位下降量则相应较小。对于 SE 剖面,地下水位基本上是由干渠向两侧先逐渐减小,后趋于稳定,可能是由于 SE02 旁池塘与地下水发生了水力联系,因而 SE01、SE02 较 7 月基本不变,而 SE02 后续监测孔的地下水水位则逐渐减小。

在 12 月,除 SE 剖面地下水位的走势基本与 7 月相同外,其余各剖面基本与 9 月大致相同,其原因是:12 月取样时,引黄济青工程恢复调水状态,并且遭遇强降雪并在次日融化,泵站东侧渠道水水位升高,恢复了对地下水的补给。

7.1.4 实验场地地下水水质分析

7.1.4.1 实验场地地下水样采集

本次研究共进行了三次地下水文监测孔的野外调查取样工作,每次取样均使用聚乙烯水样瓶(1200 mL)进行封存,第一时间送至实验室进行水质分析。

(1) 2021 年 7 月 24 日进行第一次取样工作,共计取样 43 件,包括地下水样 40 件(NW01~12、NE01~12、SW01~08、SE01~08)、地表水样 3 件(DB01~03)。地下水样取样深度均为 6 m,地表水样分别为 SE 剖面旁水池水样,泵站上、下游渠道水样各一件。本次取样工作,在水文地质监测孔的钻进工作结束后进行,提出孔中地下水并待其恢复后进行,并且取样时为引黄济青工程调水期间。

(2) 2021年9月25日进行第二次取样工作,共计取样44件,包括地下水样40件,地表水样4件。对第一次取样点均进行了二次取样,另外增加研究区附近村庄灌溉用深井水样一件(SJ01),以期将其作为宋庄泵站区域内地下水典型溶质的背景值,据当地居民描述,该深井井深超过200 m,并且水位埋深超过50 m。本次取样时间为引黄济青调水工程停止调水期间,且取样期间遭遇连续降水。

(3) 2021年12月25日进行第三次取样工作,共计取样41件,包括地下水样38件(除NW11、NW1地下水文监测井被破坏,其余均正常取样),地表水样3件,考虑到SJ01为深层地下水,并且其与浅层地下水的水力联系不大,故未再次取样。本次取样为引黄济青工程正常调水期间,取样期间遭遇大幅降雪并且基本于次日融化。

三次现场取样工作均使用雷磁DZB-718L便携式多参数水质分析仪对pH、TDS、电导率、溶解氧等指标进行现场测量。本次研究在宋庄泵站范围内的取样点的具体信息见表7-1。

表7-1 取样点具体信息表

剖面名称	监测井号	水位标高(m)	距干渠距离(m)	剖面名称	监测井号	水位标高(m)	距干渠距离(m)
SE剖面	SE01	4.429 8	29.41	SW剖面	SW01	0.785 8	26.41
	SE02	4.383 8	38.42		SW02	0.974 8	35.99
	SE03	4.313 8	47.94		SW03	0.984 8	44.91
	SE04	4.255 8	60.33		SW04	1.011 8	54.04
	SE05	4.239 8	97.37		SW05	1.037 8	74.39
	SE06	4.283 8	135.08		SW06	1.136 8	102.69
	SE07	4.330 8	186.06		SW07	1.193 8	182.53
	SE08	4.310 8	255.47		SW08	1.292 8	281.78
NE剖面	NE01	4.182 8	21.98	NW剖面	NW01	0.734 8	28.75
	NE02	4.073 8	31.4		NW02	0.815 8	39.84
	NE03	4.194 8	40.79		NW03	0.849 8	50.81
	NE04	4.109 8	50.64		NW04	0.851 8	61.56
	NE05	4.092 8	67.3		NW05	0.926 8	83.46
	NE06	4.072 8	87.41		NW06	3.980 8	104.55
	NE07	4.028 8	119.03		NW07	3.173 8	135.52
	NE08	3.959 8	169.12		NW08	3.200 8	188.06
	NE09	3.873 8	291.9		NW09	1.347 8	284.27
	NE10	3.784 8	327.9		NW10	1.192 8	357.89
	NE11	3.769 8	539.11		NW11	1.613 8	464.31
	NE12	3.485 8	750.7		NW12	1.786 8	825.1

7.1.4.2 地下水检测方法与规范

在第一次取样工作结束后,本研究对地下水的多项指标进行了检测,由于汞、砷、硒、镉、铬(六价)、氰化物等组分未检出或者检出含量很小,故在后续的水质检测及研究中均不予考虑。

研究区地下水样的检测方法依据《生活饮用水标准检验方法 感官性状和物理指标》(GB/T 5750.4—2006)、《生活饮用水标准检验方法 无机非金属指标》(GB/T 5750.5—2006)、《生活饮用水标准检验方法 金属指标》(GB/T 5750.6—2006)中规定的检测方法、步骤、试剂和仪器进行地下水样各组分含量的检测。

水样的各项指标评价依据《地下水质量标准》(GB/T 14848—2017)和《地表水环境质量标准》(GB 3838—2002)中对Ⅲ类地表水、Ⅲ类地下水溶质含量的相关规定进行。检测项目及其对应的检测方法和评价指标见表7-2。

表7-2 检测项目及方法与评价指标

检测项目	检测方法标准	检测方法	水质指标(Ⅲ类)
浑浊度	GB/T 5750.4—2006	散射法(福尔马肼标准)	≤3
pH	GB/T 5750.4—2006	玻璃电极法	6.5≤pH≤8.5
总硬度(以 CaCO3 计)	GB/T 5750.4—2006	乙二胺四乙酸二钠滴定法	≤450
溶解性总固体	GB/T 5750.4—2006	烘干称量法	≤1 000
硫酸盐	GB/T 5750.5—2006	硫酸钡比浊法	≤250
氯化物	GB/T 5750.5—2006	硝酸银容量法	≤250
铁	GB/T 5750.6—2006	二氮杂菲分光光度法	≤0.3
锰	GB/T 5750.6—2006	原子吸收分光光度法	≤0.10
氟化物	GB/T 5750.5—2006	离子选择电极法	≤1.0
铅	GB/T5750.6—2006	无火焰原子吸收分光光度法	≤0.01

注:上述指标中,除浑浊度以及pH外,其余指标单位均为 mg/L。

7.1.4.3 典型溶质分布特征

根据第一次地下水样的检测结果,在40件地下水样品中,属于Ⅴ类地下水的有7件,属于Ⅳ类地下水的有10件,Ⅲ类及以上水质地下水共计23件。pH在7.37和8.24之间,均符合Ⅲ类地下水的规定;氯化物含量个别超标,在51.9 mg/L和340 mg/L之间,最高超标 0.36 倍;总硬度(以 $CaCO_3$ 计)部分超标,占参检总数15%,在 222 mg/L 和 4 332 mg/L 之间,均值为 450 mg/L,最高超标 8.63 倍;溶解性总固体大部分超标,在 144 mg/L 和 2 861 mg/L 之间,均值为 1 187 mg/L,最高超标 1.86 倍,见表 7-3 。

根据9月地下水样的检测结果,在40件地下水样品中,属于Ⅴ类地下水的有21件,属于Ⅳ类地下水的有6件,Ⅲ类及以上水质地下水共计13件。pH在7.11

和 8.03 之间;氯化物含量大部分超标,均值为 639.5 mg/L,最高超标 18.25 倍;总硬度(以 $CaCO_3$ 计)部分超标,均值为 474.25 mg/L,最高超标 2.66 倍;溶解性总固体大部分超标,均值为 1 957.1 mg/L,最高超标 10.68 倍,见表 7-4。

对比两次检测结果,可以发现,9 月的地下水水质各项指标明显高于 7 月,并且在泵站的上游变化幅度较小,在泵站下游地下水各项指标均显著提高。这是因为 7 月取样时为调水时期,而 9 月取样时为停调期。9 月时渠道中水位下降,泵站下游地下水失去了渠道水的补给,导致各指标质量浓度增加。

根据 12 月地下水样的检测结果,在 38 件地下水样品中,属于 V 类地下水的有 27 件,属于 IV 类地下水的有 5 件,III 类及以上水质地下水共计 6 件。pH 在 7.32 和 8.14 之间,平均值为 7.60,均符合 III 类地下水的规定;氯化物含量大部分超标,在 75.5 mg/L 和 3 036 mg/L 之间,均值为 471.54 mg/L,最高超标 11.14 倍;总硬度(以 $CaCO_3$ 计)部分超标,整体浓度处于 244 mg/L 和 786 mg/L 之间,均值为 388.39 mg/L,最高超标 0.75 倍;溶解性总固体大部分超标,介于 850 mg/L 和 9 293 mg/L 之间,均值为 2 886.13 mg/L,最高超标 8.29 倍,水样评价结果见表 7-5。

对研究区地下水样的三次取样监测结果显示,7 月至 9 月,地下水的各项指标呈现上升趋势,并且泵站的上游变化幅度相对较小,说明调水水位从高水位下降为低水位时,泵站下游渠道两侧地下水失去补给导致水质恶化,而 12 月,重新恢复调水后,水样中氯离子浓度显著降低,说明在渠道水由低水位变为高水位时,渠道对地下水补给重新恢复,地下水水质改善。

表 7-3 2021 年 7 月水样评价结果

样品编号	pH	总硬度(以 $CaCO_3$ 计)	溶解性总固体	氯化物	水质评级
SE01	7.63	330	468	148	III
SE02	7.58	4 332	2 728	199	V
SE03	7.55	394	655	107	III
SE04	7.60	222	659	103	III
SE05	7.57	392	705	123	III
SE06	7.38	406	670	109	III
SE07	7.67	228	1 422	245	IV
SE08	7.46	708	1 486	197	V
NE01	7.68	294	813	116	III
NE02	7.66	302	668	107	III
NE03	7.86	310	698	107	III

续表

样品编号	pH	总硬度（以 $CaCO_3$ 计）	溶解性总固体	氯化物	水质评级
NE04	7.73	300	717	132	Ⅲ
NE05	7.58	474	1 772	198	Ⅳ
NE06	7.52	470	2 258	198	Ⅴ
NE07	7.82	310	695	113	Ⅲ
NE08	7.78	238	144	201	Ⅲ
NE09	7.75	304	2 314	188	Ⅴ
NE10	7.60	300	1 364	340	Ⅳ
NE11	7.67	338	1 261	333	Ⅳ
NE12	7.51	812	2 861	未检出	Ⅴ
SW01	7.70	278	899	181	Ⅲ
SW02	7.37	598	1 708	51.9	Ⅲ
SW03	7.94	260	906	295	Ⅳ
SW04	7.62	386	1 393	57.2	Ⅳ
SW05	7.82	380	1 503	56.4	Ⅳ
SW06	7.70	416	1 473	57.2	Ⅳ
SW07	7.79	396	1 402	205	Ⅳ
SW08	7.67	362	1 482	56.4	Ⅳ
NW01	7.63	302	811	147	Ⅲ
NW02	7.78	290	764	119	Ⅲ
NW03	7.98	296	737	141	Ⅲ
NW04	8.24	284	771	113	Ⅲ
NW05	8.21	310	773	147	Ⅲ
NW06	8.24	278	792	143	Ⅲ
NW07	8.02	282	695	139	Ⅲ
NW08	7.99	272	701	158	Ⅲ
NW09	7.92	272	759	141	Ⅲ
NW10	7.94	288	730	154	Ⅲ
NW11	7.82	268	2 093	194	Ⅴ
NW12	7.69	322	2 730	194	Ⅴ

注：上述指标中除 pH 外，其余各项单位均为 mg/L。

表 7-4 2021 年 9 月水样评价结果

样品编号	pH	总硬度（以 CaCO$_3$ 计）	溶解性总固体	氯化物	水质评级
SE01	7.50	862	3 941	1 724	V
SE02	7.41	1 648	4 651	4 562	V
SE03	7.71	308	2 891	660	V
SE04	7.31	680	3 382	1 124	V
SE05	7.31	310	496	237	III
SE06	7.11	340	787	173	III
SE07	7.56	622	3 553	1 326	V
SE08	7.46	628	3 721	1 165	V
NE01	7.66	244	102	185	IV
NE02	7.31	406	1 775	654	III
NE03	7.76	254	899	189	III
NE04	7.59	372	145	495	III
NE05	7.44	410	1 679	529	V
NE06	7.5	450	177	511	V
NE07	7.71	544	2 195	409	III
NE08	7.66	506	11 678	92.1	V
NE09	7.38	1 590	879	147	V
NE10	7.44	344	973	209	IV
NE11	7.45	844	3 613	1 438	V
NE12	7.67	296	3 614	165	V
SW01	7.57	372	1 497	355	V
SW02	7.62	292	1 728	152	IV
SW03	7.82	262	803	159	III
SW04	7.58	290	544	179	III
SW05	7.63	276	1 139	237	IV
SW06	7.71	308	3 113	568	III
SW07	7.60	394	3 110	954	V
SW08	7.79	262	304	619	V
NW01	7.73	342	703	301	IV
NW02	7.73	288	838	109	III
NW03	7.73	292	605	114	III

续表

样品编号	pH	总硬度（以 $CaCO_3$ 计）	溶解性总固体	氯化物	水质评级
NW04	7.23	286	664	138	Ⅲ
NW05	7.49	612	2 235	546	Ⅴ
NW06	7.44	572	2 896	748	Ⅴ
NW07	7.87	292	813	156	Ⅲ
NW08	7.44	474	253	827	Ⅴ
NW09	7.71	296	810	906	Ⅴ
NW10	7.18	408	165	336	Ⅳ
NW11	8.03	330	3 249	266	Ⅴ
NW12	7.45	664	1 664	1 915	Ⅴ

注：上述指标中除 pH 外，其余各项单位均为 mg/L。

表 7-5　2021 年 12 月水样评价结果

样品编号	pH	总硬度（以 $CaCO_3$ 计）	溶解性总固体	氯化物	水质评级
SE01	7.70	244	943	189	Ⅲ
SE02	7.46	406	1 695	394	Ⅴ
SE03	7.72	254	957	168	Ⅲ
SE04	7.77	372	2 069	586	Ⅴ
SE05	7.83	408	2 043	604	Ⅴ
SE06	7.83	448	1 749	474	Ⅴ
SE07	8.02	522	1 822	442	Ⅴ
SE08	7.70	520	1 771	75.5	Ⅳ
NE01	7.53	342	2 225	177	Ⅴ
NE02	7.43	288	918	169	Ⅲ
NE03	8.02	306	850	153	Ⅲ
NE04	7.49	286	1 059	254	Ⅳ
NE05	7.48	602	2 512	168	Ⅴ
NE06	7.38	572	2 714	178	Ⅴ
NE07	7.40	292	1 089	187	Ⅳ
NE08	7.44	474	2 961	434	Ⅴ
NE09	7.46	296	3 865	862	Ⅴ
NE10	7.52	408	1 723	389	Ⅴ
NE11	7.69	330	4 100	428	Ⅴ

续表

样品编号	pH	总硬度（以 $CaCO_3$ 计）	溶解性总固体	氯化物	水质评级
NE12	7.45	664	6 994	3 036	V
SW01	7.39	340	9 293	436	V
SW02	7.66	365	6 260	442	V
SW03	7.66	394	3 715	448	V
SW04	7.53	408	2 308	696	V
SW05	7.44	378	4 662	1 096	V
SW06	8.14	340	2 914	450	V
SW07	7.32	268	4 916	436	V
SW08	7.32	688	4 198	456	V
NW01	7.33	402	7 799	441	V
NW02	7.48	344	1 973	694	V
NW03	7.40	786	4 913	441	V
NW04	7.53	296	3 552	422	V
NW05	7.61	268	2 217	699	V
NW06	7.66	292	1 198	295	Ⅳ
NW07	7.76	282	896	175	Ⅲ
NW08	7.83	290	906	187	Ⅲ
NW09	7.71	276	1 166	229	Ⅳ
NW10	7.83	308	2 728	508	V

注：第三次现场取样中，NW11、NW12 被破坏，未进行取样；上述指标中除 pH 外，其余各项单位均为 mg/L。

7.1.4.4 现场水质指标测试

三次取样均使用多参数水质分析仪，对所有取样点位地下水的 pH、TDS、EC、DO 指标进行现场检测。7 月地下水的 TDS 含量在 497 mg/L 和 3 640 mg/L 之间，均值为 1 047.73 mg/L。其中，SW 剖面 TDS 含量最高，均值为 1 488.38 mg/L；NW 剖面 TDS 含量最低，为 760.17 mg/L。9 月地下水的 TDS 含量在 505 mg/L 和 4 620 mg/L，均值在 1 525.75 mg/L。其中，NE 剖面 TDS 含量最高，均值为 1 835.75 mg/L；SE 剖面 TDS 含量最低为 1 290.88 mg/L；12 月地下水的 TDS 含量在 299 mg/L 和 5 010 mg/L，均值在 1 525.75 mg/L。其中，SW 剖面 TDS 含量最高，均值为 2 828.75 mg/L，SE 剖面 TDS 含量最低，均值为 877.88 mg/L。

7 月研究区地下水样品的 EC 值在 480 μS/cm 和 7 400 μS/cm 之间，均值为 2 081.4 μS/cm。其中，SW 剖面 EC 值最高，均值为 2 785 μS/cm；NW 剖面 EC 值

最低,为1 518.83 μS/cm。9月地下水的EC值在1 008 μS/cm和9 240 μS/cm之间,均值为3010.28 μS/cm。其中,NE剖面EC值最高,均值为3684.17 μS/cm;SE剖面EC值最低为2 584.13 μS/cm。12月地下水的EC值在380 μS/cm和9 803 μS/cm之间,均值为3 271.26 μS/cm。其中,SW剖面EC值最高,均值为5 680.38 μS/cm,SE剖面EC值最低,均值为1 779.00 μS/cm。

7.1.4.5 渠道水质分析

本研究在宋庄泵站典型研究区对地下水进行取样检测的同时,也对引黄济青输水干渠中引调水的水质情况进行了监测,在泵站的上下游均进行了取样以及水质分析工作,具体结果如表7-6。

7月参检的地表水样共两件,在泵站上下游各一件,分别编号为DB01、DB02,输水渠中各组分均满足Ⅲ类地表水的质量标准,但是从引水渠的上游至下游,渠道水中各组分的浓度呈现上升趋势。说明在泵站区域内,渠道水接受了地下水补给,使得地下水中各成分进入渠道。

表7-6 渠道水检测结果

取样时间	水样名称	pH	总硬度(以$CaCO_3$计)	溶解性总固体	氯化物	水类别
7月	DB01	8.4	252	653	115	Ⅲ类
	DB02	8.31	312	734	142	Ⅲ类
9月	DB01	8.53	748	4208	1785	Ⅴ类
	DB02	8.54	60	19	12.1	Ⅲ类
12月	DB01	8.25	476	713	92.0	Ⅲ类
	DB02	8.15	712	757	96.7	Ⅲ类

9月参检的地表水样共两件,输水渠中泵站上游水样,各组分含量偏大,超标严重,下游水位变低,各组分含量极低。第二次取样期间为引黄济青工程停水期间,泵站上游为死水,接受地下水的补给,各组分上升极为明显,而在泵站的下游,由于泵站停止泵水,渠道中水位极浅(仅20~30 cm),且取样期间遭受连续降水补给,所以各组分含量偏低。

12月参检的地表水样共两件,由于恢复调水,在泵站的上游,各项指标均大幅下降,从9月的Ⅴ类变为Ⅲ类。而在泵站的下游,渠道中水位回复,较7月份相比,溶解性总固体浓度、氯化物浓度值相仿,但是总硬度偏高。

结果表明:在调水期间,渠道水的水质较好,均满足Ⅲ类地表水的要求,但是在泵站的下游各指标均略高于泵站上游渠道水,说明在泵站上游,可能发生了地下咸水盐分向渠道中运移的情况。

在三次检测中,最劣水质出现在9月的泵站上游,其原因是在停止调水时期,渠道中水位很低,地下水和渠道水存在水位差,导致地下咸水中各组分向渠道水中

引黄济青调水工程地下水生态环境演变规律及其影响关键技术研究

运移的趋势加强,从而使渠道中剩余水的水质变差。而在恢复调水后,泵站上游水质得到明显改善,但是从上游至下游,渠道水水质指标较7月有所增加,说明恢复调水后,渠道水水质的改善是缓慢进行的。

7.1.5 渗透参数获取试验

根据四条剖面线的分布情况以及地下水文监测孔的分布,本次研究共进行振荡式微水试验17组。

将半对数图与标准曲线(见图7-8)进行拟合,可以得到无量纲储水系数 α,无量纲阻尼系数 ζ,以及实测曲线时间 t 和标准曲线时间 t',本次研究配线效果见图7-9。

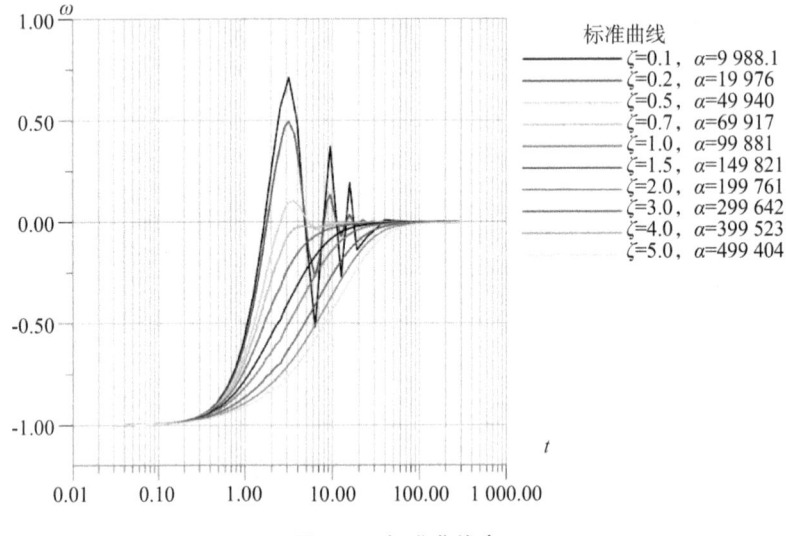

标准曲线
- $\zeta=0.1$, $\alpha=9\,988.1$
- $\zeta=0.2$, $\alpha=19\,976$
- $\zeta=0.5$, $\alpha=49\,940$
- $\zeta=0.7$, $\alpha=69\,917$
- $\zeta=1.0$, $\alpha=99\,881$
- $\zeta=1.5$, $\alpha=149\,821$
- $\zeta=2.0$, $\alpha=199\,761$
- $\zeta=3.0$, $\alpha=299\,642$
- $\zeta=4.0$, $\alpha=399\,523$
- $\zeta=5.0$, $\alpha=499\,404$

图 7-8 标准曲线表

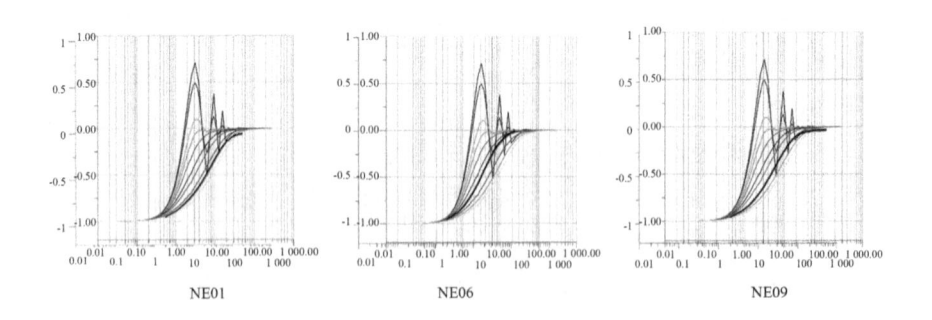

NE01　　NE06　　NE09

7 典型海水入侵区域地下水对调水水质影响实验与数值模拟研究

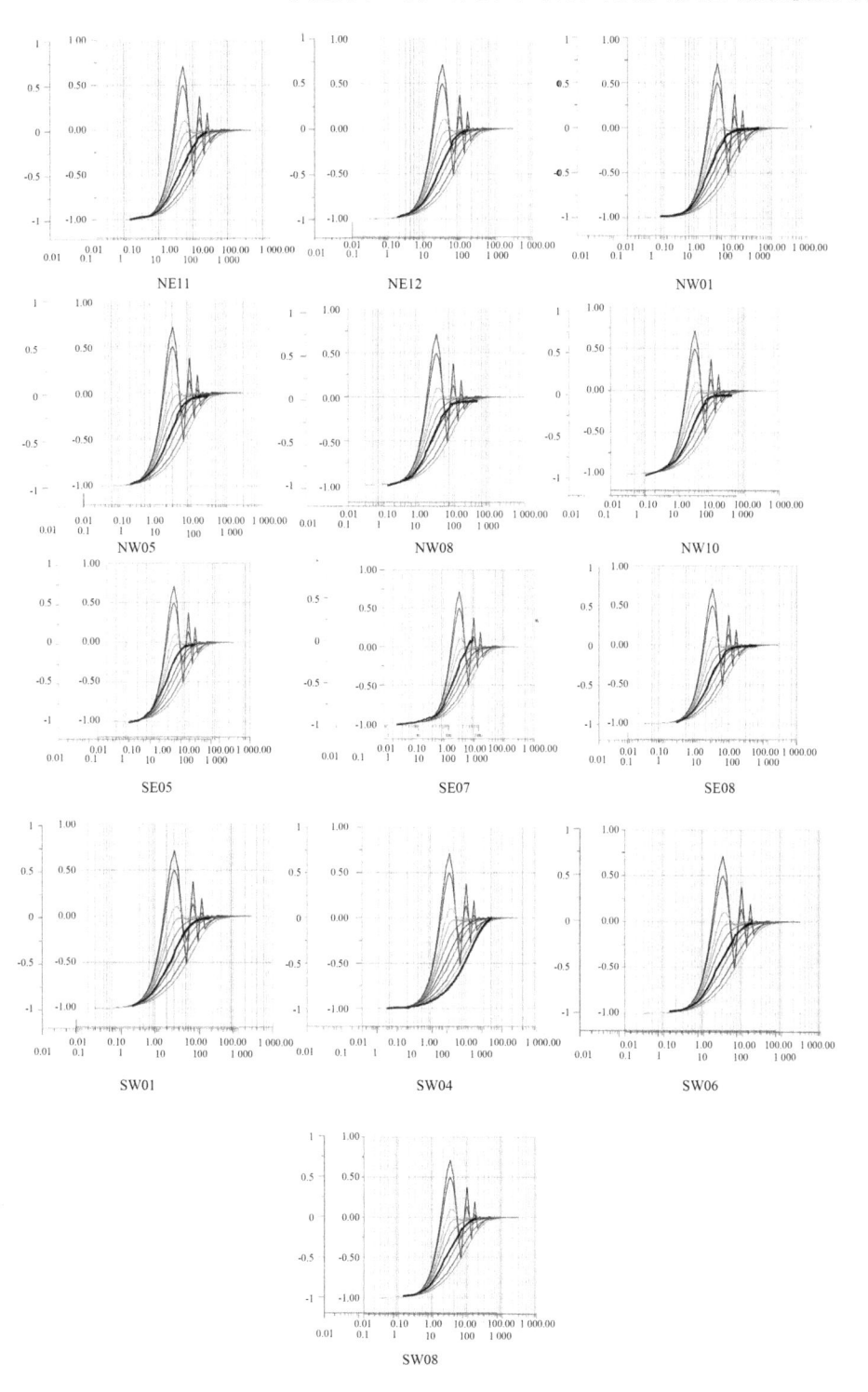

图 7-9 振荡式微水试验配线效果图

随后,运用式(7.1)计算出无量纲惯性参数 β。

$$\beta = [(\alpha \ln\beta)/8\zeta]^2 \tag{7.1}$$

通过现场测量得到套管半径 r_c、花管半径 r_s,使用式(7.2)计算得出贮水系数 S,通过式(7.3)计算出含水层上水柱高度 L_e,由式(7.4)计算出导水系数 T,式(7.5)计算出渗透系数 K,其中 M 为含水层厚度。

$$S = r_c^2 / 2r_s^2 \alpha \tag{7.2}$$

$$L_e = \left(\frac{t}{t'}\right)^2 g \tag{7.3}$$

$$T = [\beta g / L_e]^{\frac{1}{2}} r_s^2 S \tag{7.4}$$

$$K = T/M \tag{7.5}$$

经过数据处理与计算,得到在研究区内进行的 17 组振荡式微水试验的结果,详见表 7-7。

表 7-7 振荡式微水试验

钻孔编号	渗透系数(m/d)
SE01	1.937 7
SE05	0.109 7
SE07	0.108 7
SE08	2.880 1
SW01	0.390 9
SW04	1.297 5
SW06	2.344 3
SW08	1.012 2
NW01	1.057 4
NW05	1.120 6
NW08	1.727 4
NW10	0.828 2
NE01	1.559 8
NE06	1.954 2
NE09	0.792 3
NE11	0.611 1
NE12	1.283 1

7.2 典型海水入侵区域渠道水-地下水水质影响数值模拟研究

7.2.1 求解方法以及数学模型

7.2.1.1 数学模型

本研究根据模型范围和边界条件的概化,将宋庄泵站范围内,渠道水-地下水流系统概化为非稳定流,地下水的补给与排泄随着时间发生变化。根据地下水监测孔的钻进工作以及三维地质结构模型,研究区内地层在水平方向上为同一岩性,在垂向上为不同岩性,所以水文地质参数在水平方向上保持一致,在垂向上具有变异性。

因此,可以将宋庄泵站典型研究区的地下水系统,概化为非均质三维非稳定的地下水流系统。其数学模型可以表述为式(7.6):

$$\begin{cases} \mu \dfrac{\partial h}{\partial t} = \dfrac{\partial}{\partial x}\left(K_x \dfrac{\partial h}{\partial x}\right) + \dfrac{\partial}{\partial y}\left(K_y \dfrac{\partial h}{\partial y}\right) + \dfrac{\partial}{\partial z}\left(K_z \dfrac{\partial h}{\partial z}\right) + \varepsilon, & x,y,z \in \Omega \\ h(x,y,z,t)\mid_{t=0} = h_0, & x,y,z \in \Omega \\ K_n \dfrac{\partial h}{\partial \vec{n}}\bigg|\varGamma_1 = q(x,y,z,t) & x,y,z \in \varGamma_1 \end{cases} \quad (7.6)$$

式中:Ω 为渗流区域;h 为含水层的水位标高(m);K_x、K_y、K_z 分别为 x、y、z 方向的渗透系数(m/d);μ 为潜水含水层潜水面上的重力给水度;ε 为含水层的源汇项(1/d);h_0 为含水层的初始水位分布(m),$\varGamma$ 为渗流区域的二类边界,包括承压含水层底部隔水边界和渗流区域的侧向流量或隔水边界;$\vec{n}$ 为边界面的法线方向;K_n 为边界面法线方向的渗透系数(m/d);$q(x,y,z,t)$ 定义为二类边界的单位面积流量[m³/(d·m²)],流入为正,流出为负,隔水边界为0;$\varGamma_1$ 为定流量边界。

7.2.1.2 模拟软件

本次研究利用地下水模拟系统 GMS 实现了地下水数值模拟。这是目前国际上最主流的三维地下水数值模拟综合软件,该软件具有多个模块(如 MODFLOW、MT3DMS、MODPATH 等模块),功能齐全,适用范围广泛,地下水数值建模操作便捷,建模过程较为直观可见,可以进行水流模拟、溶质运移、反应性溶质运移等数值模拟。因此本次研究选用 GMS 软件进行数值模拟,使用 MODFLOW 模块对研究区内地下水流场进行建模,随后使用 MT3DMS 模块对研究区内的溶质进行运移模拟,得到研究区内地下水、地表水盐度的动态运移规律,以期为引黄济青调水工程的运行维护提供理论依据和参考意见。

7.2.2　三维地质结构模型

在典型研究区设立水文监测剖面,在2021年7月进行地下水文监测孔的钻进工作,通过钻进工作获得研究区内地层情况,使用GMS软件中的Borehole模块对研究区三维含水层地质实体进行构建。

(1) 将钻孔编号、高程、钻孔坐标、岩性分层及编号等进行整理并且导入到GMS软件中,从而生成地质钻孔,并在此基础上生成钻孔间剖面。

(2) 描绘出模型的控制边界,利用ArcGIS软件将地表高程提取并转化为散点,并且导入GMS软件,利用控制边界生成模型范围内表述地表高程的TIN三角网格。

(3) 在Borehole模块中,使用Horizons to Solids命令,使用钻孔数据生成三维地质实体,并且地质实体的表层使用(2)中TIN三角网格进行表述。

本次研究中,共钻进地下水文监测孔40口。根据监测孔钻进情况,研究区内地层自上而下可以分为粉土、粉质黏土、粉土夹粉砂以及淤泥质粉质黏土。利用钻孔插值可以得到研究区内三维含水层地质结构模型(模型的纵向,即z方向放大20倍)见图7-10。

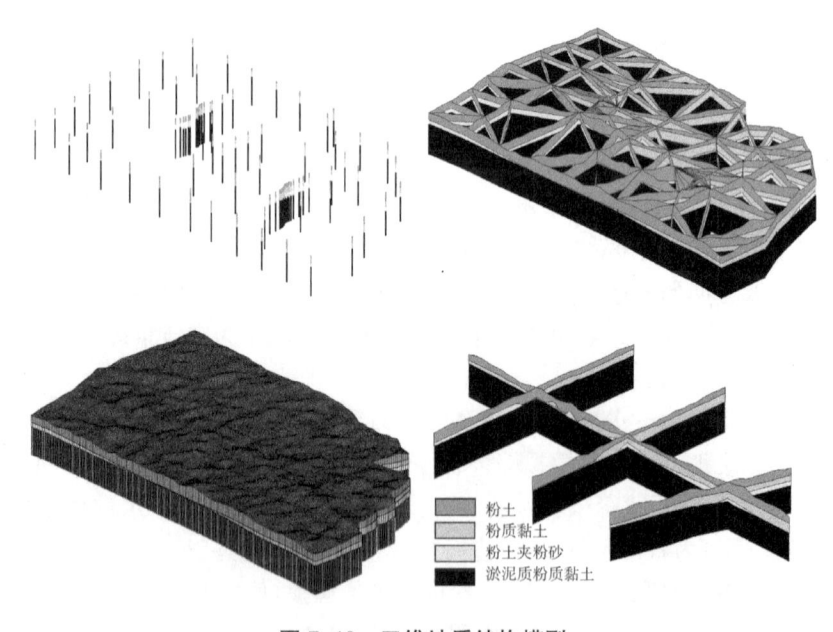

图7-10　三维地质结构模型

7.2.3　水文地质概念模型

研究范围的水文概念模型,是在对实际的水文条件进行总结与优化的基础上形成的,也就是通过对宋庄泵站范围内实际地质条件的概化,建立范围内地下水流数值模拟、溶质运移数值模型,为拟合研究区的实际水流场和溶质运移浓度场提供条件。对水文条件的概化,主要分为边界状况的概化、含水层构造的概化、降水入渗系数、渗透系数等方面。

7.2.3.1 模型范围和边界条件的概化

在确定模型的边界时,要尽可能使用自然边界,如河流、分水岭、地貌单元的分界线等,作为数值模型的边界条件。

根据前人的研究结果,河流对于地下水的影响,通常呈带状分布。所以本次研究范围分布在引黄济青输水干渠的两岸,模型范围为宋庄泵站向西 3.4 km 至张僧河,向东 2 km 至东中疃村东侧河流,以这两条河流为左右边界,并将其概化为定水头边界(Specified Head),主要接受大气降水补给以及河流的侧向渗流补给。南北两侧概化为定流量边界(Specified Flow),分别距宋庄泵站 1.7 km、1.1 km。该区域内输水干渠使用 River 模块进行模拟。

在垂向上,研究区内地下水类型为潜水地下水,故以潜水面为上边界,上边界接受大气降水的下渗补给,排泄方式主要为蒸发;以水层的地板高层作为下边界,并且与深层地下水之间的越流补给忽略不计。

综上所述,本次研究选择第一级提水泵站,位于山东省潍坊市寿光市营里镇境内的宋庄泵站区域作为研究区。研究对象为模型范围内引黄济青工程干渠内引调水体,以及其影响范围内浅层地下水,长约 16.9 km,宽约 3.35 km,总面积 15.964 km²。

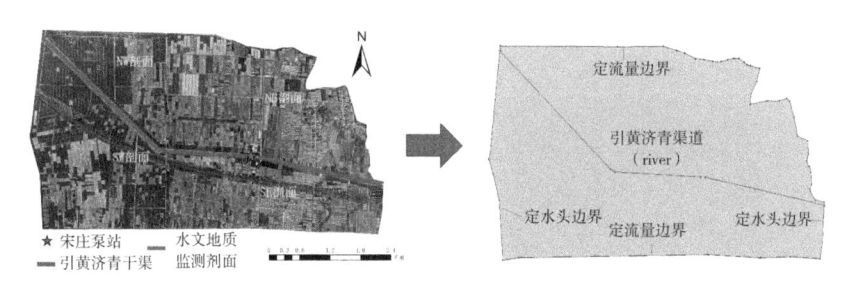

图 7-11 边界条件概化图

7.2.3.2 源汇项计算与参数概化

在对宋庄泵站区域进行地下水数值模拟时,需要进行赋值的水文地质参数主要可以分为含水层介质的水文地质参数、地下水源汇项的参数两种。其中,含水层介质的水文地质参数,主要包括渗透系数(横向渗透系数、纵向渗透系数)、变异系数(横向变异系数、纵向变异系数)、给水度、孔隙率等;地下水源汇项的参数,主要包括降水入渗补给系数、干渠渗漏补给系数等。

(1) 降水入渗补给系数

降水入渗补给系数是指降水入渗补给地下水的水量与同期内降水量的比值。通过下式进行计算：

$$\alpha = P_r/P \tag{7.7}$$

式中，α 为降水入渗补给系数，P 为某一时期内降水量，P_r 为入渗补给地下水的水量。

降水入渗补给系数主要受到总雨量、雨日、雨强、包气带岩性等因素的影响，但是一般情况下地表岩性对 α 值的影响最为显著。根据《第三次全国水资源调查评价》中对水文地质参数经验值的规定，根据包气带岩性、地下水埋深以及年降水量确定降水入渗补给系数 α 值。

表 7-8 降水入渗补给系数

包气带岩性	年降水量(mm)	多年平均地下水埋深(m)	降水入渗补给系数
粉土	>900	3~4	0.17~0.21
粉质黏土	>900	3~4	0.15~0.19
粉砂	>900	3~4	0.18~0.37

根据当地气象局实际测量数据，利用 RCH1 模块将降雨补给量及蒸发量逐月插值到水文地质模型中，见图 7-12。本次数值模拟中对研究区降水入渗补给系数的分区见图 7-13，其中Ⅰ区为 0.19，Ⅱ区为 0.17，Ⅲ区为 0.31，Ⅳ区为 0.19。

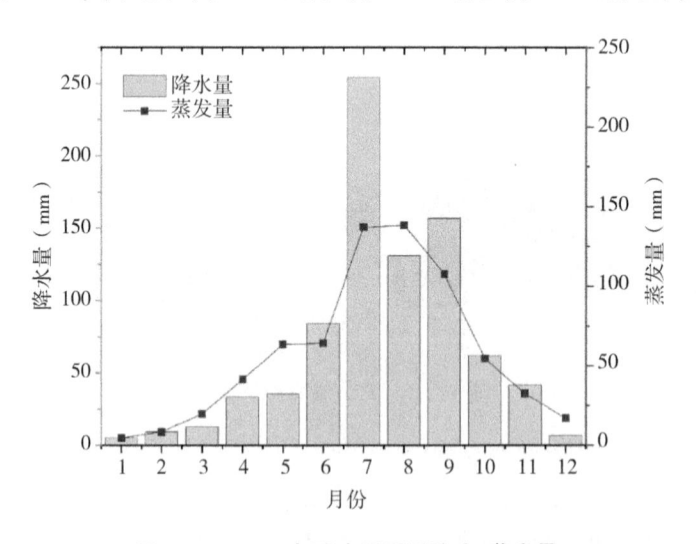

图 7-12 2021 年研究区累月降水、蒸发量

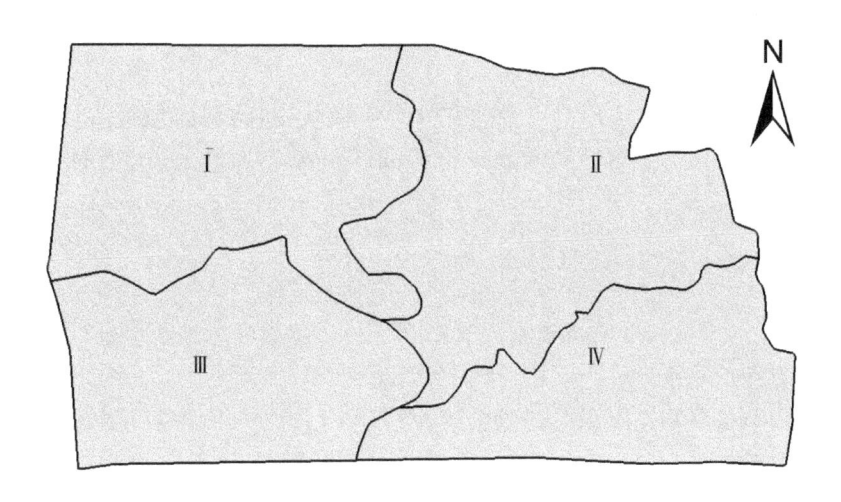

图 7-13　降水入渗补给系数分区

（2）渗透系数

根据本次研究中振荡式微水试验的计算结果，使用 Kriging 插值进行空间插值以及分区，然后导入 GMS 软件进行赋值。

（3）给水度

给水度的赋值，根据《第三次全国水资源调查评价》中给出的水文地质参数经验值，按照地层岩性进行赋值，见表 7-9。

表 7-9　不同岩性的给水度值

岩性	给水度
粉土	0.053
粉质黏土	0.035
粉土夹粉砂	0.080
淤泥质粉质黏土	0.042

（4）河流相关系数

研究区内的河流为引黄济青输水干渠，当输水干渠的输水水位与沿线地下水水位存在水位差时，渠道水将与地下水之间产生水力联系，也就是渠道水向地下水进行补给或者排泄，发生水量、水质交换，两者之间的水量交换量 Q_L 可以通过式（7.8）进行计算：

$$Q_L = \frac{KwL}{m}(h_s - h_a) \tag{7.8}$$

式中，Q_L 为渠道水与地下水之间交换的水量（m^3），K 为河床底板积层的渗透系数

(m/d)，w 为河床的宽度(m)，L 为河段长度(m)，m 为河床底板积层的厚度(m)，h_s 为河水位(m)，h_a 为地下水位(m)。

在本次模拟中，MODFLOW 程序的 RIV1 模块中，将河床地板渗透系数规定为单位长度的渗透系数(Conductance per unit length)，通过下式进行计算：

$$\text{Cond}_{arc} = \frac{\frac{k}{t}Lw}{L} = \frac{k}{t}w \tag{7.9}$$

式中，Cond_{arc} 为单位长度的渗透系数[m²/(d·m)]，t 为河床地板厚度(m)，w 为材料沿河流方向的宽度(m)。

根据引黄济青输水干渠的衬砌情况，对泵站上下游河流的单位长度的渗透系数分别进行赋值。

(5) 地下水开采

研究区内大部分为农田，地下水的开采主要是用于农业灌溉，一般使用深井抽取深层地下水，并且灌溉深井分布十分零散。由于海水入侵现象，宋庄泵站范围内地下水盐度较高，当地村庄居民的生活用水主要依靠自来水，对于浅层地下水的开采和使用程度不大。

(6) 农田灌溉入渗补给

研究区内分布有大量的农田，农田灌溉主要是使用深井抽取研究区内深层地下水，以及直接抽取引黄济青输水干渠内引调水。农田灌溉入渗补给地下水的形式主要是面状补给，将农田灌溉的入渗补给系数整合进降水入渗补给图层(recharge rate)中。

7.2.4 渠道水-地下水数值模型

7.2.4.1 模型网格剖分

本次研究根据研究区概念模型，以及模拟精度和资料详尽程度，使用 GMS 中 3DGrid 模块进行剖分处理，将平面剖分为 100×100 个单元格，在垂向上，每一种岩性剖分为一层单元格，共计单元格总数 100×100×4 个。研究区内网格剖分效果详见图 7-14。

7.2.4.2 时间剖分

本次研究依据引黄济青工程实际的调水时间及周期，对地下水数值模拟的时间进行剖分。根据现场调查统计情况，将 2021 年 7 月—2021 年 12 月作为模型的识别验证时期，本次模拟的时间长度为 10 年，其中，第一年每月进行一次剖分，共划分为 12 个步长，随后每年进行一次剖分，共计剖分为 21 个时间步长。

7.2.4.3 初始条件

本次研究的地下水数值模拟选择在 2021 年 7 月钻进时，所测得的水位以及水

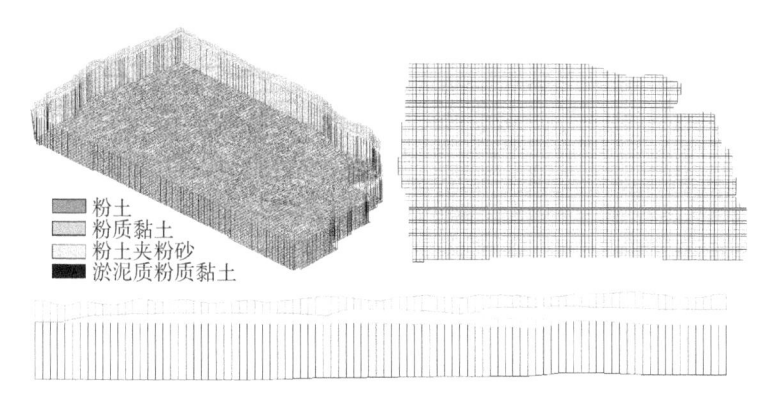

图 7-14 网格剖分效果图

质实际观测数据,采用 Kriging 法进行空间插值得到研究区的初始流场,分别作为初始的地下水流场以及初始浓度场,并将其作为观测井加入模型,进行观测井水位的拟合。

7.2.4.4 模型识别和验证

地下水数值模型建立完毕后,需要进行模型校核,以保证模型对研究区的地下水系统水流的模拟是正确的,并且具有一定的精度,可以用于对研究区的后续地下水系统的动态变化进行预测。模型校准就是对水文地质参数进行不断地调整逼近,然后进行试算,直到研究区内地下水流场的分布及观测井的水位计算结果,与宋庄泵站范围内实际观测结果的误差缩小至可容许的范围。

根据前述识别的原则与方法,对区内地下水数值模型进行识别和验证。识别后的地下水实际流场和模拟流场的拟合见图 7-15。识别后的地下水流场与实测的地下水流场一致。

图 7-15 地下水数值模拟初始流场

在本次研究中,地下水基本上沿着南东向北东方向流动,以宋庄泵站为界,泵站上游地下水位较低,但是输水干渠两岸的地下水水位要高于渠道水;泵站下游地下水位较高,且输水干渠两岸的地下水位要低于渠道水。

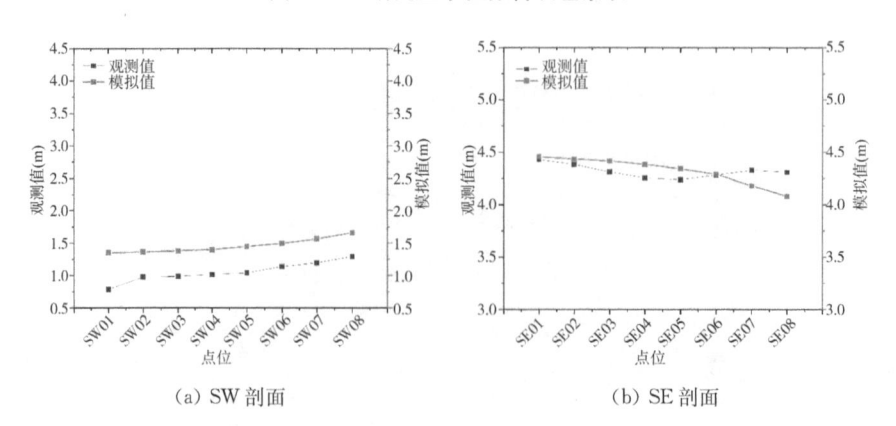

7.2.4.5 观测孔地下水位拟合

在 GMS 中,提供一个直观的误差显示选项,在计算完成后,预设的观测井就会显示出一个以观测值为中点,以观测值上限、观测值下限为上下限的误差条,见图 7-16 两侧示例。如果误差在置信区间内,则误差条显示为绿。

在水文地质监测断面上,地下水文监测孔的实际观测数值和模拟计算数值的拟合情况见图 7-17。可以发现,此次模拟中对地下水位的拟合程度比较好,说明模拟的准确度满足了需求,从而能够利用该水流模式开展对研究区域的水污染物运移转化过程的模拟。

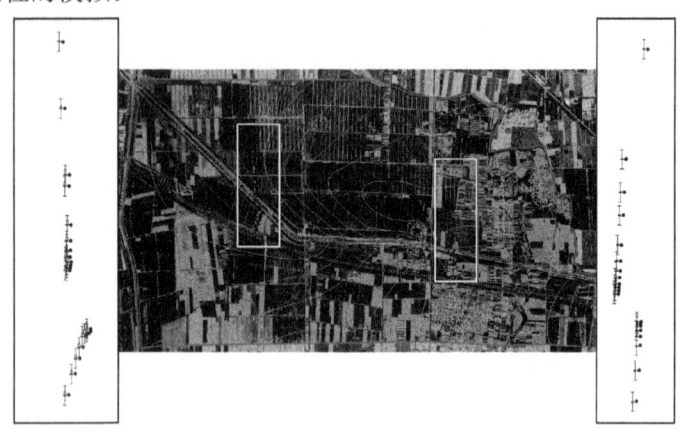

图 7-16 研究区水位拟合误差条表

(a) SW 剖面　　　　　　　　　　(b) SE 剖面

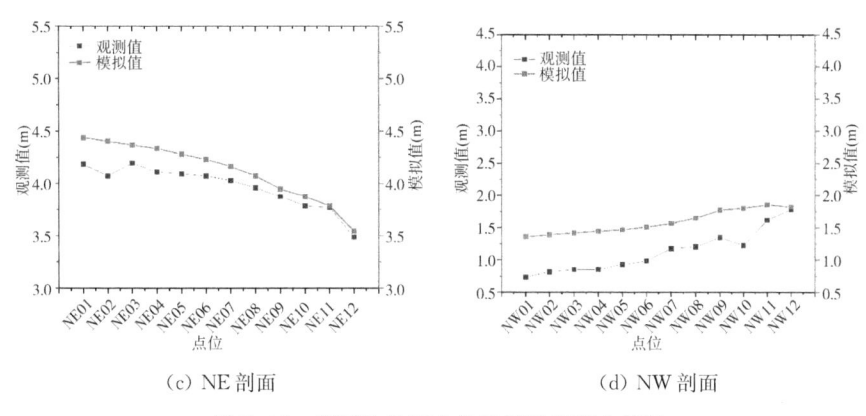

7 典型海水入侵区域地下水对调水水质影响实验与数值模拟研究

(c) NE 剖面　　　　　　　　(d) NW 剖面

图 7-17　观测孔地下水位与模拟值拟合情况

将三次野外调查取样时获得的地下水位值赋值到 observed point 中，然后进行计算。在经过反复调参识别后，得到 6 个月内的地下水流场。在变水头情况下，每个观测井的地下水位的模拟值与观测值之间的拟合效果如图 7-18 所示。图中，纵坐标轴为模拟值，横坐标轴表示观测值，各点位越接近直线 $Y=X$，拟合效果就越好。

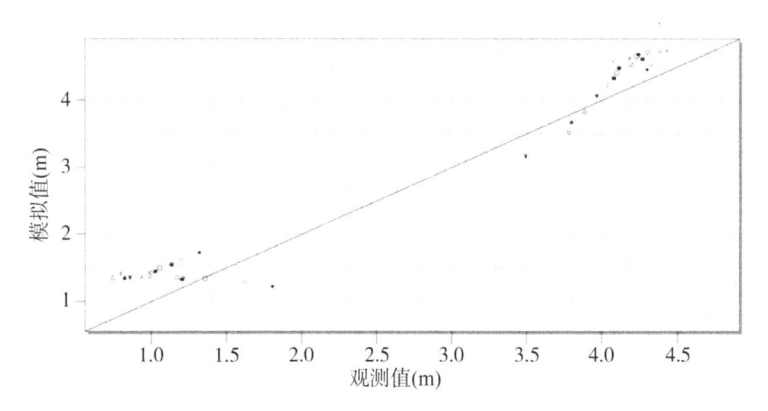

图 7-18　变水头情况下模拟值与观测值的拟合

7.3　渠道水-地下水典型溶质运移规律研究

7.3.1　溶质运移数学模型

在本次数值模拟计算中，若考虑对流-弥散作用，可将研究区内地下水溶质运移的数值模型表述为：

$$\frac{\partial(nC^k)}{\partial t} = \frac{\partial}{\partial x_i}\left(nD_{ij}\frac{\partial C^k}{\partial x_j}\right) - \frac{\partial}{\partial x}(nv_i C^k) + q_s C_k^s \tag{7.10}$$

式中，C^k 为溶质的溶解浓度；n 为多孔介质的孔隙度；x_i、x_j 为直角坐标系下沿各轴向的距离；v_i 为孔隙水平均流速；D_{ij} 为水动力弥散系数，即分子扩散与机械弥散作用之和；q_s 为单位体积含水层流量；C_k^s 为模拟溶质的源汇项浓度。

溶质运移模型的边界条件，可以概化为以下几种：

（1）指定浓度边界条件：某一时间段在边界指定浓度值。

$$C(x,y,z,t) = C(x,y,z) \tag{7.11}$$

（2）指定浓度梯度边界：某一时间段在边界指定溶质通过边界的质量。

$$-D_{ij}\frac{\partial C}{\partial x_j}n_i = f_i(x,y,z) \tag{7.12}$$

（3）混合边界：前两者边界条件的结合。

$$-D_{ij}\frac{\partial C}{\partial x_j}n_i + v_i C n_i = g_i(x,y,z) \tag{7.13}$$

7.3.2 溶质运移数值模型

7.3.2.1 模型选择

选择研究区内地表水-地下水系统中 Cl^- 的质量浓度作为研究对象，采用 GMS 软件中 MT3DMS 程序进行数值模拟。MT3DMS 是一个模拟三维地下水流系统中多组分溶质运移的程序，可以用来研究模拟溶质在对流、弥散、吸附与初等化学反应过程中的运移转化规律，可以充分考虑各种边界条件和源汇项，广泛应用于国内外溶质运移数值模拟领域。MT3DMS 中主要包括基础模块、对流模块、弥散模块、外部源汇项模块等模块。

7.3.2.2 弥散系数选取

弥散系数是在数值模拟中控制水动力弥散作用大小的参数，它是描述溶质进入地下水系统中，在被稀释时，其空间、时间变化的参数，反映了多孔介质中地下水流动的过程和孔隙结构特征对溶质运移过程的影响。弥散系数的方向性取决于地下水流向的水动力作用方向。

弥散系数主要包括机械弥散系数和分子扩散系数，当地下水流速较大时，机械弥散作用占主导，假设弥散系数与孔隙平均流速呈线性关系，就可以先用弥散系数除以孔隙平均流速得到弥散度。弥散系数的确定通常采用室内试验或者野外试验方法，常用的试验方法与弥散系数数值域分析详见表 7-10。

表 7-10 野外弥散试验方法及弥散系数值域统计表

	示踪剂平均传播距离(m)	方法	纵向弥散度 α_L (m/s)	横向弥散度 α_T (m/s)
野外试验区	局部规模(2~4)	单井注抽试验	0.001~0.7	—
	整体规模Ⅰ(4~20)	双井注抽试验或多井试验	0.3~15.2	—
	整体规模Ⅱ(20~100)	双排井试验	15.2~38.1	10.4
	区域规模(大于100)	借助物探技术	5~200	0.6~138

前人的研究表明,弥散度具有尺度效应,随着观测尺度的增加而增加。野外测定的纵向弥散度是观测尺度的函数,Xu 和 Eckstein 将所有数据进行回归分析得到的非线性关系为:

$$\alpha_L = 0.83(\lg L_s)^{2.414} \tag{7.14}$$

式中,α_L 为纵向弥散度(m/s),L_s 为观测尺度(m)。

由于在本次研究中,并未专门进行示踪试验,所以采用经验值进行赋值,并在模拟中进行识别和调整。$L_s=200$ m,则由上式计算得到本次研究区内地层纵向弥撒度为 $\alpha_L=6.2052$ m/s。

在通常的情况下,随着野外观测尺度的增加,弥散度增加的速率逐渐减小,弥散度的计算等于弥散系数乘以水流平均流速。在地层稳定的情况下,纵向弥散系数约为横向和垂向弥散系数的 10 倍。

7.3.2.3 边界条件

在解决实际问题的过程中,为了使模拟计算的工作量得到控制,需要将实际的水文地质条件进行概化,从时间和空间两个方面,对模型加以限制,以表明引黄济青沿线典型研究区的特定地质条件。

边界条件:将研究区的南北方向边界概化为指定浓度边界。

初始条件:研究区内依据三次地下水样监测结果的平均值进行背景浓度赋值。

7.3.3 模拟结果与分析

在 GMS 中可以直接查看河流流出及流入的水量,本次模拟以 7 月地下水流场作为初始流场,引黄济青工程在第 30 天停止调水,在第 90 天恢复调水,可以直观地得出:泵站上游渠段长 4 000 m,平均流入 534 m³。流入水量与引调水调度直接相关,在停止调水时期,地下水向渠道水补给的量显著增加;在恢复调水后,向渠道补给的水量减小。泵站下游渠段长 2 000 m,平均流出 94 m³。地下水的排泄量也与引水调度相关,在停止调水后,向地下水的排泄量迅速减小,在恢复调水后,向地下水的排泄量增加。输水干渠在不同渠段的补排量见图 7-19。

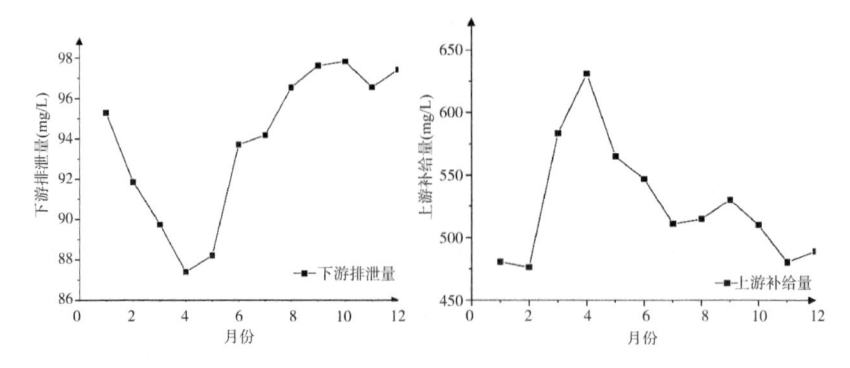

图 7-19　输水干渠不同渠段补排量变化

本研究将氯离子的初始浓度值赋值给指定浓度边界,渠道底板的渗透性能赋值给河流边界,模拟预测研究区在未来 2 年、5 年、10 年后,输水干渠对两侧地下水水质的影响。泵站上下游 Cl^- 2、5、10 年后的运移结果如图 7-20 和图 7-21 所示。

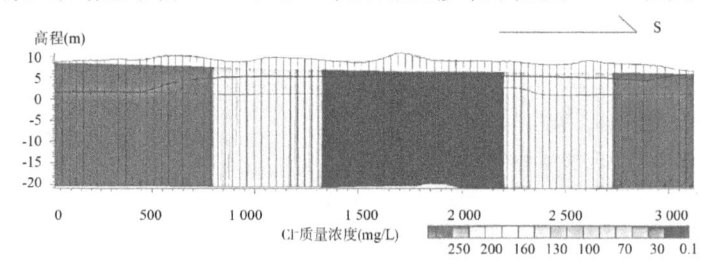

(a) Cl^- 2 年后质量浓度值分布

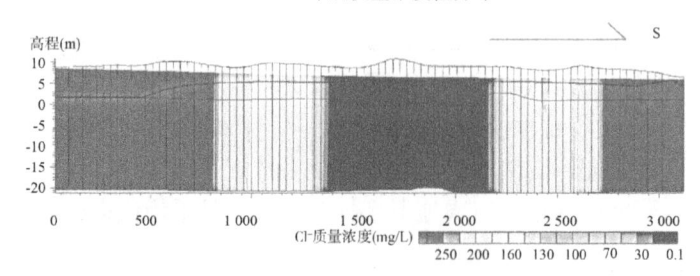

(b) Cl^- 5 年后质量浓度值分布

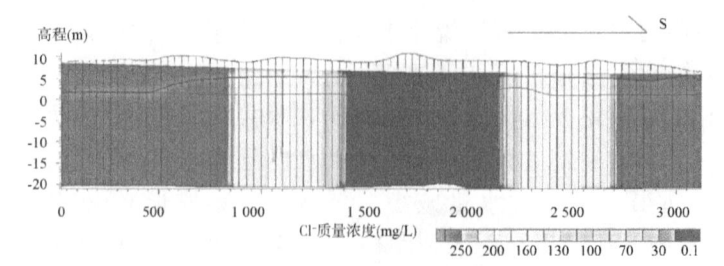

(c) Cl^- 10 年后质量浓度值分布

图 7-20　泵站上游 Cl^- 质量浓度值演变趋势

7 典型海水入侵区域地下水对调水水质影响实验与数值模拟研究

根据模型运行 2、5、10 年后 Cl^- 在输水干渠两侧的质量浓度值的分布情况,在宋庄泵站上游,随着时间的推移,Cl^- 在纵向上,主要是由第二层粉质黏土、第三层粉土夹粉砂向第四层淤泥质粉质黏土运移扩散。在水平方向上,氯化物主要是由两侧向渠道方向运移,10 年内浓度锋面前进了约 250 m,咸淡水交界面前进了约 75 m,但是运移速度随着时间的增长逐渐放缓。

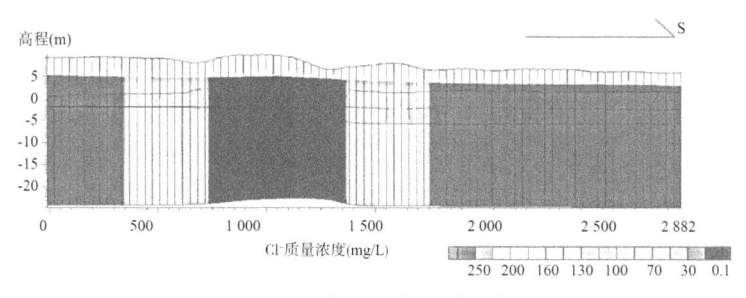

(a) Cl^- 2 年后质量浓度值分布

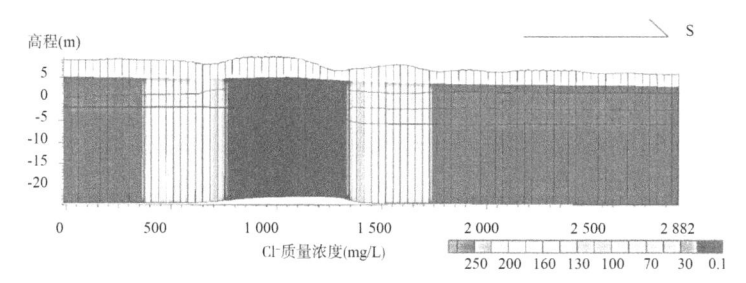

(b) Cl^- 5 年后质量浓度值分布

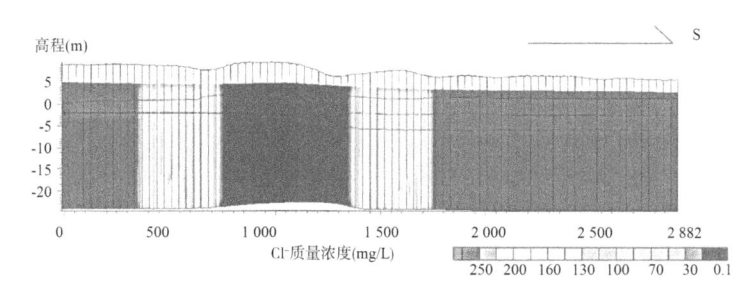

(c) Cl^- 10 年后质量浓度值分布

图 7-21 泵站下游 Cl^- 质量浓度值演变趋势

对比泵站上下游氯化物在 10 年内的运移规律,两侧剖面氯化物均有从两侧向渠道运移的趋势,但是在泵站的上游,氯化物的质量浓度扩散速度较慢,在 10 年内氯离子浓度锋面前进了约 100 m,咸淡水交界面前进了约 70 m,并且氯离子运移的速度由快逐渐放缓。泵站下游相比上游,氯离子的扩散速度较快,范围较广,距离河道的距离较近。这说明在泵站的下游,由于渠道水与地下水之间的补排关系为渠道补给地下水,对 Cl^- 向引水干渠方向的运移起到一定缓解作用。

7.3.4 渠道衬砌情况的影响

选取宋庄泵站为典型研究区的主要原因之一是,在泵站的上下游渠道,底板的衬砌情况存在差异,并且在后续的水位监测、现场试验中,发现渠道衬砌对于渠道水-地下水相互作用的影响较为明显,所以选择将泵站上、下游渠道底板的衬砌情况作为变量,分别对泵站上、下游的渠道底板的渗透性能(也就是衬砌的效果)进行改变,以讨论输水干渠底板的衬砌情况对渠道水-地下水系统中盐度的运移规律的影响。本研究构造了以下模拟情景,具体参数设置见表7-11。

表7-11 情景模式设置

情景模式	上游 Cond[m²/(d·m)]	下游 Cond[m²/(d·m)]
情景一	10.0	0.1
情景二	9.5	0.1
情景三	9.0	0.1
情景四	8.5	0.1
情景五	8.5	0.6
情景六	8.5	0.9

7.3.4.1 情景一至情景四对水流的影响

图7-22显示了当泵站上游两侧渠道水-地下水补排水量为情景一至情景四时,在不同的泵站上游衬砌情况下,泵站上、下游渠道与两侧地下水的交换水量。由该图可知,泵站上游为地下水向渠道水补给水量,四种情景向渠道中补给的平均水量分别为534.8 m³、527.7 m³、521.4 m³、514.9 m³,并且地下水向渠道中补给的水量与引水调度直接相关,在停止调水期间,由于渠道的枯水期与地下水的丰水期同步,故而地下水向渠道中补给的水量显著增加,并且随着渠道底板防渗性能的增

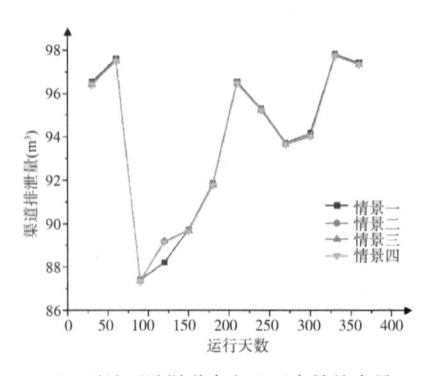

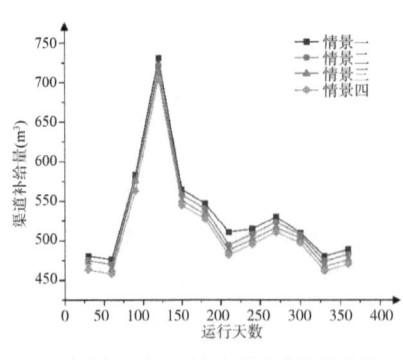

(a) 泵站上游地下水向渠道水补给水量　　(b) 泵站下游渠道水向地下水补给水量

图7-22 泵站上游两侧渠道水-地下水补排水量

加,地下水向渠道水补给的水量减小;在泵站的下游,各情景向地下水排泄平均水量均在 93 m³ 和 94 m³ 之间。

7.3.4.2 情景一至情景四对溶质运移的影响

图 7-23 显示了情景一至情景四模式下泵站上游 Cl⁻ 的分布(3 600 d)。由该图可知,在泵站上游渠道,底板衬砌的情况相比未进行防渗处理的情况,Cl⁻ 随着流向输水干渠的地下水流进行运移的量以及范围显著增加,并且随着防渗材料性能的增加,Cl⁻ 向渠道运移的能力也有所增强。

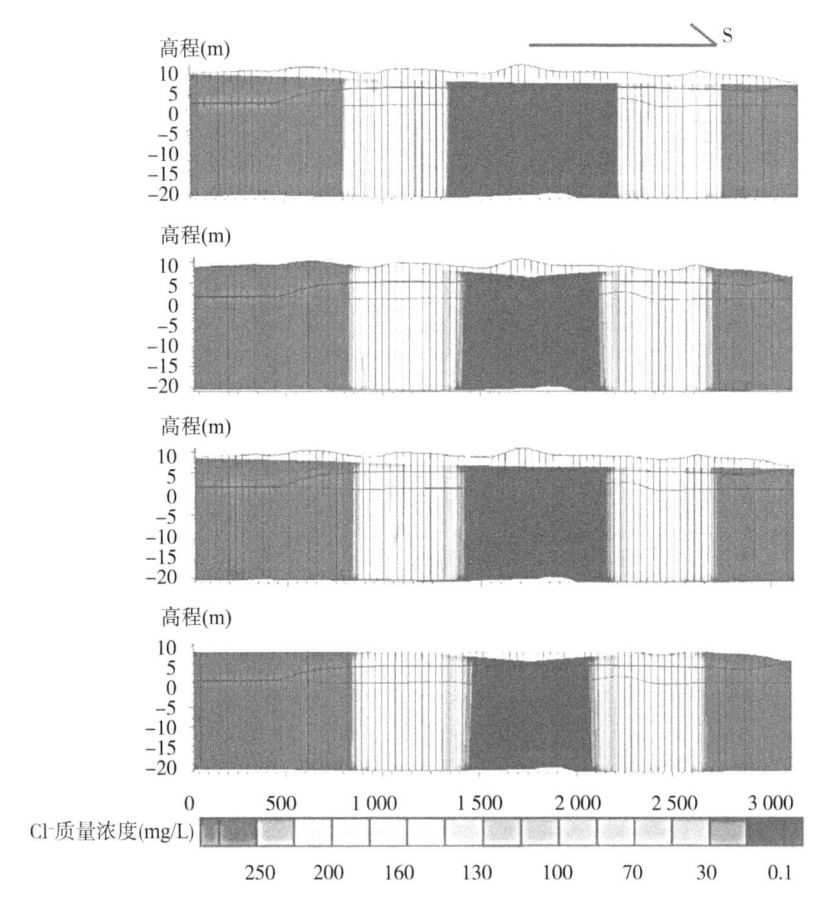

图 7-23 情景一至情景四模式下泵站上游 Cl⁻ 分布(3 600 d)

7.3.4.3 情景四至情景六对水流的影响

图 7-24 显示了在情景四至情景六模式下,在不同的泵站下游衬砌情况下,泵站上、下游渠道与两侧地下水的交换水量。由该图可以明显看到:在泵站的上游,三种情景下,地下水向渠道水补给的水量基本一致。在泵站的下游,不同的衬砌条件下,渠道水向干渠两侧补给的水量具有明显的区别,随着

泵站下游渠道底板防渗性能的增加，向地下水补给的水量减少，并且补排水量仍然与引黄济青工程引水调度直接相关。

(a) 泵站上游地下水向渠道水补给水量　　(b) 泵站下游渠道水向地下水补给水量

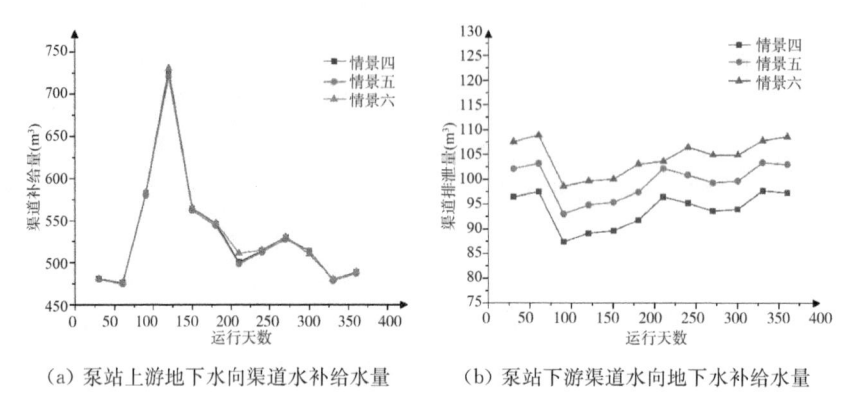

图 7-24　泵站下游两侧渠道水-地下水补排水量

7.3.4.4　情景四至情景六对溶质运移的影响

图 7-25 显示了在情景四至情景六模式下，在泵站的下游渠道底板不同的衬砌情况下，10 年后泵站下游地下水中 Cl^- 的分布情况。由该图可知，随着下游河床地板的防渗性能增加，地表水中 Cl^- 向河道运移的量和范围略微有所增加，并且在泵站的下游，前 5 年 Cl^- 运移速度较快，在 5 年后，Cl^- 的运移的范围基本稳定。

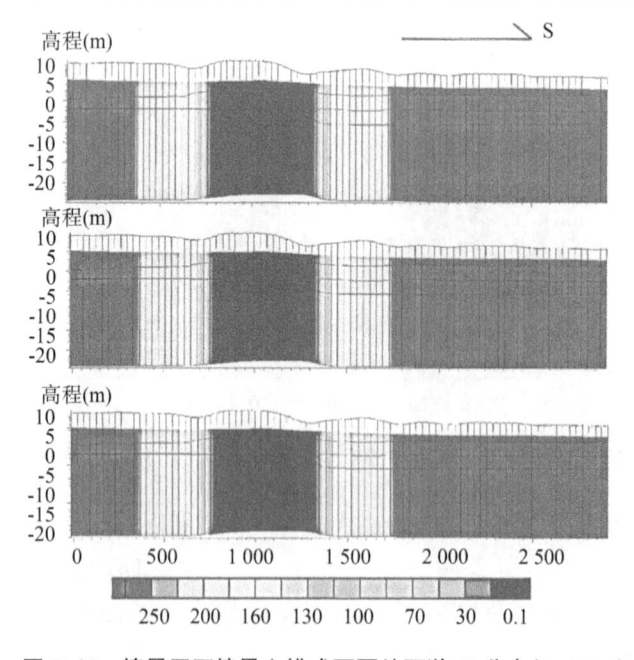

图 7-25　情景四至情景六模式下泵站下游 Cl^- 分布(3 600 d)

综上所述,在研究区内,垂向方向上,氯离子主要是从第 2、3 层粉质黏土、粉土夹粉砂向淤泥质粉质黏土运移。水平方向上,以泵站为界,在泵站的上游,渠道衬砌时,Cl^- 运移的范围要明显小于未衬砌情况下,并且随渠道底部防渗材料性能的增加,Cl^- 运移的范围逐渐增加。而在泵站的下游剖面上,由于调水时间的增加,渠道底部衬砌混凝土板可能会发生老化,使防渗性能下降,随着衬砌材料防渗性能的减弱,Cl^- 向河道运移的范围呈现逐渐缩小趋势,但是这种趋势极其微小,说明渠道中引调水对 Cl^- 的运移具有一定的阻尼作用。

8 结论与建议

8.1 结论

本书研究结论如下。

(1) 本书构建了地下水生态质量评价指标体系,结合遥感解译技术形成了引黄济青工程地下水生态环境评价模型,并开展了研究区地下水环境质量分析。研究可知,引黄济青工程区域的地下水生态环境质量等级由较差转变为优秀,研究区水域面积、植被覆盖情况、土壤湿润度等持续增长。

(2) 本书研究形成的地下水生态评价模型可以从时间维度和空间维度解释研究区生态环境演化动态,评价方法可以用于胶东调水工程及国内同类型调水工程的水生态环境评价,为研究区的生态演化规律研究提供技术支撑。

(3) 工程渠道沿线地下水与渠道间存在水力联系,尤其是在渠道底部未衬砌段位,渠道水对海水入侵区域渠道周边的地下咸水水质有一定的改善作用,但在停止调水期,地下咸水会对渠道水水质产生一定影响。

8.2 主要建议

本书研究尚有不足,这里对后续研究提出如下建议。

(1) 继续深入研究不同地下水埋深条件下非饱和带土壤中水分特征、非饱和带土壤中盐分运移特征、非饱和带土壤中温度变化特征。

(2) 继续监测现场试验场地水质,研究地下水水量、水质历史演变过程及趋势分析。

(3) 完善地下水与渠道水的耦合数值模型,研究引黄济青调水工程渠道水量、水质与地下水生态的相互响应机制;继续完善引黄济青调水工程关键生态因子历史演变规律及环境评价模型研究。

主要参考文献

[1] 焦璀玲,王昊,桑国庆,等.远距离调水工程沿岸生态环境遥感分析研究[J].水利规划与设计,2018(1):100-104,144.

[2] IBÁÑEZ C,PRAT N S. The environmental impact of the Spanish national hydrological plan on the lower Ebro river and delta [J]. International Journal of Water Resources Development,2003,19(3):485-500.

[3] KHADKA R B,KHANAL A B. Environmental management plan (EMP) for Melamchi water supply project, Nepal[J]. Environmental Monitoring and Assessment,2008,146:225-234.

[4] PRICHARD A H,SCOTT C A. Interbasin water transfers at the US-Mexico border city of Nogales, Sonora:implications for aquifers and water security[J]. International Journal of Water Resources Development,2014, 30(1):135-151.

[5] HYNES S,O'DONOGHUE C. Value transfer using spatial microsimulation modelling:Estimating the value of achieving good ecological status under the EU Water Framework Directive across catchments[J]. Environmental Science & Policy,2020,110:60-70.

[6] 郑建根,傅雷,尤爱菊.杭嘉湖平原河网调水试验水质模糊风险评估[J].安徽农业科学,2017,45(29):56-60.

[7] 徐鑫,倪朝辉,沈子伟,等.跨流域调水工程对水源区生态环境影响及评价指标体系研究[J].生态经济,2018,34(7):174-178.

[8] 郭红建,吴春鹤.一类具有物质循环和状态反馈控制的营养-浮游植物模型研究[J].信阳师范学院学报(自然科学版),2021,34(4):524-530.

[9] 曹圣洁,夏瑞,张远,等.南水北调中线工程调水前后汉江下游水生态环境特征与响应规律识别[J].环境科学研究,2020,33(6):1431-1439.

[10] 何振芳,郭庆春,邓焕广,等.南水北调调蓄湖泊水质参数遥感反演及其影响因素[J].水资源保护,2021,37(3):87-95,144.

[11] 包洪福,孙志禹,陈凯麒.南水北调中线工程对丹江口库区生物多样性的影响[J].水生态学杂志,2015,36(4):14-19.

[12] YANG Z Y,YU X Y,DEDMAN S,et al. UAV remote sensing applications in marine monitoring:Knowledge visualization and review[J]. Science of The Total Environment,2022,838(1):155939.

[13] 李浩.南水北调中线水源区生态环境脆弱性研究[D].郑州:华北水利水电大学,2018.

[14] TAO Q,GAO G H,XI H H,et al. An integrated evaluation framework for multiscale ecological protection and restoration based on multi-scenario trade-offs of ecosystem services:Case study of Nanjing city,China[J]. Ecological Indicators,2022,140:108962.

[15] QU X,CHEN Y,LIU H,et al. A holistic assessment of water quality condition and spatiotemporal patterns in impounded lakes along the eastern route of China's South-to-North water diversion project[J]. Water Research,2020,185:116275.

[16] 朱长明,李均力,沈占锋,等.塔里木河下游生态环境变化时序监测与对比分析[J].地球信息科学学报,2019,21(3):437-444.

[17] 张弘强.基于土地利用变化的大庆市生态系统服务价值研究[D].哈尔滨:东北农业大学,2012.

[18] JORDAN C F. Derivation of leaf area index from quality of light on the forest floor[J]. Ecology,1969,50:663-666.

[19] PEARSON R M,COLLIER C J,BROWN C J,et al. Remote estimation of aquatic light environments using machine learning:A new management tool for submerged aquatic vegetation[J]. Science of the Total Environment,2021,782:46886.

[20] ROUSE J W,HAAS R H,SCHELL JA,et al. Monitoring the vernal advancement of retrogradation(green wave effect) of natural vegetation[R]. NASA/GSFC,Type,Final Ⅲ Report,Greenbelt,MD,USA,1974:1-371.

[21] WIEGAND C L,RICHARDSON A J,ESCOBAR D E,et al. Vegetation indices in crop assessments[J]. Remote Sensing of Environment,1991,35(2):105-119.

[22] HUETE A R. A soil-adjusted vegetation index(SAVI)[J]. Remote Sensing of Environment, 1988,25(3):295-309.

[23] KAUFMAN Y J,TANRE D. Atmospherically resistant vegetation index (ARVI) for EOS-MODIS[J]. IEEE Transactions on Geoscience and Re-

mote Sensing,1992,30(2):261-270.

[24] QUIGLEY T M,HAYNES R W,HANN W J. Estimating ecological integrity in the interior Columbia River basin[J]. Forest Ecology and Management,2001,153(1-3):161-178.

[25] MATETE M,HASSAN R. An ecological economics framework for assessing environmental flows:The case of inter-basin water transfers in Lesotho[J]. Global and Planetary Change,2005,47(2-4):193-200.

[26] ZADEH L A. Fuzzy sets[J]. Information and Control,1965,8(3):338-353.

[27] RUMELHART D E,MCCLELLAND J L. Parallel distributed processing: Explorations:exploration the microstructure of cognition. Volumel:foundations[M]. A Bradford Book,1986,1:318—362.

[28] 盛夏,张红,苏超.基于BP神经网络的汾河水质评价[J].山西大学学报(自然科学版),2013,36(2):301-307.

[29] 何雪琴,高宗军,何锦,等.大汶河流域上游典型剖面地下水水化学特征及其影响因素分析[J].科学技术与工程,2020,20(18):7558-7566.

[30] 易雅宁,孙晓懿,王富强,等.三门峡库区湿地水化学特征及影响因素分析[J].人民黄河,2021,43(3):90-96.

[31] 张旺,王殿武,雷坤,等.黄河中下游丰水期水化学特征及影响因素[J].水土保持研究,2020,27(1):380-386,393.

[32] 原雅琼,孙平安,苏钊,等.岩溶流域洪水过程水化学动态变化及影响因素[J].环境科学,2019,40(11):4889-4899.

[33] 张荣,王中美,周向阳.羊昌河流域岩溶地下水水化学特征及影响因素分析[J].安全与环境工程,2019,26(4):15-20.

[34] 郜毓,崔国屹,王康振,等.沈河流域下游水化学特征及影响因素分析[J].中国农学通报,2019,35(31):107-114.

[35] 任娟,王建力,杨平恒,等.亚高山旅游景区岩溶地下水水化学动态变化及其影响因素[J].长江流域资源与环境,2018,27(11):2548-2557.

[36] 尹子悦,林青,徐绍辉.青岛市大沽河流域地下水水化学时空演化及影响因素分析[J].地质论评,2018,64(4):1030-1043.

[37] 黄元,岳德鹏,于强,等.磴口县地表水与地下水时空变化特征及交互作用[J].中国沙漠,2019,39(1):161-170.

[38] 王紫燕,姜光辉,郭芳,等.桂林甑皮岩地下水与地表水的水力交互作用[J].中国岩溶,2017,36(5):659-667.

[39] 李刚,马佰衡,周仰效,等.白洋淀湖岸带地表水与地下水垂向交换研究[J].水文地质工程地质,2021,48(4):48-54.

[40] 郭鹏哲,赵贵章,孔令莹,等.近30年涡河玄武水文站地表水与地下水转换关系及趋势分析[J].中阿科技论坛(中英文),2021(10):104-107.

[41] 杨广.基于耦合模型的粤港澳大湾区地下水与地表水交互作用以及陆海交换通量研究[D].哈尔滨:哈尔滨工业大学,2020.

[42] 范伟,章光新,李然然.湿地地表水—地下水交互作用的研究综述[J].地球科学进展,2012,27(4):413-423.

[43] 李艳平,李兰,朱灿,等.地表水地下水的交互作用与耦合模拟[J].长江科学院院报,2006,23(5):17-20.

[44] 陈冬琴.海绵城市地表水与地下水耦合模型研究[J].建筑技术开发,2021,48(7):76-78.

[45] 高维春,潘俊,张永祥,等.基于地表水与地下水耦合模型的溪泉湖湿地数值模拟的应用研究[J].北京工业大学学报,2015,41(2):269-274.

[46] 张将伟,卢文喜,陈末,等.基于HydroGeoSphere的河谷地区地表水地下水水流水质联合模拟[J].中国农村水利水电,2018(1):29-32.

[47] 杨智.鄂尔多斯高原海流兔河地下水和地表水交互作用关系研究[D].北京:中国地质大学,2014.

[48] 郝帅,李发东,李艳红,等.基于氢氧稳定同位素的艾比湖流域地表水与地下水转化关系[J].水土保持学报,2021,35(4):172-177,185.

[49] 余斌,李升,王友年.阿克苏河流域地表水与地下水转化关系研究[J].人民长江,2021,52(8):56-62,70.

[50] 王广昊,张莹,徐亮亮,等.衢江流域地表水与地下水的转化关系[J].科学技术与工程,2021,21(15):6165-6174.

[51] 冀伟珍.农业面源污染的原理及其防治的新进展[J].中国西部科技,2008,7(36):7-9.

[52] 陈慧君,彭近新.水质富营养化及其控制[J].世界环境,1987(3):25-28.

[53] WANG X H. Study on control measures of non-point source pollution of nitrogen and phosphorus in Chaohu Lake watershed[J]. Journal of Anhui Agricultural Sciences,2007(32):10452-10453.

[54] MILLER F P,VANDOME A F,MCBREWSTER J,et al. United States environmental protection agency[J]. Proceedings of The Water Environment Federation,2007,36(1):726-37.

[55] TIM U S,JOLLY R J. Evaluating agricultural nonpoint-source pollution using integrated geographic information systems and hydrologic water quality model[J]. Journal of Environmental Quality,1994,23(1):25-35.

[56] KRONVANG B,GRAESBØLL P,LARSEN S E,et al. Diffuse nutrient los-

ses in Denmark[J]. Water Science & Technology,1996,33(4-5):81-88.
[57] ROBERTSON W D,PTACEK C J,BROWN S J. Geochemical and hydrogeological impacts of a wood particle barrier treating nitrate and perchlorate in ground water[J]. Groundwater Monitoring and Remediation,2007,27(2):85-95.
[58] LENA B J. Nutrient preserving in riverine transitional strip[J]. Journal of Human Environment,1994,3(6):342-347.
[59] 吴雨华. 欧美国家地下水硝酸盐污染防治研究进展[J]. 中国农学通报,2011,27(8):284-290.
[60] 阎伍玖,鲍祥. 巢湖流域农业活动与非点源污染的初步研究[J]. 水土保持学报,2001,1(4):129-132.
[61] 郭慧光,闫自申. 滇池富营养化及面源控制问题思考[J]. 环境科学研究,1999,12(5):48-49.
[62] 陈志凡,赵烨. 基于氮素流失对非点源污染研究的述评[J]. 水土保持研究,2006,13(4):49-53.
[63] 汪定盼. 跨流域调水工程生态补偿研究[D]. 北京:华北电力大学,2016.
[64] 武仪辰,徐征和,马吉刚,等. 引黄济青调水工程水质评价[J/OL]. 济南大学学报(自然科学版),2023(1):1-11.
[65] 陈盟,杨波,李肖男. 水质在线监测系统在胶东调水工程中的应用[J]. 水资源开发与管理,2020(9):72-76.
[66] 黄伟,彭文启,向晨光,等. 跨流域调水工程水量水质保护关键技术研究[J]. 环境影响评价,2019,41(6):12-15,32.
[67] 宋冰. 城市调水工程对河流生态的影响研究[J]. 环境科学与管理,2019,44(8):158-164.
[68] 扶磊. 基于FVCOM模型模拟巢湖的水动力和水质过程[D]. 大连:大连理工大学,2020.
[69] 高国军. 南水北调中线工程北京段水质分析及其预测研究[D]. 北京:北京林业大学,2016.
[70] 吴承林. 济平干渠水质变化及水质保障工艺研究[D]. 青岛:中国海洋大学,2014.
[71] 郭庆园. 南水北调京石段水质迁移转化规律研究[D]. 青岛:青岛理工大学,2011.
[72] 刘云华,董增川,李朝方,等. 深圳河湾水系水质改善引调水工程[J]. 水资源保护,2008(3):31-34.
[73] 唐迎洲. WASP5水质模型在平原河网区水环境模拟中的开发与应用[D].

南京:河海大学,2004.

[74] 郭占荣,黄奕普. 海水入侵问题研究综述[J]. 水文,2003(3):10-15,9.

[75] 王巍萍,冯丽,林瑛. 烟台市海水入侵现状分析及防治措施探讨[J]. 地下水,2018,40(5):189-191.

[76] 蔡祖煌,马凤山. 海水入侵的基本理论及其在入侵发展预测中的应用[J]. 中国地质灾害与防治学报,1996(3):1-9.

[77] COOPER H H, KOHOUR F A, HENRY H R, et al. Sea water in coastal aquifers:relation of salt water to fresh ground water[M]. Washington: US Goverment printing office,1964,1613-C:84.

[78] BEAR J. Seepage and groundwater flow — numerical analysis by analog and digital methods[J]. Engineering Geology,1982,19(1):63-65.

[79] SHAMIR U, DAGAN G. Motion of the seawater interface in coastal aquifers:A numerical solution[J]. Water Resources Research,1971,2:51-69.

[80] HENRY H R. Effect of dispersion on salt encroachment in coastal aquifers [G]. //Sea water in coastal aquifers:relation of salt water to fresh ground water. Washinton: US Goverment printing office,1964,1613:C70-C82.

[81] VOSS C I, SOUZA W R. Variable density flow and solute transport simulation of regional aquifers containing a narrow freshwater-saltwater transition zone[J]. Water Resources Research,1987,23(10):1851-1866.

[82] BHAGAT C, KHANDEKAR A, SINGH A, et al. Delineation of submarine groundwater discharge and seawater intrusion zones using anomalies in the field water quality parameters, groundwater level fluctuation and sea surface temperature along the Gujarat coast of India[J]. Journal of Environmental Management,2021,296:113176.

[83] MIAO T S, GUO J Y. Application of artificial intelligence deep learning in numerical simulation of seawater intrusion[J]. Environmental Science and Pollution Research,2021,28(38):54096-54104.

[84] TANJUNG M, SYAHREZA S, RUSDI M, et al. Seawater intrusion analysis in the coastal region of Banda Aceh by using Geographic Information System (GIS)[J]. Journal of Physics: Conference Series,2021,1882(1):012136.

[85] 薛禹群,谢春红,吴吉春,等. 海水入侵、咸淡水界面运移规律研究[M]. 南京:南京大学出版社,1991.

[86] 李国敏,陈崇希,沈照理,等. 涠洲岛海水入侵模拟[J]. 水文地质工程地质,1995(5):1-5.

主要参考文献

[87] 武雅洁,杨自良,程从敏. 潮汐波动对潜水含水层海水入侵规律的影响研究[J]. 中国海洋大学学报(自然科学版),2020,50(10):91-98.

[88] 王佳琪,郭芷琳,田勇,等. 海水入侵模拟方法 VFT3D 及应用[J]. 水文地质工程地质,2022,1:1-10.

[89] 吕盼盼,宋健,吴剑锋,等. 水力屏障和截渗墙在海水入侵防治中的数值模拟研究[J]. 水文地质工程地质,2021,48(4):32-40.

[90] 陈德培,郭龙凤,万海,等. 地下水开采诱发海水入侵特征试验研究[J]. 水电能源科学,2021,39(10):58-62.

[91] 任双坡. 运用多方法、多尺度表征美国怀俄明州拉勒米地区 Blair Wallis 研究区裂缝性花岗岩储层渗透率[D]. 武汉:中国地质大学,2018.